高等学校计算机专业系列教材

计算机系统导论
习题解答与教学指导

袁春风 编著

Solutions to Exercises and
Teaching Guidance for
Introduction to
Computer Systems

机械工业出版社
CHINA MACHINE PRESS

本书是主教材《计算机系统导论》的教学指导用书，主要对每个章节的教学目标和内容安排、主要内容提要、基本术语解释、常见问题解答等给出系统性的说明和描述，并在此基础上提供大量的单项选择题及其参考答案、分析应用题及其分析解答，其中涉及计算机系统概论、高级语言程序、数据的机器级表示、数据的基本运算、指令集体系结构、程序的机器级表示、程序的链接，以及程序的加载和执行等计算机系统的核心内容。

本书提供了系统性的教学指导和丰富的习题及其解答，可以作为高等院校计算机专业本科或高职高专学生计算机系统导论课程的教学辅助教材，也可以作为计算机技术人员的参考书。

图书在版编目（CIP）数据

计算机系统导论习题解答与教学指导 / 袁春风编著 . 北京 : 机械工业出版社 , 2025. 1. --（高等学校计算机专业系列教材）. -- ISBN 978-7-111-77517-1

Ⅰ. TP303

中国国家版本馆 CIP 数据核字第 2025G4V413 号

机械工业出版社（北京市百万庄大街 22 号　邮政编码 100037）

策划编辑：朱　劼　　责任编辑：朱　劼　郎亚妹

责任校对：杜丹丹　张慧敏　景　飞　　责任印制：任维东

河北鹏盛贤印刷有限公司印刷

2025 年 5 月第 1 版第 1 次印刷

185mm × 260mm · 12.5 印张 · 292 千字

标准书号：ISBN 978-7-111-77517-1

定价：49.00 元

电话服务　　网络服务

客服电话：010-88361066　　机　工　官　网：www.cmpbook.com

010-88379833　　机　工　官　博：weibo.com/cmp1952

010-68326294　　金　书　网：www.golden-book.com

封底无防伪标均为盗版　　机工教育服务网：www.cmpedu.com

前　　言

随着计算机信息技术的飞速发展，我们见证了从早期多人一机的主机 - 终端模式到 PC 时代的一人一机模式，再到如今的人 - 机 - 物互联的智能化大数据并行计算模式。现如今各行各业都离不开计算机信息技术，计算机信息产业对我国现代化战略目标的实现发挥着极其重要的支撑作用。这对计算机专业人才培养提出了更高的要求，传统的计算机专业教学课程体系和教学内容已经远远不能反映现代社会对计算机专业人才的培养要求，计算机专业人才培养也从强调程序设计变为更强调系统设计。这需要我们重新规划教学课程体系，调整教学理念和教学内容，加强系统能力培养，使学生能够深刻理解计算机系统整体的概念，更好地掌握软 / 硬件协同设计和程序设计技术，从而能够成为满足业界需求的各类计算机专业人才。不管培养计算机系统哪个层面的技术人才，计算机专业教育都要重视学生"系统观"的培养。

机械工业出版社 2023 年 8 月出版的由本书作者主编的主教材《计算机系统导论》（ISBN 978-7-111-73093-4），重点介绍了计算机系统相关的基础性知识。该主教材以高级语言程序的开发和加载执行为主线，将高级语言源程序向可执行目标文件转换过程中涉及的基本概念关联起来，试图使读者建立起完整的计算机系统层次结构框架，初步构建计算机系统中每个抽象层及其相互转换关系，建立高级语言程序、ISA、编译器、汇编器、链接器等系统核心层之间的相互关联，对指令在硬件上的执行过程有一定的认识和了解，从而增强读者在编程调试方面的能力，并为后续"计算机组成原理""操作系统""编译原理"等课程的学习打下坚实的基础。

主教材涵盖面广、细节内容较多、篇幅较大，给用书教师和学生带来了一些困难。为了更好地帮助主讲教师用好主教材，也为了学生能更好地理解课程中的核心概念，作者编写了本辅助教材，对主教材中每一章的内容进行了概括总结，给出了以下 6 个方面的教学辅助内容。

（1）教学目标和内容安排：给出相应章节的教学总体目标和基本教学要求，并较为详细地说明课堂教学内容和学生课后实验内容的安排，以及每章的主要教学思路或教学方法。

（2）主要内容提要：对主教材中相应章节的内容进行浓缩，形成主干知识框架结构，便于学生将全书内容串接起来，形成本课程的知识框架体系。

（3）基本术语解释：给出相关章节所涉及的基本术语的解释说明，并给出名词术语的中英文对照。

（4）常见问题解答：提供了大量的常见问题，并给出对每个问题的解释说明。这些常见问题是作者在长期的教学过程中发现的普遍存在于学生中的共性问题。

（5）单项选择题：提供了相应章节内容的单项选择题及其参考答案，并对部分习题的答案进行分析解答。

（6）分析应用题：提供了相应章节内容的分析应用题及其分析解答。

单项选择题和分析应用题这两个方面的教学辅助内容，主要是为了巩固学生所学的基本原理而设置的。通过对一些具体问题的分析，提高学生对基本原理的认识。

本书作为主教材的教学辅助资料，可以与主教材配套使用。同时，本书相对独立、自成体系，因此也可单独使用。本书既可作为“计算机系统导论”课程的教学参考书，也可作为学生学习“计算机系统导论”课程时的学习参考书。

本书的编写得到了南京大学“计算机系统基础”课程组老师和各届学生的大力支持，同时，国内许多使用本人编著的《计算机系统基础》和《计算机系统导论》等教材进行教学的老师也都提出了宝贵的反馈和改进意见，主教材第二作者余子濠博士对书中的程序进行了验证，并针对一些关键内容提出了有益的修改意见。在此表示衷心的感谢！

由于计算机系统相关的基础理论和技术在不断发展，新的思想、概念、技术和方法不断涌现，加之作者水平有限，书中难免存在不当或遗漏之处，恳请同行专家和广大读者给予指正，以便在后续的版本中予以改进。

编　者

目　录

第 1 章　计算机系统概论

1.1　教学目标和内容安排

主要教学目标：概要了解整个计算机系统的全貌以及程序开发和执行的大致过程，理解计算机系统各抽象层之间的转换关系和系统核心层之间的关联。

基本学习要求：

- 了解冯·诺依曼结构计算机的特点，以及计算机硬件的基本组成和各部件的功能。
- 了解计算机系统的基本功能以及实现基本功能所对应的部件。
- 了解计算机系统中硬件和软件的基本概念及其相互关系。
- 了解计算机软件的分类，以及各类系统软件和应用软件的功能。
- 了解程序开发和执行过程，理解各种语言处理程序（翻译程序、编译程序、汇编程序）的概念。
- 了解从高级语言源程序到可执行文件的大致转换过程。
- 理解计算机系统的层次化结构。
- 了解各类计算机用户在计算机系统中所处的位置，以及本课程在计算机系统中所处的位置。

本章涉及的内容是计算机学科最基本的概念和知识，虽然没有特别难懂的部分，但是，对于低年级学生来说，有些概念还是比较抽象和难以理解的，需要在对后面章节的不断学习过程中，去深化对它们的理解并熟练运用。遇到这些内容时，可以告诉学生相关内容将在后面的哪个章节中详细介绍。

对于计算机层次化概念，它和计算机系统组成的内容是相互联系的，因为不同计算机用户眼中的计算机系统不一样，可以从最终用户感觉到的计算机硬件和软件的形态开始，逐步深入到系统管理员、应用程序员、系统程序员以及系统架构师眼中的硬件和软件形态。理解计算机系统不同层次用户眼中的计算机硬件和软件的形态对学生建立整个计算机系统的全貌以及了解本课程在计算机系统中的位置是非常重要的。

1.2　主要内容提要

1. 冯·诺依曼计算机结构的主要特点

冯·诺依曼计算机结构的主要特点包括：①计算机由运算器、控制器、存储器、输入设备和输出设备 5 大部分组成；②指令和数据用二进制表示，两者在形式上没有差别；③指令和数据存放在存储器中，按地址访问；④指令由操作码和地址码组成，操作码指定操作性质，地址码指定操作数地址；⑤采用“存储程序”方式来工作。

2. 计算机硬件的基本组成和功能

运算器用来进行各种算术逻辑运算，控制器用来对指令译码并送出操作控制信号，存储器用来存放指令和数据，输入和输出设备用来实现计算机和用户之间的信息交换。

3. 程序开发和执行过程

首先用某种语言（高级语言或低级语言）编制源程序，然后用语言处理程序（编译程序或汇编程序）将源程序翻译成机器语言目标程序。通过某种方式启动目标程序（可执行代码）执行时，操作系统将指令和数据装入内存，然后从第一条指令开始执行。每条指令的执行过程为取指令、指令译码、取操作数、运算、送结果、PC 指向下一条指令。可执行程序由若干指令组成，CPU 周而复始地逐条执行指令，直到程序所含指令全部执行完。

4. 计算机系统的层次结构

计算机系统分为软件和硬件两大部分，软件和硬件的界面是指令集体系结构（ISA）。软件部分包括低层的系统软件和高层的应用程序，汇编程序、编译程序和操作系统等这些系统软件直接在 ISA 上实现，系统管理员工作在操作系统层，他们看到的是配置了操作系统的虚拟机器，称为操作系统虚拟机；汇编语言程序员工作在提供汇编程序的虚拟机器级，他们看到的机器称为汇编语言虚拟机；应用程序员大多工作在提供编译器或解释器等翻译程序的语言处理系统层，因此，应用程序员大多用高级语言编写程序，因而也称为高级语言程序员，他们看到的机器称为高级语言虚拟机；最终用户则工作在最上面的应用程序层。

5. 计算机系统核心层之间的关联

每种程序设计语言都有相应的标准规范，进行语言转换的编译程序前端必须按照编程语言标准规范进行设计，程序员编写程序时，也应按照编程语言标准规范进行程序开发。如果编写了不符合语言规范的高级语言源程序，则转换过程就会发生错误或转换结果为不符合程序员预期的目标代码。程序执行结果不符合程序开发者预期的原因通常有两种。一种是程序开发者不了解语言规范，另一种是程序开发者编写了含有未定义行为（undefined behavior）或未确定行为（unspecified behavior）的源程序。

编译程序后端应根据 ISA 规范和 ABI 规范进行设计实现。ABI 描述了应用程序和操作系统之间、应用程序和所调用的库之间、不同组成部分（如过程或函数）之间在较低层次上的机器级代码接口。

在 ISA 层之上，操作系统向应用程序提供的运行时环境需符合 ABI 规范，同时，操作系统也需要根据 ISA 规范来使用硬件提供的接口，包括硬件提供的各种控制寄存器和状态寄存器、原子操作、中断机制、分段和分页存储管理部件等。如果操作系统没有按照 ISA 规范使用硬件接口，则无法提供操作系统的重要功能。在 ISA 层之下，进行处理器设计时需要根据 ISA 规范来设计相应的硬件接口给操作系统和应用程序使用，不符合 ISA 规范的处理器设计，将无法支撑操作系统和应用程序的正确运行。

总之，计算机系统能按程序员预期工作，是不同层次的多个规范（如上面提到的编程语言标准规范、ABI 规范、ISA 规范等）共同相互支撑的结果，计算机系统各抽象层之间如何进行转换，最终都是由这些规范定义的。不管是系统软件开发者、应用程序开发者，还是处理器设计者，都必须以规范为准绳。

1.3 基本术语解释

算术逻辑单元（Arithmetic Logic Unit，ALU）

算术逻辑单元是指对数据进行算术运算和逻辑运算处理的部件。

数据通路（data path）

数据通路是指指令在执行过程中数据所经过的部件以及部件之间的连接线路，主要由 ALU 和一组寄存器、存储器、总线等组成。国内许多教科书中提到的运算器就是运算数据通路。

控制器（control unit）

控制器也称为控制单元或控制部件。其作用是对指令进行译码，将译码结果和状态/标志信号、时序信号等进行组合，产生各种操作控制信号。这些操作控制信号被送到 CPU 内部或者通过总线送到主存或 I/O 模块。送到 CPU 内部的控制信号用于控制 CPU 内部数据通路的执行，送到主存或 I/O 模块的信号控制 CPU 和主存或 CPU 和 I/O 模块之间的信息交换。控制单元是整个 CPU 的指挥控制中心，通过规定各部件在何时做什么动作来控制数据的流动，完成指令的执行。

中央处理器（Central Processing Unit，CPU）

中央处理器是计算机中最重要的部分之一，主要由运算器和控制器组成。其内部结构归纳起来可以分为控制部件、运算部件和存储部件三大部分，它们相互协调，共同完成对指令的执行。

通用寄存器（General Purpose Register，GPR）

通用寄存器是 CPU 中用来存放临时数据的寄存器，这些数据可以是从主存储器获取的数据，也可以是将要写入主存储器的数据。可以将这些数据送入 ALU 进行运算，并将运算结果存入这些寄存器中。

存储器（memory，storage）

存储器用于存储程序和数据，分为内存储器（memory）和外存储器（storage）。内存存取速度快、容量小、价格贵；外存容量大、价格低，但存取速度慢。

内存（memory）

从字面上来说，内存是内部存储器，也称为内存储器，应该包括主存（Main Memory，MM）和高速缓存（cache），但是，因为早期计算机中没有高速缓存，因而传统意义上内存就是主存（即主存储器），所以，目前也并不区分内存和主存。内存位于 CPU 之外，用来存放已被启动执行的程序及所用数据，包括 ROM 芯片和 RAM 芯片组成的相应 ROM 存储区和 RAM 存储区两部分。

总线（bus）

CPU 为了从主存取指令和存取数据，需要通过传输介质和主存相连，通常把连接不同部件进行信息传输的介质称为总线。其中包含分别用于传输地址信息、数据信息和控制信息的地址线、数据线和控制线。

主存地址寄存器（Memory Address Register，MAR）

CPU 访问主存时，需先将主存地址、读/写命令分别送到总线的地址线、控制线，然后通过数据线发送或接收数据。CPU 发出的主存地址总是先送到 MAR，然后通过

MAR 传送到地址线上。

主存数据寄存器（Memory Data Register，MDR）

CPU 访问主存时，需先将主存地址、读 / 写命令分别送到总线的地址线、控制线，然后通过数据线发送或接收数据。CPU 发送到数据线或从数据线取来的信息总是先存放在 MDR 中。

程序计数器（Program Counter，PC）

程序由一条一条的指令构成，在程序执行过程中，CPU 需要知道下一步将要执行的指令，因而，CPU 能自动计算出下一条指令的地址，并送到 PC 中保存。因此，PC 是用来存放将要执行的指令地址的寄存器。

系统软件（system software）

系统软件是介于计算机硬件与应用程序之间的各种软件，它与具体应用的关系不大。系统软件包括操作系统（如 Windows、Linux）、语言处理系统（如 C 语言编译器）、数据库管理系统（如 Oracle）和各类实用程序（如磁盘碎片整理程序、备份程序）。

应用软件（application software）

应用软件是指为针对使用者某种应用目的所编写的软件，例如，办公自动化软件、互联网应用软件、多媒体处理软件、股票分析软件、游戏软件、管理信息系统等。

操作系统（Operating System，OS）

操作系统是计算机系统中负责支撑应用程序运行以及用户操作环境的系统软件，其目的是使计算机系统中的所有资源最大限度地发挥作用，为用户和上层软件提供方便有效的用户界面和底层系统调用服务例程。

最终用户（end user）

使用应用程序完成特定任务的计算机用户称为最终用户。大多数计算机使用者都属于最终用户。例如，使用炒股软件的股民、玩计算机游戏的人、进行会计电算化处理的财会人员等。

应用程序员（application programmer）

使用高级编程语言编制应用软件的程序员。

系统程序员（system programmer）

设计和开发系统软件的程序员，如开发操作系统、编译器、数据库管理系统等系统软件的程序员。

高级编程语言（high-level programming language）

高级编程语言是面向问题和算法的描述语言。用这种语言编写程序时，程序员不必了解实际机器的结构和指令系统等细节，而是通过一种比较自然的、直接的方式来描述问题和算法。

汇编语言（assembly language）

汇编语言是一种面向实际机器结构的低级语言，是机器语言的符号表示，与机器语言一一对应。因此，汇编语言程序员必须对机器的结构和指令系统等细节非常清楚。

机器语言（machine language）

机器语言是指直接用二进制代码（指令）表示的语言。机器语言程序员必须对机器的结构和指令系统等细节非常清楚。

指令集（instruction set）

一台计算机能够执行的所有机器指令的集合。按功能分指令可以分为运算指令、移位指令、传送指令、串指令、程序控制指令等类型。

指令集体系结构（Instruction Set Architecture，ISA）

ISA 是计算机硬件与系统软件之间的接口，是指机器语言程序员或操作系统、编译器、解释器设计人员所看到的计算机功能特性和概念性结构。其核心部分是指令系统，同时还包含数据类型和数据格式定义、寄存器组织、I/O 空间的编址和数据传输方式、中断结构、计算机状态的定义和切换、存储保护等。ISA 设计的好坏直接决定了计算机的性能和成本。

透明性（transparency）

由于计算机系统采用了层次化结构进行设计和组织，因而，面向不同的硬件或软件层面工作的人员或用户所“看到”的计算机是不一样的。也就是说，计算机组织方式或系统结构中的一部分对某些用户而言是“看不到”的或称为“透明”的。例如，对于高级语言程序员来说，指令格式、数据格式、机器结构、指令和数据的存取方式等，都是透明的；而对于机器语言程序员和汇编语言程序员来说，指令格式、机器结构、数据格式等则不是透明的。

源程序（source program）

编译程序、解释程序和汇编程序统称为语言处理程序。各种语言处理程序处理的处理对象称为源程序，源程序用高级编程语言或汇编语言编写，如 C 语言源程序、Java 语言源程序、汇编语言源程序等。

目标程序（object program）

编译程序和汇编程序对源程序进行翻译得到的结果称为目标程序或目标代码（object code）。

编译程序（compiler）

编译程序也称编译器，是指用来将高级语言源程序翻译成用汇编语言或机器语言表示的目标代码的程序。

解释程序（interpreter）

解释程序将源程序的一条语句翻译成对应的机器语言目标代码，并立即执行，然后翻译下一条源程序语句并执行，直至所有源程序中的语句全部被翻译并执行完。因此，解释程序并不输出目标程序，而是直接输出源程序的执行结果。

汇编程序（assembler）

汇编程序也是一种语言翻译程序，它把用汇编语言编写的源程序翻译为机器语言目标程序。汇编程序和汇编语言是两个不同的概念，不能混为一谈。

1.4　常见问题解答

1. 计算机系统就是硬件系统吗？

答：说计算机系统就是硬件系统是不完整的。一个完整的计算机系统应该包括硬件系统和软件系统两部分。硬件系统包括运算器、控制器、存储器、输入设备和输出设备五大基本部件。软件系统分为系统软件和应用软件两大类。系统软件包括操作系统、语言处理程序（各种程序翻译软件，包括编译程序、解释程序、汇编程序)、服务性程序、数据库管理系统和网络软件等；应用软件包括各种特定领域的处理程序。计算机系统中的硬件和软件是相辅相成的，两者缺一不可。软件是计算机系统的灵魂，没有软件的硬件犹如一堆废铁，不能被用户使用。

2. 同一个功能可以由软件完成，也可以由硬件完成吗?

答：软件和硬件是两种完全不同的形态，硬件是实体，是物质基础，软件是一种信息，看不见、摸不到。但是它们都可以用来实现逻辑功能，所以在逻辑功能上，软件和硬件是等价的。因此，在计算机系统中，许多功能既可以直接由硬件实现，也可以在硬件的配合下由软件来实现。例如，乘法运算既可以用专门的乘法器硬件实现，即机器提供专门的一条乘法指令，也可以用乘法子程序来实现，即不提供乘法指令，而由加法指令和移位指令等组成的一个指令序列来完成乘法运算。

3. 解释程序和编译程序有什么差别?

答：编译程序和解释程序是两种不同的翻译程序。不同在于编译程序将高级语言源程序全部翻译成目标程序，每次执行程序时，只要执行目标程序，因此，只要源程序不变，就无须重新翻译；解释程序是将源程序的一条语句翻译成对应的机器目标代码并立即执行，然后翻译下一条语句并执行，直至所有源程序中的语句全部被翻译并执行完。所以解释程序的执行过程是翻译一句、执行一句。解释的结果是源程序执行的结果，而不会生成目标程序。

4. 要计算机做的任何工作都要先编写成程序才能完成吗?

答：是的。要计算机完成的任何事情，都必须先编制程序，程序是由指令构成的。不管是用哪种语言编写的程序，最终都要翻译成机器语言程序才能让机器理解，机器语言程序是由一条一条的指令所组成的程序。CPU 的主要功能就是周而复始地执行指令，因此，要计算机完成的所有功能都是通过逐条执行指令来实现的，也就是由一个程序来完成的。有时我们说某个特定的功能是由硬件实现的，但并不是说不要编写程序，如乘法功能可由乘法器这个硬件实现，但要启动这个硬件（乘法器）工作，必须先执行程序中的乘法指令。

5. 指令和数据在形式上没有差别，且都存于存储器中，计算机如何区分它们呢?

答：指令和数据在计算机内部都是用二进制表示的，因而都是 0、1 序列，在形式上没有差别。在把指令和数据读取到 CPU 之前，它们都存放在存储器中，CPU 必须能够区分读出的是指令还是数据。如果是指令，CPU 会把指令的操作码送到指令译码器进行译码，而把指令的地址码送到相应的地方进行处理；如果是数据，则把数据送到寄存器或运算器。那么，CPU 如何识别读出的是指令还是数据呢？实际上，CPU 并不是把信息从主存读出后靠某种判断方法来识别信息是数据还是指令的，而是在读出之前就知道将要读的信息是数据还是指令。执行指令的过程分为取指令、指令译码、取操作数、运算、送结果等阶段。所以，在取指令阶段，总是根据程序计数器（PC）的值去取指令，所以取来的一定是指令；取操作数阶段取来的一定是数据。

1.5　单项选择题

1. 一个完整的计算机系统包括硬件和软件，软件又分为（　　）。
   A. 操作系统和语言处理程序　　B. 系统软件和应用软件
   C. 操作系统和高级语言　　D. 低级语言程序和高级语言程序
2. 以下给出的软件中，属于应用软件的是（　　）。
   A. 汇编程序　　B. 编译程序　　C. 操作系统　　D. 文字处理程序
3. 以下给出的软件中，属于系统软件的是（　　）。
   A. Windows XP　　B. MS Word　　C. 金山词霸　　D. RealPlayer
4. 下面有关指令集体系结构的说法中，错误的是（　　）。
   A. 指令集体系结构位于计算机软件和硬件的交界面上
   B. 指令集体系结构是指低级语言程序员所看到的概念结构和功能特性
   C. 程序员可见寄存器的长度、功能与编号不属于指令集体系结构的内容
   D. 指令集体系结构的英文缩写是 ISA
5. 计算机系统采用层次化结构，从最上面的应用层到最下面的硬件层，其层次化构成为（　　）。
   A. 高级语言虚拟机 – 操作系统虚拟机 – 汇编语言虚拟机 – 机器语言机器
   B. 高级语言虚拟机 – 汇编语言虚拟机 – 机器语言机器 – 操作系统虚拟机
   C. 高级语言虚拟机 – 汇编语言虚拟机 – 操作系统虚拟机 – 机器语言机器
   D. 操作系统虚拟机 – 高级语言虚拟机 – 汇编语言虚拟机 – 机器语言机器
6. 以下有关程序编写和执行方面的叙述中，错误的是（　　）。
   A. 可用高级语言和低级语言编写出功能等价的程序
   B. 高级语言和汇编语言源程序都不能在机器上直接执行
   C. 编译程序员必须了解机器结构和指令系统
   D. 汇编语言是一种与机器结构无关的编程语言
7. 冯 · 诺依曼计算机中，CPU 区分从存储器取出的是指令还是数据的依据是（　　）。
   A. 指令译码结果的不同　　B. 指令和数据的寻址方式的不同
   C. 指令和数据的访问阶段的不同　　D. 指令和数据所在的存储单元的不同
8. 以下是有关冯 · 诺依曼结构计算机中指令和数据表示形式的叙述，其中正确的是（　　）。
   A. 指令和数据可以从形式上加以区分
   B. 指令以二进制形式存放，数据以十进制形式存放
   C. 指令和数据都以二进制形式存放
   D. 指令和数据都以十进制形式存放
9. 以下是有关计算机中指令和数据存放位置的叙述，其中正确的是（　　）。
   A. 指令存放在内存，数据存放在外存　　B. 指令和数据任何时候都存放在内存
   C. 指令和数据任何时候都存放在外存　　D. 程序被启动后，其指令和数据被装入内存
10. 冯 · 诺依曼计算机工作方式的基本特点是（　　）。
   A. 程序一边被输入计算机，一边被执行　　B. 程序直接从磁盘读到 CPU 执行
   C. 按地址访问指令并自动按序执行程序　　D. 程序自动执行而数据手工输入

11. 以下是有关冯·诺依曼计算机结构的叙述，其中错误的是（　　）。

A. 计算机由运算器、控制器、存储器和输入 / 出设备组成

B. 程序由指令和数据构成，存放在存储器中

C. 指令由操作码和地址码两部分组成

D. 指令按地址访问，所有数据在指令中直接给出

12. 以下有关计算机各部件功能的叙述中，错误的是（　　）。

A. 运算器用来完成算术运算

B. 存储器用来存放指令和数据

C. 控制器通过执行指令来控制整个机器的运行

D. 输入 / 输出设备用来完成用户和计算机之间的信息交换

【参考答案】

1. B　2. D　3. A　4. C　5. A　6. D　7. C　8. C　9. D　10. C

11. D　12. A

1.6　分析应用题

假定图 1-1 所示的模型机字长为 8 位，有 4 个通用寄存器 r0 ～ r3，编号分别为 0 ～ 3，有 16 个主存单元，编号为 0 ～ 15。每个主存单元和 CPU 中的 ALU、通用寄存器、IR、MDR 的宽度都是 8 位，PC 和 MAR 的宽度都是 4 位，连接 CPU 和主存的总线中有 4 位地址线、8 位数据线和若干位控制线（包括读 / 写命令线）。

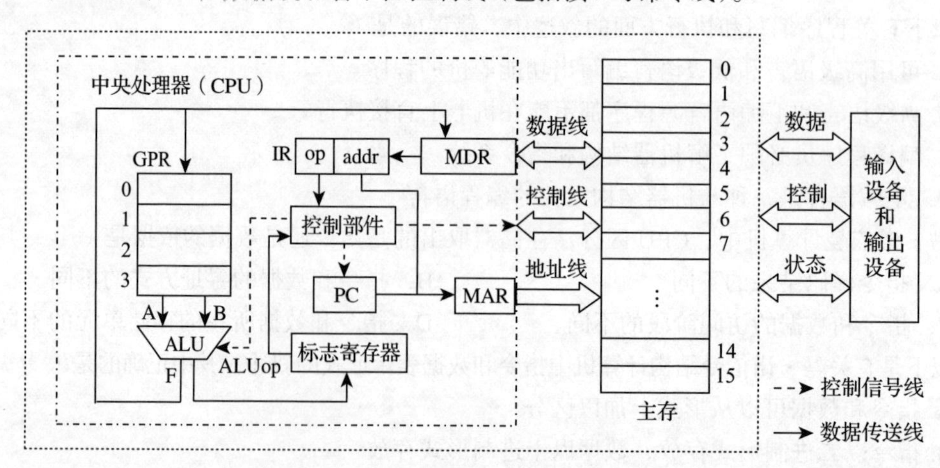

图 1-1　模型计算机基本结构

该模型机采用 8 位定长指令字，即每条指令有 8 位。指令格式有 R 型和 M 型两种，如图 1-2 所示。

格式	4 位	2 位	2 位	功能说明
R 型	op	rt	rs	R[rt] ← R[rt] op R[rs] 或 R[rt] ← R[rs]
M 型	op	addr		R[0] ← M[addr] 或 M[addr] ← R[0]

图 1-2　定长指令字格式

在图 1-2 中，op 为操作码字段，R 型指令的 op 为 0000 和 0001 时，分别定义为寄

存器间传送（mov）和加（add）操作，M 型指令的 op 为 1110 和 1111 时，分别定义为取数（load）和存数（store）操作；rt 和 rs 为通用寄存器编号；addr 为主存单元地址；R[r] 表示编号为 r 的通用寄存器中的内容，M[addr] 表示地址为 addr 的主存单元内容，"←"表示从右向左传送数据。假定指令系统中除了有 mov（op=0000）、add（op=0001）、load（op=1110）和 store（op=1111）指令外，R 型指令还有减（sub，op=0010）和乘（mul，op=0011）等指令，请仿照主教材中的图 1-3 给出 C 语句"z= x*(x−y);"的机器级指令序列（包括机器指令和对应的汇编指令）以及在主存中的存放内容，并仿照主教材中的图 1-5 给出每条指令的执行过程，写出指令执行过程中每个阶段所包含的微操作。

【分析解答】

实现 z=x* (x−y) 功能的指令序列至少包括 7 条指令，占 7 个存储单元，假定这 7 条指令分别存放在第 0 ～ 6 单元，变量 x、y 和 z 分别存放在第 8、9、10 这三个单元，则实现 z=x*(x−y) 功能的指令序列在主存中的存放内容（粗体部分）以及对每条指令功能的说明如图 1-3 所示。

主存地址	主存单元内容	内容说明（I*i* 表示第 *i* 条指令）	指令的符号表示
0	**1110 1000**	I1：R[0] ← M[8]；op = 1110：取数操作	load r0, 8#
1	**0000 0100**	I2：R[1] ← R[0]；op = 0000：传送操作	mov r1, r0
2	**1110 1001**	I3：R[0] ← M[9]；op = 1110：取数操作	load r0, 9#
3	**0010 0100**	I4：R[1] ← R[1] − R[0]；op = 0010：减操作	sub r1, r0
4	**1110 1000**	I5：R[0] ← M[8]；op = 1110：取数操作	load r0, 8#
5	**0011 0001**	I6：R[0] ← R[0] * R[1]；op = 0010：乘操作	mul r0, r1
6	**1111 1010**	I7：M[10] ← R[0]；op = 1111：存数操作	store 10#, r0
7			
8	0001 1001	操作数 x，假设值为 25	
9	0001 1111	操作数 y，假设值为 31	
10	0000 0000	结果 z，初始值为 0	

图 1-3　实现 z=x*(x−y) 功能的指令序列及其指令功能的说明

指令执行过程中每个阶段所包含的微操作如图 1-4 所示。

	I1：1110 1000	I2：0000 0100	I3：1110 1001	I4：0010 0100
取指令	IR ← M[0000]	IR ← M[0001]	IR ← M[0010]	IR ← M[0011]
指令译码	op = 1110，取数	op = 0000，传送	op = 1110，取数	op = 0010，减
PC 增量	PC ← 0000+1	PC ← 0001+1	PC ← 0010+1	PC ← 0011+1
取数并执行	MDR ← M[1000]	A ← R[0]、mov	MDR ← M[1001]	A ← R[1]、B ← R[0]、sub
送结果	R[0] ← MDR	R[1] ← F	R[0] ← MDR	R[1] ← F
执行结果	R[0]=25	R[1]=25	R[0]=31	R[1]=25−31=−6

	I5：1110 1000	I6：0011 0001	I7：1111 1010
取指令	IR ← M[0100]	IR ← M[0101]	IR ← M[0110]
指令译码	op = 1110，取数	op = 0011，乘	op = 1111，存数
PC 增量	PC ← 0100+1	PC ← 0101+1	PC ← 0110+1
取数并执行	MDR ← M[1000]	A ← R[0]、B ← R[1]、mul	MDR ← R[0]
送结果	R[0] ← MDR	R[0] ← F	M[1010] ← MDR
执行结果	R[0]=25	R[0]= 25*(−6)=−150	M[10]=−150

图 1-4　实现 z=x*(x−y) 功能的每条指令执行过程的说明

第2章 高级语言程序

2.1 教学目标和内容安排

主要教学目标：概要了解C语言程序的基本内容，如变量和常量、表达式、函数和函数调用、变量的作用域及其分配、语句和流程控制结构，以及输入/输出等，通过将C语言程序与教材后续各章节内容建立关联，为后续各章节的学习奠定基础。

基本学习要求：

- 了解C语言程序中的变量、变量的数据类型和变量的取值范围。
- 了解C语言程序中不同常量的表示形式及常量的数据类型规定。
- 了解C语言程序中各类运算符以及运算符的优先级。
- 理解C语言程序中的按位运算、逻辑运算、移位运算、位扩展和位截断运算的含义。
- 了解C语言中各类控制结构，包括顺序执行、选择执行和循环执行等结构对应的语句。
- 了解C语言程序中函数调用机制，包括函数原型声明、函数定义、函数之间的参数传送过程以及主函数main()的结构。
- 理解C语言程序中变量的作用域以及变量的存储分配方式。
- 了解C语言标准I/O库函数、系统级I/O函数和API函数之间的关系。

本章主要介绍C语言程序相关的基本内容，因为本书基于“IA-32/x86-64+Linux+GCC+C语言”平台介绍计算机系统的基础内容，所以本章通过介绍C语言程序的基本内容，如变量和常量的数据类型、各类表达式及其包含的运算符、表达式中各类基本运算的含义、函数的原型声明和函数定义以及函数调用涉及的参数传递、变量的作用域及其存储分配、各类语句及其流程控制结构、输入/输出函数等，将C语言程序与教材后续各章节内容建立关联。

讲解本章内容是为了学生更好地理解后续章节关于C语言程序的底层实现机制，本书主要从C语言程序员的视角来理解计算机系统，因此，本章内容是本书的起点。

大部分高校的计算机类专业在一年级都会开设程序设计相关课程，因此，在学习本书时，学生们对高级语言程序有了一定的了解，因此，本章的教学过程基本上是复习和回顾学生已学过的知识，只简单提及相关内容，使得学生在后续章节的学习过程中能够理解所学内容与C语言程序中的哪个概念或知识点相关。

为了使学生更好地理解相关内容，与主教材配套的《计算机系统导论实践教程》提供了一套基础级验证性实验和更高阶的模块级分析性实验。在学习本章内容时，可以先完成《计算机系统导论实践教程》中第1章“实验系统的安装和工具软件的使用”和第2章“程序调试初步和指令系统基础”的实验，从而为后续章节相关实验的开展打下基础。

2.2 主要内容提要

1. C 语言程序中的变量类型

C 语言程序中的变量有无符号整型、带符号整型和浮点型三类。无符号整型有 unsigned char、unsigned short、unsigned int（unsigned）、unsigned long、unsigned long long 等，带符号整型有 signed char、short、int、long、long long 等，浮点型有 float、double、long double 三种。每种数据类型都有一定的表数范围，不同类型变量之间的赋值和运算需要进行类型转换，可能导致数值变化。

2. C 语言程序中的常量及其类型

C 语言程序中有字面量、#define 定义的常量符号和 const 定义的常量名这 3 种常量表示形式。字面量形式的常量类型有相应的规定，程序员和编译器都需要根据语言规范的规定来理解和处理。

3. C 语言表达式中的运算符

C 语言表达式中出现的运算符可以是算术运算符、按位运算符、逻辑运算符、关系运算符、自增 / 自减运算符、取地址 / 取内容运算符以及各种括号等。在同一个表达式中的运算符需要考虑优先级及结合顺序。

4. C 语言程序中的基本运算

加、减、乘、除等算术运算是高级语言中必须提供的基本运算，包括无符号整数的算术运算、带符号整数的算术运算和浮点数的算术运算。C 语言中除了这些算术运算以外，还有按位运算、逻辑运算、移位运算、扩展运算等。

- 按位运算：按位与、按位或、按位取反等运算。
- 逻辑运算：一个变量和常量在整体上作为逻辑值进行逻辑运算：全 0 为“假”，非 0 为“真”。
- 移位运算：包括逻辑移位运算、算术移位运算和循环移位运算。逻辑移位运算对无符号数进行移位，移位时，在空出的位补 0，左移时可根据移出位是否为 1 来判断是否溢出；算术移位运算对带符号整数进行移位，移位前后符号位保持不变，否则溢出；循环移位时不需要考虑溢出。左移一位，数值扩大一倍，相当于乘 2 操作；右移一位，数值缩小一半，相当于除 2 操作。
- 扩展运算：包括零扩展运算和符号扩展运算。零扩展运算对无符号数进行扩展，高位补 0；符号扩展运算对带符号整数进行扩展，因为用补码表示，所以在高位直接补符号。

5. C 语言中的控制结构

在 C 语言程序中，每个操作用一条语句表示，每条语句以分号结尾，如赋值语句、return 语句、复合语句、表示函数之间调用关系的函数调用语句，以及表示程序流程控制的条件选择语句、循环执行语句。控制结构主要有顺序执行、选择执行和循环执行三种基本模式。在顺序执行结构中，一个语句完成后总是按顺序执行下一个语句，用 {}

将若干语句组合而成的复合语句就是一种顺序执行结构；在选择执行结构中，执行哪条语句由条件决定，可以从一个条件是否满足的两种可能性中选择一个语句执行，也可以通过多个条件判断从多个可能性中选择一个语句执行；在循环执行结构中，只要满足条件就不断执行循环体中的语句，每次循环体中语句的执行都可能改变条件，当条件不满足时跳出循环。

6. C 语言中的函数调用

C 语言程序本质上由若干函数组成，其中每条语句属于且仅属于一个函数。所有的 C 语言程序都从 main() 函数开始，在 main() 函数中可以调用其他函数，这些被 main() 调用的函数又可以调用另外的函数。

一个 C 程序可以由多个 C 源程序文件组成，一个函数通过函数调用语句引用其他函数，每个函数定义中可能有多个函数调用语句，如果被调用函数在引用之前没有定义，则必须在之前给出函数原型声明。每个函数定义由函数头部和函数体两部分组成。头部信息包括返回值类型、函数名，以及由圆括号中给出的形式参数（简称形参）列表，形式参数列表中的每个参数之间用逗号分隔。

在一个函数中如果出现函数调用语句，则意味着程序的执行流程将从当前的函数调用语句跳转到被调用函数处执行，在被调用函数执行结束时，程序回到调用函数处继续执行。在从调用函数跳转到被调用函数执行时，必须将相应的入口参数（也称为实际参数，简称实参）传递给被调用函数的形式参数，而在被调用函数返回时，必须将返回值传递给调用过程。C 语言要求传递的实际参数类型必须符合函数定义中对应的形式参数类型或能转换为形参类型。

7. 变量的作用域及其存储分配

编译器在处理高级语言源程序时，必须根据变量的定义和变量声明来确定每个变量适合分配在哪类存储器中，并根据变量的作用域和生存期确定其应分配在动态存储区还是静态存储区。程序中的变量实际上是一个存储位置，在对应存储位置上存放的数据发生了变化，就意味着变量值的改变。

C 程序中的变量一定是先定义后引用的，每个变量都有其对应的作用域和生存期，例如，在一个复合语句中定义的变量只能在该复合语句内部引用，且变量的定义必须在其中包含的所有语句之前。

程序中变量的引用有读和写两种方式。若变量在表达式中，则在表达式计算时需要读取变量的值，即进行读操作；若变量在赋值语句等号的左边，则需要将新值写入变量所在存储区，即进行写操作。

C 语言中有全局变量（外部变量）、静态全局变量、非静态局部变量（自动变量）和静态局部变量。

- 全局变量分配在静态存储区，程序中所有函数都可以对其进行读写，其作用域和生存期与函数的作用域和生存期一样，可在整个程序执行过程中在任何地方被引用。
- 静态全局变量分配在静态存储区，只有所在文件中的函数才可以对其进行读写，其他文件中的函数不能对其进行读写。
- 非静态局部变量是指在函数体内部定义的变量。函数体是由 {} 括起来的复合语句，局部变量的作用域仅是其定义所在的最小复合语句，在此复合语句之外，变量不能被引用。也可以把函数的形参看成局部变量，其作用域为函数体内部。

- 静态局部变量的作用域与自动变量一样，局限在定义所在的函数体内部，其他函数无法引用。与自动变量不同的是，静态局部变量的生存期是整个程序执行过程，再次进入对应函数执行时，可以像读写全局变量存储空间一样对其进行操作。因此静态局部变量与静态全局变量一样，具有局部作用域、全程生存期、一次初始化的特点，也应分配在静态存储区。静态局部变量和静态全局变量统称为静态变量。

8. C 标准 I/O 库函数

通常，程序需要与外界环境交互，因此需要有输入 / 输出（I/O）功能。C 语言程序可通过调用特定的 I/O 函数的方式实现 I/O。使用的 I/O 函数可以是 C 标准 I/O 库函数或者系统提供的系统级 I/O 函数。前者包括文件 I/O 函数 fopen()、fread()、fwrite() 和 fclose() 或控制台 I/O 函数 printf()、scanf() 等；后者包括 UNIX/Linux 系统中的 open()、read()、write() 和 close() 等函数，或者 Windows 系统中的 CreateFile()、ReadFile()、WriteFile()、CloseHandle()、ReadConsole()、WriteConsole() 等 API 函数。

2.3　基本术语解释

高级编程语言（high-level programming language）

高级编程语言是一种面向过程或面向对象的参照数学语言而设计的近似于日常会话的语言，相对低级的机器级语言，有较高的可读性，更易理解。通常高级编程语言中的关键词都用英语表示。

全局变量（global variable）

如果一个变量定义在任何函数定义的外部，则称该变量为全局变量或外部变量，因为变量在其定义出现后即可被引用，所以全局变量定义通常出现在源程序文件中所有函数定义之前，其作用域和生存期与函数的作用域和生存期一样，可在整个程序执行过程中在任何地方被引用。

静态全局变量（static global variable）

C 语言中提供了一种作用域仅局限在一个源程序文件中的静态全局变量。定义这种变量时，只要在全局变量定义前加关键字 static 即可。C 语言中也可以定义静态函数，只要在函数头部的返回值类型前加 static 即可。静态全局变量和静态函数都只能在其定义所在的源程序文件中被引用，即作用域局限于所在文件中定义的所有函数，但其生存期为整个程序执行过程。

自动变量（automatic variable）

在 C 语言中，局部变量（local variable）是指在函数体内部定义的变量，函数体是由 {} 括起来的复合语句，局部变量的作用域仅在其定义所在的最小复合语句内。自动变量是指非静态局部变量，也称为 auto 型变量。

静态局部变量（static local variable）

静态局部变量也称为局部静态变量或内部静态变量，其定义位置与局部变量一样，也是定义在函数体内部，只不过需要在局部变量定义的开始加关键字 static。

静态存储区（static memory area）

静态存储区是指在对程序进行链接时就已经分配好的存储区，在程序执行过程中，静态存储区中所有信息的存储位置都是固定的，程序执行结束时被释放。因此，静态存储区用于存储全局变量、静态变量和一些只读信息。

动态存储区（dynamic memory area）

动态存储区包括栈区和堆区，栈区中存放的信息由程序运行过程中相应指令的执行而进行分配，函数内部定义的非静态局部变量（自动变量）被分配在栈区；堆区中的信息则通过使用系统提供的内存管理函数，如 malloc()、realloc()、calloc()、free() 等，完成动态存储变量存储空间的分配和释放。

逻辑移位（logical shift）

逻辑移位是对无符号数进行的移位，它把无符号数看成一个逻辑数进行移位操作。左移时，高位移出，低位补 0；右移时，低位移出，高位补 0。

算术移位（arithmetic shift）

算术移位是对带符号整数进行的移位，移位前后符号位不变。移位时，符号位不动，只是数值部分进行移位。左移时，高位移出，末位补 0，移出非符时，发生溢出。右移时高位补符，低位移出。移出时进行舍入操作。

循环（逻辑）移位（rotating shift）

循环移位是一种逻辑移位，移位时把高（低）位移出的一位送到低（高）位，即：左移时，各位左移一位，并把最左边的位移到最右边；右移时，各位右移一位，并把最右边的位移到最左边。

扩展操作（extending）

在计算机内部，有时需要将一个取来的短数扩展为一个长数，此时要进行填充（扩展）处理。有零扩展和符号扩展两种。

零扩展（zero extending）

对无符号整数进行高位补 0 的操作称为零扩展。

符号扩展（sign extending）

对补码整数在高位直接补符的操作，称为符号扩展。

2.4 常见问题解答

1. 为什么 C 语言程序中的常量也需要确定数据类型？如何确定字面量常量的数据类型？

答：因为 C 语言程序中的常量可能出现在一个表达式中，或者作为一个初始值被赋值给某个变量，编译器需要根据表达式中变量和常量的类型确定表达式按什么数据类型进行运算，编译器也需要根据编程语言标准规范确定如何将常数字面量转换为相应的机器数，例如，带小数点的字面量就按浮点数格式转换为二进制表示的浮点数，一个十进制数串就直接转换为二进制数串，并根据规定确定其数据类型。

编译器根据字面量的形式和转换后数值的范围确定其类型，例如，20.0 和 2.85E10

都属于浮点类型，0x12BF 是十六进制表示的整数类型，2 和 2147483648 是十进制表示的整数类型，"good!" 则是 ASCII 码表示的字符串。对于整型常数字面量，在数字串最后加 u 或 U 时，表示无符号整型数，如字面量 12345U 和 0x2B3Cu 明显地表示为无符号整型数，若在数字串后不加 u 或 U，则需要按 C 语言标准 ISO C90 和 C99 中相应的规定确定数据类型。例如，字面量 2147483648（数值为 2^{31}）在 32 位机器 ISO C90 标准下是 unsigned int 型，而在 64 位机器中或者 ISO C99 标准下则是 long long 型。

2. 一个 C 语言表达式中同时有整型变量、浮点型变量和整型常数，如 2*i*x（其中，i 为 int 型，x 为 float 型），则表达式按什么数据类型进行计算？

答：在 C 语言表达式中，如果混合使用不同类型的变量和常量，则应使用一个规则集合来完成数据类型的自动转换。以下是 C 语言程序数据类型转换的基本规则：在表达式中，（unsigned）char 和（unsigned）short 类型都应自动提升为 int 类型；在包含两种以上数据类型的任何表达式中，较低级别的数据类型应提升为较高级别的数据类型；数据类型级别从高到低的顺序依次是 long double、double、float、unsigned long long、long long、unsigned long、long、unsigned int、int；当 long 和 int 具有相同位数时，unsigned int 级别高于 long。例如，在表达式 2*i*x（其中，i 为 int 型，x 为 float 型）中，2 和 i 应等值转换为 float 类型后再按 float 类型进行乘运算。

在赋值语句中，计算结果被转换为要被赋值的那个变量的类型，这个过程可能导致级别提升（被赋值的类型级别高）或者降级（被赋值的类型级别低），提升是按等值转换到表数范围更大的类型，通常是扩展操作或整数转浮点数类型，一般情况下不会有溢出问题，而降级可能因为表数范围缩小而导致数据溢出问题。

3. 当函数头部说明的返回值类型与函数定义中 return 语句给出的表达式中的数据类型不一致时，编译器会如何处理？

答：函数的返回值通过返回语句 return 说明，return 语句中的表达式给出了返回值的计算方法，C 语言要求 return 语句中表达式的类型必须能够转换为函数头部说明的返回值类型，并且返回的值为转换类型后计算出来的值。例如，对于以下 funct() 函数：

```
int funct(int r) {
    return 2*3.14*r;
}
```

因为函数头部说明的返回值类型为 int，而 return 语句给出的表达式中有浮点数字面量，所以编译器将先按浮点数类型进行表达式计算，得到的浮点数等值转换为 int 型数值（小数部分丢弃）后，作为返回值返回。

4. 在函数调用时，若调用函数传给被调用函数的实参类型与被调用函数定义中的形参类型不同，则编译器会如何处理？

答：编译器会将实参强制类型转换为形参类型表示的数值，然后传递给被调用过程。例如，funct() 函数定义如下：

```
int funct(int r) {
    return 2*3.14*r;
}
```

赋值语句“float x=funct(5.6);”在函数调用传递实参5.6时，必须将浮点数5.6强制类型转换为int型数据5传递给形参r，在执行funct()函数中的return语句时，参数5又必须转换为浮点数类型进行表达式计算，计算出的浮点数结果31.4必须再转换为返回值类型数值31，最后还必须将int型数值31转换为float型数再赋给变量x。由此可见，在这条赋值语句执行过程中，进行了4次类型转换。

5. 函数的原型声明和函数的定义有什么区别？

答：程序中每个有名字的对象（如变量、函数）都需要有一个唯一的定义和若干处对其引用。为了保证定义和引用一致，通常应先定义后引用。在C语言中，定义和声明是两个不同的术语，定义用于构建一个对象，意味着在编译器转换得到的机器级代码中需要为这个对象分配存储空间，而声明则是说明存在相应的对象，即被声明的对象一定存在一个唯一的定义。如果一个声明的对象没有定义，意味着该声明无效，在生成可执行文件的过程中会出现链接错误。

一个C语言程序可以由多个C源程序文件组成，一个函数通过函数调用语句引用其他函数，每个函数定义中可能有多个函数调用语句。若被调用函数在引用前无定义，则须在引用前给出函数原型声明。

2.5 单项选择题

1. 以下关于C语言的描述中，错误的是（　　）。
   A. 是一种高级程序设计语言
   B. 强调程序设计的灵活性和方便性
   C. 提供了一种接近硬件的低级操作机制
   D. 在安全性和语言规范性方面有严格的规定
2. 以下关于C语言程序整型变量的描述中，正确的是（　　）。
   A. char型变量总是带符号整数　　B. short型变量的位数总是16位
   C. int型变量的位数总是32位　　D. long型变量的位数总是64位
3. 以下给出的C程序字面量中，属于浮点型字面量常数的是（　　）。
   ① 50.0　② 0x16AB　③ 15234　④ 3.5E9　⑤ 2147483648U
   A. 仅④　　B. 仅①和②
   C. 仅①和④　　D. 仅①、②、④和⑤
4. 以下是关于C语言程序中变量定义的描述，其中错误的是（　　）。
   A. 某源程序文件开头的“int count;”是对全局变量count的定义
   B. 某源程序文件开头的“extern int count;”是对外部变量count的定义
   C. 某函数定义中开头的“static int count=2000;”是对静态变量count的定义
   D. 某函数定义中开头的“int count=2000;”是对非静态局部变量count的定义
5. 以下是关于C语言程序中函数原型声明的描述，其中错误的是（　　）。
   A. 函数原型声明需要给出函数名、各参数的类型和函数返回值类型
   B. 函数原型声明用于对参数类型进行一致性检查和数据类型转换
   C. 每一个被引用的函数都需要在引用所在源程序文件开始处给出其原型声明
   D. 某源程序文件开头的“int funct(int, int, double, long) ;”是一个函数原型声明

6. 以下关于变量作用域的叙述中，错误的是（　　）。
   A. 局部变量的作用域仅在所定义的最小复合语句内
   B. 可将函数的形参看作局部变量，其作用域在函数体内
   C. 静态变量的作用域在其定义所在源程序文件定义的所有函数中
   D. 全局变量的作用域在程序所包含的所有源程序文件定义的所有函数中
7. 以下关于变量生存期的叙述中，错误的是（　　）。
   A. 全局变量的生存期为程序执行的整个过程
   B. 静态全局变量的生存期为程序执行的整个过程
   C. 静态局部变量的生存期为其定义所在函数的执行过程
   D. 自动变量的生存期仅在其定义所在最小复合语句的执行过程
8. 以下是有关 C 语言程序中 I/O 操作的叙述，其中错误的是（　　）。
   A. C 语言程序通过调用相应的 I/O 函数完成 I/O 操作
   B. fread()、fwrite() 和 printf() 都属于 C 语言标准 I/O 库函数
   C. read()、write()、open() 和 close() 都属于 Linux 系统级 I/O 函数
   D. 在 Linux 系统中，read() 函数最终是通过调用 fread() 函数实现的

【参考答案】

1. D　2. B　3. C　4. B　5. C　6. C　7. C　8. D

2.6 分析应用题

1. 编写一个 C 语言程序，通过循环执行结构求自然数 1 到 100 的立方和。

【分析解答】

```
#include <stdio.h>
int main()
{
    int sum, i;
    for (i = 1; i <= 100; i ++)
        sum += i * i * i;
    printf("sum = %d\n", sum);
    return 0;
}
```

2. 已知一个函数原型声明为“float f_max(float, float, float);”，给出该函数的定义，要求能够求出给定 3 个浮点数中的最大值，并编写一个主函数用来测试各种输入情况下结果的正确性。

【分析解答】

```
#include <stdio.h>
float f_max(float a, float b, float c)
{
    float max = (a > b ? a : b);
    return (max > c ? max : c);
}
int main()
```

```
{
    float data[5] = { -12.5, -0.002, 0.0, 0.06, 3.1415926 };
    int i, j, k;
    for (i = 0; i < 5; i ++)
        for (j = 0; j < 5; j ++)
            for (k = 0; k < 5; k ++){
                float max = f_max(data[i], data[j], data[k]);
                printf("max(%f, %f, %f)=%f\n",data[i],data[j],data[k],max);
            }
    return 0;
}
```

3. 在你的机器上运行以下程序，并对程序执行结果进行分析。

```
1  #include "stdio.h"
2
3  int main()
4  {  double x=2.1, y=0.1, z=x-2;
5      if (y==z)
6          printf("true\n");
7      else
8          printf("false\n");
9      printf("y=%.40f\n", y);
10     printf("z=%.40f\n", z);
11     return 0;
12 }
```

【分析解答】

程序执行结果如下：

```
false
y=0.1000000000000000055511151231257827021182
z=0.1000000000000000888178419700125232338905
```

从数学意义上来看，y 和 z 的值应当相等。但计算机程序中的浮点数只能用有限数量的比特来表示，因此存在精度的概念，有些数值无法用浮点数精确表示和存储，从而引入误差。这些误差会在程序的计算过程中积累，如果对两个浮点型变量进行比较，即使其数学意义上的值应当相等，但可能由于误差的存在，导致两个浮点型变量的存储表示不完全相同。在 C 语言中，浮点类型 double 采用 IEEE 754 双精度浮点数格式表示，相应的十进制有效数字约为 17 位。程序的第 9 行和第 10 行分别输出 y 和 z 的数值，从执行结果可见，y 和 z 从第 18 位有效数字开始有所不同，即分别为 0 和 8。因此，程序中的 y 和 z 并不完全相同，第 5 行的比较结果不成立，故程序通过第 8 行输出 false。

4. 在你的机器上运行以下程序，考虑在 32 位 /64 位机器上在 ISO C90/C99 标准的各种组合情况下程序执行结果的不同，参考 C 语言标准规范对程序执行结果进行分析。

```
1  #include <stdio.h>
2  int main()
3  {
4      if (2147483647 < 2147483648)
5          printf("true\n");
6      else
7          printf("false\n");
```

```
8        return 0;
9   }
```

【分析解答】

在32位/64位机器上采用ISO C90/C99标准的各种组合情况下，程序均输出true。

（1）考虑32位机器上采用ISO C90标准的情况。

ISO C90标准规定，对于无后缀的十进制常量的类型，以int、long、unsigned long中第一个可表示的类型为准。在32位机器上，int类型的长度是4字节，表示范围是$[-2^{31}, 2^{31}-1]$，对于常量$2147483647=2^{31}-1$，其值在int类型的表示范围内，故为int类型。对于常量$2147483648=2^{31}$，其值不在int类型的表示范围内，故考虑long类型；在32位机器上，long类型的长度是4字节，表示范围与int类型相同，也无法表示2147483648，故考虑unsigned long类型；在32位机器上，unsigned long类型的长度是4字节，表示范围是$[0, 2^{32}-1]$，可以表示2147483648，因此，2147483648为unsigned long类型。综上，程序第4行的比较运算符中，左侧为int类型，右侧为unsigned long类型，根据C语言标准，比较前应将左侧提升为unsigned long类型，提升后其真值仍为2147483647，比较结果为“真”，故输出true。

（2）考虑64位机器上采用ISO C90标准的情况。

2147483647的类型与情况（1）一致，仍为int类型。对于2147483648，在考虑long类型时，由于在64位机器上，long类型的长度是8字节，表示范围是$[-2^{63}, 2^{63}-1]$，可以表示2147483648，因此，2147483648为long类型。综上，程序第4行的比较运算符中，左侧为int类型，右侧为long类型，根据C语言标准，比较前应将左侧提升为long类型，提升后其真值仍为2147483647，比较结果为“真”，故输出true。

（3）考虑32位机器上采用ISO C99标准的情况。

ISO C99标准规定，对于无后缀的十进制常量的类型，以int、long、long long中第一个可表示的类型为准。2147483647的类型与情况（1）一致，仍为int类型。根据上文，对于2147483648，在32位机器上的int类型和long类型均无法表示，故考虑long long类型；由于在32位机器上，long long类型的长度是8字节，表示范围是$[-2^{63}, 2^{63}-1]$，可以表示2147483648，因此，2147483648为long long类型。综上，程序第4行的比较运算符中，左侧为int类型，右侧为long long类型，根据C语言标准，比较前应将左侧提升为long long类型，提升后其真值仍为2147483647，比较结果为“真”，故输出true。

（4）考虑64位机器上采用ISO C99标准的情况。

2147483647的类型与情况（1）一致，仍为int类型；2147483648的类型与情况（2）一致，为long类型。综上，程序第4行的比较结果与情况（2）一致，输出true。

5. 在你的机器上运行以下3个程序，考虑在32位/64位机器上在ISO C90/C99标准的各种组合情况下程序执行结果的不同，参考C语言标准规范对程序执行结果进行分析。

程序一：

```
1  #include <stdio.h>
2  int main()
3  {
```

```
4      unsigned a=10;
5      int b=-20;
6      (a+b>10) ? printf(">10") : printf("<10");
7      return 0;
8  }
```

程序二：

```
1  #include <stdio.h>
2  int main()
3  {
4      (10-20>10) ? printf(">10") : printf("<10");
5      return 0;
6  }
```

程序三：

```
1  #include <stdio.h>
2  int main()
3  {
4      (10-2147483648>10) ? printf(">10") : printf("<10");
5      return 0;
6  }
```

【分析解答】

对于程序一，在32位/64位机器上，在ISO C90/C99标准的各种组合情况下，程序均输出“>10”。由于变量a为unsigned类型，变量b为int类型，故在表达式“a+b>10”中，左侧在进行加法运算前，应先将b提升为unsigned类型，提升后其真值变为2^{32}−20=4294967296−20=4294967276。因此，比较运算的左侧结果为a+b=10+4294967276=4294967286，比较结果为“真”，故输出“>10”。上述分析适用于32位/64位机器上在ISO C90/C99标准下的各种组合。

对于程序二，在32位/64位机器上，在ISO C90/C99标准的各种组合情况下，程序均输出“<10”。在表达式“10−20>10”中，10和20均为int类型，故比较运算的左侧结果为−10，比较运算按带符号整数进行，比较结果为“假”，故输出“<10”。上述分析适用于32位/64位机器上在ISO C90/C99标准下的各种组合。

对于程序三，在32位机器上采用ISO C90标准时，程序输出“>10”，其余组合的情况下，程序输出“<10”。

（1）考虑32位机器上采用ISO C90标准的情况。

根据第4题的分析，此时2147483648为unsigned long类型，而10为int类型，故在表达式“10−2147483648>10”中，左侧在进行加法运算前，应先将10提升为unsigned long类型，提升后其真值仍为10。因此，比较运算的左侧按无符号整数减法计算，结果为10−2147483648=2147483658，比较运算也按无符号整数进行，比较结果为“真”，故输出“>10”。

（2）考虑64位机器上采用ISO C90标准的情况。

根据第4题的分析，此时2147483648为long类型，而10为int类型，故在表达式“10−2147483648>10”中，左侧在进行加法运算前，应先将10提升为long类型，提升后其真值仍为10。因此，比较运算的左侧按带符号减法计算，结果为10−

2147483648=-2147483638，比较运算也按带符号整数进行，比较结果为“假”，故输出“<10”。

（3）考虑 32 位机器上采用 ISO C99 标准的情况。

根据第 4 题的分析，此时 2147483648 为 long long 类型，而 10 为 int 类型，故在表达式“10-2147483648>10”中，左侧在进行加法运算前，应先将 10 提升为 long long 类型，提升后其真值仍为 10。因此，比较运算的左侧按带符号整数减法计算，结果为 10-2147483648=-2147483638，比较运算也按带符号整数进行，比较结果为“假”，故输出“<10”。

（4）考虑 64 位机器上采用 ISO C99 标准的情况。

根据第 4 题的分析，此时 2147483648 为 long 类型，分析过程与情况（2）相同，程序输出“<10”。

第3章　数据的机器级表示

3.1　教学目标和内容安排

主要教学目标：使学生掌握计算机内部各种数据的机器级表示，理解真值与机器数之间的关系，能够运用数据的机器级表示知识解释和解决高级语言程序设计中遇到的相关问题。

基本学习要求：

- 了解真值和机器数的含义。
- 了解无符号整数的含义、用途和表示。
- 了解带符号整数的表示方法。
- 理解为什么现代计算机都用补码表示带符号整数。
- 掌握在真值和各种编码表示数之间进行转换的方法。
- 能够运用整数表示知识解释和解决高级编程中整数表示和转换问题。
- 了解浮点数表示格式及其与表示精度和表示范围之间的关系。
- 掌握规格化浮点数的概念和浮点数规格化方法。
- 掌握 IEEE 754 标准，并能在真值与单精度格式浮点数之间进行转换。
- 能运用数据表示知识解释和解决高级语言编程中浮点数表示和转换问题。
- 掌握常用的十进制数的二进制编码方法，如 8421 码。
- 了解逻辑数据、西文字符和汉字字符的常用表示方法，如 ASCII 码、GB2312。
- 了解常用数据长度单位的含义，如 bit、Byte、KB、MB、GB、TB 等。
- 了解大端和小端排列方式，以及数据的对齐存储方式。

本章内容相对比较容易，学生也比较熟悉，对于信息的二进制表示、进位计数制等简单内容，完全可以让学生自学。如果课时不充裕，对于十进制数的表示和汉字字符编码部分，也可以只简单介绍其概要内容，细节部分留给学生课后阅读。关于高级语言中的各种数据类型与机器级数据表示之间的关系，应该要求学生掌握，这对于提高学生的程序设计和调试能力起到很大的作用。其实，这部分内容很简单，只要在教学过程中提醒学生关注并进行一些编程练习就能达到教学目的，而且程序设计课程中也会介绍这部分内容。

对于本章内容，教学过程中普遍存在的问题是，学生缺乏将机器级数据表示和程序设计及程序调试工作相互关联的意识。许多学生也许对机器级数据表示的基本原理和概念很了解，但在程序设计和调试工作中，往往不会运用所学知识解决实际问题，不会把高级语言中的类型定义、数值范围、数据类型转换等问题和本课程所学的知识联系起来。

为了增强学生对机器级数据表示的认识，可以让他们亲自编写相关的程序，通过程序的执行结果来理解本章所学的知识。与本章内容相关的编程练习有很多，例如：验证一些关系表达式的结果；确定 float 型变量和 double 型变量的精度；检查一些特殊表达式的运行结果，如一个非零整数除以 0、一个非零实数除以 0、0 除以 0、负数开平方等；检查机器是大端还是小端方式数据；检查数据是对齐存放还是不对齐存放。

与主教材配套的《计算机系统导论实践教程》中第 3 章 "数据的机器级表示实验" 中提供了与本章内容相匹配的编程调试实验，可以在完成《计算机系统导论实践教程》中第 1 章和第 2 章实验的基础上，进行数据的机器级表示方面的编程调试实验。

3.2　主要内容提要

1. 数据的表示

计算机中的数据主要有数值数据与非数值数据两类。

数值数据是指在数轴上有对应的点、能比较大小的数，在计算机中有二进制数和十进制数两种表示形式。二进制表示有无符号整数、带符号整数和浮点数三类。无符号整数也称无符号数，用来表示指针、地址等正整数；带符号整数一般用补码表示；浮点数用来表示实数，现代计算机中多采用 IEEE 754 标准。十进制表示的主要是整数，需要用二进制对其进行编码，因此也称为 BCD（Binary Coded Decimal）码，最常用的 BCD 码是 8421 码。

非数值数据是指在数轴上没有对应的点的数据，主要包括逻辑值、西文字符和汉字字符等。逻辑值只有两个状态取值，按位进行运算；西文字符多采用 7 位 ASCII 码表示；汉字字符有输入码、内码和字模码，汉字内码大多占 2 ～ 4 个字节。

2. 数据的宽度

数据的宽度通常以字节（Byte）为基本单位来表示，数据长度单位（如 MB、GB、TB 等）在表示数据容量和带宽等不同对象时所代表的大小不同。

3. 数据的排列

数据有大端和小端两种排列方式。大端方式以 MSB 所在地址为数据的地址，即给定地址处存放的是数据的最高有效字节；小端方式以 LSB 所在地址为数据的地址，即给定地址处存放的是数据的最低有效字节。

3.3　基本术语解释

机器数（computer word）

通常将数值数据在计算机内部编码表示的数称为机器数。机器数中只有 0 和 1 两种符号。

真值（natural number）

机器数真正的值（即原来带有正负号的数）称为机器数的真值。

数值数据（numerical data）

数值数据是指有确定的值的数据，在数轴上能找到其对应的点，可以比较其大小。确定一个数值数据的值有三个要素：进位记数制、定 / 浮点表示和数的编码表示。也就是说，给定一个数字序列，如果不说明这个数字序列是几进制数、小数点的位置在哪里、采用什么编码方式，那么这个数字序列的值是无法确定的。

非数值数据（non-numerical data）

非数值数据是指在数轴上没有确定的值的数据，逻辑数据、西文字符、汉字字符等都是非数值数据。

基数（radix，base）

进位记数制的“底数”或“基”。例如，二进制数的基数是“2”，十进制数的基数为“10”，十六进制的基数为“16”。

无符号整数（unsigned integer）

当一个编码的所有二进制位都用来表示数值时，该编码表示的就是无符号整数，也称为无符号数，可以把它看成是正整数。常用于表示指针和地址等。

带符号整数（signed integer）

在计算机内部对正、负号进行编码的整数，也称为有符号整数。通常用补码表示。

定点数（fixed-point number）

定点数是计算机中小数点固定在最左边或最右边的数，有定点整数和定点小数两种。定点整数的小数点总是约定在数的最右边，主要用来表示现实世界中的整数和浮点数中的指数。定点小数的小数点总是约定在数的最左边，主要用来表示浮点数中的尾数。

定点数的编码方式有原码、反码、补码和移码。浮点数的尾数一般用原码小数来表示；浮点数的指数一般用移码来表示；而反码很少被使用，只用在某些特殊场合。

浮点数（floating-point number）

浮点数是计算机中可以指定小数点在不同位置的数。任意一个浮点数 F 可写成 $F=M\times 2^E$ 的形式。这样，一个浮点数就可用两个定点数表示，M 称为浮点数的尾数（mantissa, significand），用一个定点小数来表示；E 称为浮点数的指数或阶（exponent），用一个定点整数来表示。

原码（signed magnitude）

由符号位直接跟数值位构成，也称“符号－数值”表示法。它的编码规则是：正号“+”用符号位“0”表示，负号“－”用符号位“1”表示，数值部分不变。这种编码比较简单，但计算机处理起来不方便，20 世纪 50 年代以后，就不用它来表示整数了。现代计算机中，一般用它来表示浮点数的尾数，如 IEEE 754 标准。

反码（one's complement）

一种对定点整数或定点小数进行二进制编码的编码方案。由于计算机处理反码没有补码方便，反码已很少被使用了。

补码（two's complement）

补码编码规则是：正号“+”用符号位“0”表示，负号“－”用符号位“1”表示，正数的数值部分不变，负数的数值部分是“各位取反，末位加 1”。这种编码较原码复杂，但由于它是一种模运算系统，计算机处理很方便。常用补码表示带符号整数。

变形补码（four's complement）

变形补码是一种双符号位补码，又称为“模 4- 补码”。双符号位可以用来检测定点整数是否发生溢出，左符号位为真正的符号位，右符号位用来判断是否溢出。采用“变形补码”进行溢出检测时的判断规则为：“当结果的两个符号位不同时，发生溢出”。双符号位通常用于保存运算过程中进到高位的数值部分。

移码（excess notation，biased notation）

移码编码规则是：将真值加上一个偏置常数（bias）。在浮点数的加减运算中，要进行对阶操作，需要比较两个阶的大小。用移码表示阶后，所有数的阶都相当于一个正整数，比较大小时，只要从高位到低位按顺序比较即可，因而，移码主要用来表示浮点数的阶，可以简化对阶操作。

单精度浮点数（single precision floating point number）

IEEE 754 标准规定的 32 位浮点数格式表示的浮点数。阶码用 8 位移码表示，偏置常数为 127，尾数用原码表示，规格化浮点数的最高位“1”隐含不表示，显式表示的尾数有 23 位，所以一共有 24 位尾数。

双精度浮点数（double precision floating point number）

IEEE 754 标准规定的 64 位浮点数格式表示的浮点数。阶码用 11 位移码表示，偏置常数为 1023，尾数用原码表示，规格化浮点数的最高位“1”隐含不表示，显式表示的尾数有 52 位，所以一共有 53 位尾数。

机器零（machine “0”）

用一种专门的位序列表示“机器零”。例如，IEEE 754 单精度浮点数中，用“0000 0000H”表示“+0”，用“8000 0000H”表示“－0”。当运算结果出现阶码过小时，计算机将该数近似表示为“机器零”。

BCD 码（Binary Coded Decimal，BCD）

十进制数用二进制编码的形式表示称为 BCD 码。

逻辑数据（logic data）

逻辑数据用来表示命题的“真”和“假”，分别用“1”和“0”来表示。进行逻辑运算时，按位进行。

ASCII（American Standard Code for Information Interchange）码

目前计算机中使用最广泛的西文字符集及其编码，即美国标准信息交换码，简称 ASCII 码。

汉字输入码（Chinese character input code）

对每个汉字用一个标准键盘上按键的组合来表示的编码方式。一般分为数字编码（如区位码）、字音编码（如微软拼音、全拼）、字形编码（如五笔字型）和形音编码。

汉字内码（Chinese character code）

用于汉字在计算机内部进行存储、查找、传输和处理而采用的编码方式，通常用 2 ～ 4 个字节表示一个汉字内码。

机器字长（machine word length）

一个二进制位（bit，比特）是计算机内部信息表示的最小单位。机器字长指的是特定计算机中 CPU 用于定点整数运算的数据通路的宽度，通常也就是 CPU 内定点数运算器和通用寄存器的位数。

编址单位（addressing unit）

对主存单元编号时，具有相同编号的二进制位数，主存单元的编号称为地址。通常的编址单位为8，即字节。按字节编址时，编址单位为字节；按字编址时，编址单位为字。

字地址（word address）

按字节编址时，一个字可能占用几个内存单元，字地址就是这几个连续内存单元地址中的最小值。

最高有效位（Most Significant Bit，MSB）

一个二进制数中的最高位，例如二进制数1000中的“1”。

最低有效位（Least Significant Bit，LSB）

一个二进制数中的最低位，例如二进制数1110中的“0”。

最高有效字节（Most Significant Byte，MSB）

一个二进制数中的最高字节，例如二进制数1111 1111 0000 0000 1111 0000中的1111 1111。

最低有效字节（Least Significant Byte，LSB）

一个二进制数中的最低字节，例如二进制数1111 1111 0000 0000 1111 0000中的1111 0000。

大端方式（big endian）

采用字节编址方式时，一个多字节数据（如int、float等类型数据）将占用多个主存单元。大端方式下，字地址是MSB所在单元的地址。

小端方式（little endian）

采用字节编址方式时，一个多字节数据（如int、float等类型数据）将占用多个主存单元。小端方式下，字地址是LSB所在单元的地址。

边界对齐（boundary alignment）

要求数据的地址是相应的边界地址。例如，按字节编址时，长度为4字节的数据的地址应该是4的倍数，即最末两位总是00，长度为2字节的数据的地址总是2的倍数。

3.4 常见问题解答

1. 真值和机器数的关系是什么？

答：在计算机内部用二进制编码表示的数称为机器数，而机器数真正的值（即原来带有正负号的数）称为机器数的真值，所以，它们就是同一个数据的两种不同表示形式。

2. 什么是编码？

答：编码是指用少量简单的基本符号，对大量复杂多样的信息进行一定规律的组合。基本符号的种类和组合规则是信息编码的两大要素。例如，用10个阿拉伯数字表示数值、电报码中用4位十进制数字表示汉字等，都是编码的典型例子。计算机内部处理的所有信息都是已“数字化编码”的信息。

3. 什么是数字化编码？

答：“数字化编码”就是对感觉媒体信息（如数值、文字、图像、声音、视频等信息）

进行定时采样，将现实世界中的连续信息转换为计算机中离散的“样本”信息，然后对这些离散的“样本”信息进行二进制编码。

4. 计算机内部为什么用二进制来编码所有信息？

答：主要有以下 3 个方面的原因。

（1）二进制系统只有两个基本符号“0”和“1”。因此，其基本符号少，易于用稳态电路实现。

（2）二进制的编码、计数和运算等规则简单。

（3）二进制中的“0”和“1”与逻辑命题的“真”和“假”的对应关系简单，为计算机中实现逻辑运算和程序中的逻辑判断提供了便利的条件，特别是能通过逻辑门电路方便地实现算术运算。

5. 计算机内部都用二进制表示信息，为什么还要引入八进制和十六进制？

答：计算机内部在进行信息的存储、传送和运算时，都是以二进制形式来表示信息的。但在屏幕上或书本上书写信息时，由于二进制信息位数多，阅读、记忆不方便，而十六进制、八进制和二进制的对应关系简单，又便于阅读、记忆和书写，所以引入十六进制或八进制，使得人们在开发、调试程序和阅读机器内部代码时，能方便地用十六进制或八进制来等价表示二进制信息。

6. 如何表示一个数值数据？计算机中的数值数据都是二进制数吗？

答：在计算机内部，数值数据的表示方法有两大类。

（1）直接用二进制数表示。分为无符号数和有符号数，有符号数又分为定点整数表示和浮点数表示。无符号数用来表示无符号整数（如地址等信息）；定点整数用来表示带符号整数；浮点数用来表示实数。

（2）采用二进制编码的十进制数（即 Binary Coded Decimal Number，BCD 码）来表示整数，BCD 码的编码方案很多，一般都采用 8421 码（也称为 NBCD 码）来表示。

因此，计算机中的数值数据虽然都用二进制来编码表示，但不一定全是二进制数，也可以用十进制数表示。因而有些处理器的指令类型中，就有对应的二进制加法指令和十进制加法指令。

7. 为什么要引入无符号数表示？

答：因为有些情况下只要对正整数进行运算，且结果不出现负值，此时，可以用无符号数表示变量。例如，在进行地址或指针运算时可用无符号数。

8. 在高级语言程序中定义的 unsigned 型数据是怎么表示的？

答：unsigned 型数据就是无符号数，直接用二进制对数值进行编码得到的就是无符号数。

9. 为什么无符号数运算时结果可能会发生“溢出”？什么叫无符号数的“溢出”？

答：计算机的机器字长总是有限的，因而机器数的位数有限，使得可表示的数的个数有限。n 位二进制数只能表示 2^n 个不同的数，当运算结果超过 n 位数时就可能发生溢出。

对于无符号数来说，计算机运算过程中只能保留低 n 位，舍弃高位。这样，会产生以下两种结果。

（1）剩下的低 n 位数不能正确表示运算结果。这种情况意味着运算的结果超出了计算机能表达的范围，有效数值进到了第 $n+1$ 位，称此时发生了“溢出”现象。例如，对于 4 位无符号数相加运算，当计算 14+3 时就发生溢出，即 1110+0011=1 0001，结果中第一位 1 是数值部分，把这个 1 丢弃后结果就不对了。

（2）剩下的低 n 位数能正确表达计算结果，即高位的舍去并不影响其运算结果。例如，对于 4 位无符号数相减运算，当计算 14−3 时，用 14 加 −3 的补码来实现，即 1110+1101=1 1011，结果中第一位 1 不是数值部分，把这个 1 丢弃后的结果是十进制的 11，因此是正确的。

“对一个多于 n 位的数丢弃高位而保留低 n 位数”这种处理，实际上等价于“将这个多于 n 位的数去除以 2^n，然后丢去商保留其余数”的操作。这种操作运算就是“模运算”。在一个模运算系统中，运算的结果最终都是丢弃高位而保留低位。所以，只要不是“溢出”（即只要真正的值不会进到第 $n+1$ 位），结果就是正确的。这是模运算系统的特点。

10. 为什么现代计算机都用补码来表示整数?

答：和原码、反码相比，用补码表示定点整数时，有以下四个好处：①符号位可以和数值位一起参加运算；②补码可以实现模运算，即可用加法方便地实现减法运算；③零的表示唯一；④可以多表示一个最小负数。因此，现代计算机中都采用补码来表示定点整数。

11. n 位二进制补码整数的模是多少？数的表示范围是什么？

答：n 位二进制补码整数的模是 2^n，表示其运算结果只保留低 n 位，多于 n 位的高位部分取模后要被丢弃掉，其数值范围为 $-2^{(n-1)} \sim [+2^{(n-1)}-1]$。

12. 在 C 语言程序中，关系表达式“−2147483648 == 2147483648U”的结果为什么为“真”？

答：关系表达式“−2147483648 == 2147483648U”的左边是负数，右边是正数，因此，左右两数看似不等，结果似乎应该为“假”。但是，在 C 语言中，如果在一个表达式中同时有 unsigned int（无符号整数）类型和 int（带符号整数）类型数据，那么，C 编译器会隐含地将 int 型数据强制类型转换为无符号整数。在上面的关系表达式运算中，对于左边的数“−2147483648”，编译器会先把 2147483648 转换为机器数“1000 0000 0000 0000 0000 0000 0000 0000”，然后将负号“−”转换为一条“取负指令”，得到对应的机器数还是“1000 0000 0000 0000 0000 0000 0000 0000”，被解释成无符号整数，其值为 2^{31}，和右边的无符号整数“2147483648U”的值完全相同，因而结果为“真”。

13. 定点整数在数轴上分布的点之间都是等距的吗?

答: 是的。定点整数在数轴上的点总是在整数值上，即 [⋯，−5，−4，−3，−2，−1，0，1，2，3，4，5，⋯]，相邻数据间隔总是 1。

14. 为什么要引入浮点数表示?

答:因为定点数不能表示实数,而且表数范围小,所以要引入浮点数表示。

15. 为什么浮点数的阶(指数)要用移码表示?

答:因为在浮点数的加减运算中,要进行对阶操作,需要比较两个阶的大小。移码表示的实质就是把阶加上一个偏置常数,使得所有数的阶码都是一个正整数,比较大小时,只要按高位到低位的顺序比较即可,因而,引入移码可以简化阶的比较过程。

16. 浮点数如何表示 0?

答:用一种专门的位序列表示 0,例如,IEEE 754 单精度浮点数中,用“0000 0000H”表示 +0,用“8000 0000H”表示 −0。当运算结果出现阶码过小时,计算机将该数近似表示为 0,称为“机器零”。

17. 现代计算机中采用什么标准来表示浮点数?

答:早期的计算机各自采用不同的浮点数表示格式,因而,在不同计算机之间进行数据交换时,就会发生数据不统一的问题。所以,专门制定了 IEEE 754 标准用来规定计算机中的浮点数表示格式。现代计算机中都采用 IEEE 754 标准来表示浮点数。

18. 为什么浮点数要采用规格化形式表示?

答:为了使浮点数中能尽量多地表示有效位数,提高浮点数运算的精度,而且规格化形式具有唯一性。

19. 如何判断一个浮点数是否是规格化数?

只要看转换为真值后,其尾数的第一位是否一定是非零数。因此,对于原码编码的尾数来说,只要看尾数的数值部分第一位是否为 1 即可。

20. 浮点数表示的精度和数值范围取决于什么?

答:浮点数的精度取决于尾数的位数,而数值范围取决于阶码的位数。在浮点数总位数不变的情况下,阶码位数越多,则尾数位数越少,即表数范围越大,则精度越差(数变稀疏)。

21. 基数的大小对表数范围和精度有什么影响?

答:基数越大,则范围越大,但精度变低(数变稀疏)。

22. 在高级语言编程中,float 和 double 型数据是怎么表示的?

答:现代计算机用 IEEE 754 标准表示浮点数,其中 32 位单精度浮点数就是 float 型,64 位双精度浮点数就是 double 型。

23. 在高级语言编程中,long double 型数据是怎么表示的?

答:long double 型数据的长度和格式随编译器和处理器类型的不同而有所不同。例如,Microsoft Visual C++ 6.0 版本以下的编译器都不支持该类型,因此,用其编译出来的目标代码中 long double 和 double 一样，都是 64 位双精度；在 IA-32 上使用 gcc 编译器时，long double 类型数据采用 Intel x86 FPU 的 80 位双精度扩展格式 [1 位符号位 s、15 位阶码 e、1 位显式首位有效位（explicit leading significand bit）j 和 63 位尾数 f] 表示；在 SPARC 和 PowerPC 处理器上使用 gcc 编译器时，long double 类型数据采用相应的 128 位双精度扩展格式（1 位符号位 s、15 位阶码 e 和 112 位尾数 f，采用隐藏位，故有效位数为 113 位）表示。

24. C 语言程序中，为什么关系表达式“123456789==(int)(float)123456789”的结果为“假”，而关系表达式“123456==(int)(float)123456”和“123456789 ==(int)(double)123456789”的结果都为“真”？

答：在 C 语言中，float 类型对应 IEEE 754 单精度浮点数格式，即 float 型数据的有效位数只有 24 位（相当于有 6、7 位十进制有效位数）；double 类型对应 IEEE 754 双精度浮点数格式，有效位数有 53 位（相当于有 16、17 位十进制有效位数）；int 类型为 32 位整数，其有效位数为 31 位（最大数为 2147483647，相当于 10 位十进制有效位数）。

整数 123456789 的有效位数为 9 位，转换为 float 型数据后肯定发生了有效位数丢失，再转换为 int 型数据时，已经不是 123456789 了，所以，关系表达式“123456789==(int)(float)123456789”的结果为假。

数据改为 123456 后，有效位数只有 6 位，转换为 float 型数据后有效位数没有丢失，因而数据没变，再转换为 int 型数据时，还是 123456，所以，关系表达式“123456==(int)(float)123456”的结果为真。

整数 123456789 的有效位数为 9 位，转换为 double 型数据后，不会发生有效位数丢失，再转换为 int 型数据时，还是 123456789，所以，关系表达式“123456789 ==(int)(double)123456789”的结果为真。

25. 位数相同的定点数和浮点数中，可表示的浮点数个数比定点数个数多吗？

答：不是的。可表示的数据个数取决于编码所采用的位数。编码位数一定，则编码出来的数据个数就是一定的。n 位编码最多只能表示 2^n 个数，所以，对于相同位数的定点数和浮点数来说，可表示的数据个数应该一样多。但是，有时由于一个值可能有两个或多个编码对应，编码个数会有少量差异。

26. 如何进行 BCD 码的编码？

答：每位十进制数的取值可以是 0、1、2、⋯、9 这十个数之一，因此，每一个十进制数位必须至少有 4 位二进制位来表示。而 4 位二进制位可以组合成 16 种状态，去掉 10 种状态后还有 6 种冗余状态，所以从 16 种状态中选取 10 种状态表示十进制数位 0 ～ 9 的方法很多，可以产生多种 BCD 码方案。大的方面可分为有权码和无权码两种。

有权码是指表示每个十进制数位的 4 个二进制数位（称为基 2 码）都有一个确定的权，8421 码是最常用的十进制有权码；无权码是指表示每个十进制数位的 4 个基 2 码没有确定的权。

27. 逻辑数据在计算机中如何表示？如何运算？

答：逻辑数据分别用“1”和“0”来表示命题的“真”和“假”。进行逻辑运算时，按位进行。

28. 汉字的区位码、国标码和机内码有什么区别?

答：GB2312 字符集由 94 行、94 列组成，行号称为区号，列号称为位号，各占 7 位，共 14 位，区号在左、位号在右，称为汉字的区位码，它指出了该汉字在码表中的位置。

汉字的国标码是将区号、位号各加上 32（即十六进制的 20H）后，再在前后 7 位前各加 0。

汉字的内码需要 2 个字节来表示，可以在国标码的基础上产生汉字机内码，一般是将国标码的两个字节的第一位设置成 1。

例如，已知一个汉字的国标码为 343AH，前后两个字节各减 32（20H）得到区位码，即 343AH-2020H=141AH，所以区号为 20（14H），位号为 26（1AH）；机内码是将国标码的两个字节的最前面一位变为 1，因此，机内码为 B4BAH。

29. MSB（LSB）表示最高（低）有效字节还是最高（低）有效位?

答：MSB 的含义可能是最高有效字节（Most Significant Byte），也可能是最高有效位（Most Significant Bit），具体表示哪一个含义，要根据上下文来判断。同样，LSB 的含义可能是最低有效字节（Least Significant Byte），也可能是最低有效位（Least Significant Bit）。

30. 有时用“字”表示数据的宽度，一个“字”到底有多少位?

答：除了用“比特”（bit）和“字节”（Byte）来表示一个数据的宽度外，有时也用“字”（Word）来表示数据宽度的单位。不同的计算机，其“字”的长度和组成不完全相同，有的由 2 个字节组成，有的由 4 个、8 个甚至 16 个字节组成。

31. 一个“字”的宽度就是一个“机器字长”吗?

答：不是。“机器字长”是计算机的一个非常重要的指标。我们通常所说的 32 位机器或 64 位机器，就是指机器的字长是 32 位或 64 位。一般情况下，机器字长定义为 CPU 中一次能够处理的二进制整数的位数，实际上就是 CPU 中整数运算数据通路的位数。

“字”作为信息宽度的计量单位，对于某个系列机来说，其字宽总是固定的。例如，在 80x86 系列中，一个字的宽度为 16 位，因此，32 位是双字，64 位是四字。在 IBM 303X 系列中，一个字的宽度为 32 位，所以 16 位为半字，32 位为单字，64 位为双字。

一个“字”的宽度可以不等于机器字长。例如，在 Intel 微处理器中，从 80386 开始就至少都是 32 位机器了，即机器字长至少为 32 位，但其字的宽度都定义为 16 位。

32. 在表示存储容量和带宽时经常用到 KB、MB、GB、TB 等表示数据量的单位，为什么 1MB 有的时候等于 10^6 字节，有的时候又等于 2^{20} 字节呢?

答：当表示二进制存储容量时，度量单位用 2 的幂次，例如，若主存容量为 1GB，则表示主存有 2^{30} 字节。当描述距离、频率等数值时，通常用 10 的幂次表示，因而在由时钟频率计算得到的总线带宽或外设数据传输率中，度量单位表示的也是 10 的幂次。例如，若总线带宽为 1GB/s，则表示总线每秒传输 10^9 字节。为区分这种差别，通常用 K 表示 1024，用 k 表示 1000，而其他前缀字母均为大写，表示的大小由其上下文决定。

在计算硬盘容量或文件大小时，不同的硬盘制造商和操作系统用不同的度量方式，因而比较混乱。在历史上，这甚至引发了一些硬盘买家的诉讼，买家原本预计 1MB 会有 2^{20}B、1GB 会有 2^{30}B，但实际容量却只有 10^6B 或 10^9B，容量远比自己预计的容量小。为了避免歧义，国际电工委员会（International Electrotechnical Commission，IEC）在 1998 年给出了表示 2 的幂的字母定义，即在原来的前缀字母后跟字母 i 表示 2 的幂，例如，1GiB=2^{30}B，而 1GB=10^9B。

3.5　单项选择题

1. 计算机中的所有信息都以二进制表示的原因是（　　）。
   A. 信息处理方便　　B. 运算速度快
   C. 节约元器件　　D. 物理器件特性所致
2. 引入八进制和十六进制的目的是（　　）。
   A. 节约元件
   B. 实现方便
   C. 可以表示更大范围的数
   D. 用于等价地表示二进制，便于阅读和书写
3. 108 对应的十六进制形式是（　　）。
   A. 6CH　　B. B4H　　C. 5CH　　D. 63H
4. 下列给出的各种进位记数制的数中，最小的数为（　　）。
   A. $(1001\ 0110)_2$　　B. $(63)_8$
   C. $(1001\ 0110)_{BCD}$　　D. $(2F)_{16}$
5. 下列给出的各种进位记数制的数中，最小的数为（　　）。
   A. $(1110\ 0101)_2$　　B. $(93)_{10}$
   C. $(1001\ 0010)_{BCD}$　　D. $(5A)_{16}$
6. 负零的补码表示为（　　）。
   A. 1 00⋯00　　B. 0 00⋯00
   C. 0 11⋯11　　D. 1 11⋯11
7. $[X]_{补}=X_0.X_1X_2\cdots X_n$（$n$ 为整数），它的模是（　　）。
   A. 2^{n-1}　　B. 2^n　　C. 1　　D. 2
8. $[X]_{补}=X_0X_1X_2\cdots X_n$（$n$ 为整数），它的模是（　　）。
   A. 2^{n+1}　　B. 2^n　　C. 2^n+1　　D. 2^n-1
9. 下列编码中，零的表示形式是唯一的编码是（　　）。
   A. 反码　　B. 原码　　C. 补码　　D. 原码和补码
10. 在下列有关补码和移码（偏置常数为 2^{n-1}）关系的叙述中，错误的是（　　）。
   A. 相同位数的补码和移码表示具有相同的表数范围
   B. 零的补码和移码表示相同
   C. 同一个数的补码和移码表示，其数值部分相同，而符号相反
   D. 一般用移码表示浮点数的阶，而用补码表示定点整数

11. 以下是一些关于补码表示特点的叙述：

① 零的表示是唯一的

② 符号位可以和数值部分一起参与运算

③ 和其真值的对应关系简单、直观

④ 减法可用加法来实现

以上叙述中，哪些选项是补码表示的特点？（　　）

A. 仅①和②　　B. 仅①和③

C. 仅①、②和③　　D. 仅①、②和④

12. 假定某数 X= −0100 1010B，在计算机内部的表示为 1011 0110B，则该数所用的编码方法是（　　）。

A. 原码　　B. 反码　　C. 补码　　D. 移码

13. 设寄存器位数为 8 位，机器数采用补码形式（含一位符号位），则十进制数 −26 存放在寄存器中的内容为（　　）。

A. 26H　　B. 9BH　　C. E6H　　D. 5AH

14. −1029 的 16 位补码用十六进制表示为（　　）。

A. 0405H　　B. 7BFBH　　C. 8405H　　D. FBFBH

15. 考虑以下 C 语言代码：

```
short si= -8196;
unsigned short usi=si;
```

执行上述程序段后，usi 的值是（　　）。

A. 8196　　B. 34572　　C. 57339　　D. 57340

16. 若 $[X]_{原}=1.x_1x_2x_3x_4$，其中，小数点前面一位是符号位，符号位为 1 时表示负数。当满足（　　）时，X>−1/2 成立。

A. x_1 必须为 1，x_2、x_3、x_4 至少有一个为 1

B. x_1 必须为 1，x_2、x_3、x_4 任意

C. x_1 必须为 0，x_2、x_3、x_4 至少有一个为 1

D. x_1 必须为 0，x_2、x_3、x_4 任意

17. 设 X= −1011，则 8 位补码 $[X]_{补}$为（　　）。

A. 1000 0101　　B. 1000 1011

C. 1111 0101　　D. 1111 1011

18. 16 位无符号数所能表示的数值范围是（　　）。

A. $0 \sim (2^{16}-1)$　　B. $0 \sim (2^{15}-1)$

C. $0 \sim 2^{16}$　　D. $0 \sim 2^{15}$

19. 16 位补码整数所能表示的范围是（　　）。

A. $-2^{15} \sim +(2^{15}-1)$　　B. $-(2^{15}-1) \sim +(2^{15}-1)$

C. $-2^{16} \sim +(2^{16}-1)$　　D. $-(2^{16}-1) \sim +(2^{16}-1)$

20. 若浮点数尾数用补码表示，则下列数中为规格化尾数形式的是（　　）。

A. 1.110 0000　　B. 0.011 1000

C. 0.010 1000　　D. 1.000 1000

21. 若浮点数尾数用原码表示，则下列数中为规格化尾数形式的是（　　）。

A. 1.110 0000　　B. 0.011 1000

C. 0.010 1000　　D. 1.000 1000

22. 用于表示浮点数阶码的编码通常是（　　）。

A. 原码　　B. 补码

C. 反码　　D. 移码

23. 假定某数采用IEEE 754单精度浮点数格式表示为4510 0000H，则该数的值是（　　）。

A. $(+1.125)_{10}\times 2^{10}$　　B. $(+1.125)_{10}\times 2^{11}$

C. $(+0.125)_{10}\times 2^{11}$　　D. $(+0.125)_{10}\times 2^{10}$

24. 假定某数采用IEEE 754单精度浮点数格式表示为C820 0000H，则该数的值是（　　）。

A. $(-1.01)_{10}\times 2^{17}$　　B. $(-1.01)_{10}\times 2^{144}$

C. $(-1.25)_{10}\times 2^{17}$　　D. $(-1.25)_{10}\times 2^{144}$

25. 假定变量i、f的数据类型分别是int、float。已知i=12345，f=1.2345e3，则在一个32位机器中执行下列表达式时，结果为“假”的是（　　）。

A. i= =(int)(float)i　　B. i= =(int)(double)i

C. f= =(float)(int)f　　D. f= =(float)(double)f

26. IBM 370的短浮点数格式中，总位数为32位，左边第一位（b_0）为数符，随后7位（$b_1\sim b_7$）为阶码，用移码表示，偏置常数为64，右边24位（$b_8\sim b_{31}$）为6位十六进制原码小数表示的尾数，规格化尾数形式为$0.x_1x_2x_3x_4x_5x_6$，$x_1\sim x_6$为十六进制表示，最高位x_1为非0数，基为16。若将十进制数−265.625用该浮点数规格化形式表示，则应表示为（　　）。(用十六进制形式表示)

A. C310 9A00H　　B. 4310 9A00H

C. 8310 9A00H　　D. 0310 9A00H

27. 假定两种浮点数表示格式的位数都是32位，但格式1的阶码长、尾数短，而格式2的阶码短、尾数长，其他所有规定都相同，则它们可表示的数的精度和范围为（　　）。

A. 两者可表示的数的范围和精度均相同

B. 格式1可表示的数的范围更小，但精度更高

C. 格式2可表示的数的范围更小，但精度更高

D. 格式1可表示的数的范围更大，且精度更高

28. 在一般的计算机系统中，西文字符编码普遍采用（　　）。

A. BCD码　　B. ASCII码　　C. 格雷码　　D. CRC码

29. 假定某计算机按字节编址，采用小端方式，有一个float型变量x的地址为FFFF C000H，x=1234 5678H，则在内存单元FFFF C001H中存放的内容是（　　）。

A. 1234H　　B. 34H　　C. 56H　　D. 5678H

30. 下面有关机器字长的叙述中，错误的是（　　）。

A. 机器字长是指CPU中定点运算数据通路宽度

B. 机器字长一般与CPU中寄存器的位数有关

C. 机器字长决定了定点整数的表示范围

D. 机器字长对计算机硬件的造价没有影响

31. 下面是关于计算机中存储器容量单位的叙述，其中错误的是（　　）。
A. 最小的计量单位为位（bit），表示一位“0”或“1”
B. 最基本的计量单位是字节（Byte），一个字节等于 8 位
C. 一台计算机的编址单位、指令字长和数据字长都一样，且是字节的整数倍
D. 主存容量为 1KB，其含义是主存中能存放 1024 个字节的二进制信息

32. 假定下列字符编码中含有奇偶检验位，但没有发生数据错误，那么采用奇校验的字符编码是（　　）。
A. 0101 0011　　B. 0110 0110　　C. 1011 0000　　D. 0011 0101

33. 8 位无符号整数 1001 0101 右移一位后的值为（　　）。
A. 0100 1010　　B. 0100 1011　　C. 1000 1010　　D. 1100 101

34. 8 位补码定点整数 1001 0101 右移一位后的值为（　　）。
A. 0100 1010　　B. 0100 1011　　C. 1000 1010　　D. 1100 1010

35. 8 位补码定点整数 1001 0101 左移一位后的值为（　　）。
A. 1010 1010　　B. 0010 1010　　C. 0010 1011　　D. 溢出

36. 8 位补码定点整数 1001 0101 扩展 8 位后的值用十六进制表示为（　　）。
A. 0095H　　B. 9500H　　C. FF95H　　D. 95FFH

37. 原码定点小数 1.1001 0101 扩展 8 位后的值为（　　）。
A. 1.0000 0000 1001 0101　　B. 1.1001 0101 0000 0000
C. 1.1111 1111 1001 0101　　D. 1.1001 0101 1111 1111

38. 考虑以下 C 语言代码：

```
short si= -8196;
int i=si;
```

执行上述程序段后，i 的机器数表示为（　　）。
A. 0000 9FFCH　　B. 0000 DFFCH　　C. FFFF 9FFCH　　D. FFFF DFFCH

【参考答案】

1. D　2. D　3. A　4. D　5. D　6. B　7. D　8. A　9. C　10. B
11. D　12. C　13. C　14. D　15. D　16. D　17. C　18. A　19. A　20. D
21. A　22. D　23. B　24. C　25. C　26. A　27. C　28. B　29. C　30. D
31. C　32. C　33. A　34. D　35. D　36. C　37. B　38. D

【部分题目的答案解析】

第 15 题

因为 −8196=−(8192+4) = −10 0000 0000 0100B，所以 si 和 usi 的机器数皆为 1101 1111 1111 1100B，作为无符号数解释时的真值为 $2^{16}-1-2^{13}-2-1=65535-8192-3=57340$。

第 16 题

符号位为 1，表示 X 为负数。因为 $[X]_{原}=1.x_1x_2x_3x_4$，所以 $X=-0.x_1x_2x_3x_4$。

要使 X>−1/2 成立，相当于 $-0.x_1x_2x_3x_4>-1/2$ 成立，必须 $0.x_1x_2x_3x_4<1/2$，此时，x_1 必须是 0，而 x_2、x_3、x_4 任意。因此，选项 D 正确。

第 17 题

已知 X=−1011=−000 1011，符号位为 1，数值部分各位取反，末位加 1，即 $[X]_{补}=$

1111 0101，正确的选项为 C。

第 25 题

对于选项 A，因为 i=12345<16384=2^{14}，所以 i 的有效位数不会超过 15<24，因而转换为 float 型数据后，不会发生有效位数丢失，再转换为 int 型数据，与原来的值完全相同。

对于选项 B，因为 i 的有效位数不会超过 15<53，因而转换为 double 型数据后，不会发生有效位数丢失，再转换为 int 型数据，与原来的值完全相同。

对于选项 C，因为 f=1234.5，有小数部分，转换为 int 型数据时，小数部分被丢弃，再转换为 float 型数据后，与原来的值不相同。

对于选项 D，因为 double 型数据的有效位数比 float 型的多，表数范围比 float 型的大，因而将 float 型数据转换为 double 型数据，其值不会发生任何变化，再转换为 float 型数据，与原来的值完全相同。

综上所述，答案为选项 C。

第 26 题

因为 IBM 370 浮点数格式的基数为 16，所以，将 −265.625 先转换为十六进制表示形式。

$-265.625 = -1\ 0000\ 1001.101\text{B} = -0001\ 0000\ 1001.1010\text{B} = (-0.109\text{A})_{16} \times 16^3$。

根据IBM 370的短浮点数格式可知：b_0=1，b_1~b_7=100 0000+3=100 0011B，b_0~b_7=1100 0011B=C3H，尾数 b_8~b_{31}=109A00H。因此，−265.625 的短浮点数用十六进制表示为 C310 9A00H。

3.6　分析应用题

1. 实现下列各数的转换。

（1）$(25.8125)_{10}$=（　　）$_2$=（　　）$_8$=（　　）$_{16}$

（2）$(10\ 1101.011)_2$=（　　）$_{10}$=（　　）$_8$=（　　）$_{16}$=（　　）$_{8421}$

（3）$(0101\ 1001\ 0110.0011)_{8421}$=（　　）$_{10}$=（　　）$_2$=（　　）$_{16}$

（4）$(4\text{E.C})_{16}$=（　　）$_{10}$=（　　）$_2$

【分析解答】

（1）$(25.8125)_{10} = (1\ 1001.1101)_2 = (31.64)_8 = (19.\text{D})_{16}$

（2）$(10\ 1101.011)_2 = (45.375)_{10} = (55.3)_8 = (2\text{D}.6)_{16} = (0100\ 0101.0011\ 0111\ 0101)_{8421}$

（3）$(0101\ 1001\ 0110.0011)_{8421} = (596.3)_{10} = (10\ 0101\ 0100.0100\ 11\cdots)_2 = (254.4\cdots)_{16}$

（4）$(4\text{E.C})_{16} = (78.75)_{10} = (100\ 1110.11)_2$

2. 假定机器数为 8 位（1 位符号，7 位数值），写出下列各二进制数的原码和补码表示。

+0.1001，−0.1001，+1.0，−1.0，+0.010100，−0.010100，+0，−0

【分析解答】

上述各二进制数的原码和补码表示见表 3-1。

表 3-1　小数的原码和补码表示

数值	原码	补码
+0.1001	0.1001000	0.1001000

（续）

数值	原码	补码
−0.1001	1.1001000	1.0111000
+1.0	溢出	溢出
−1.0	溢出	1.0000000
+0.010100	0.0101000	0.0101000
−0.010100	1.0101000	1.1011000
+0	0.0000000	0.0000000
−0	1.0000000	0.0000000

3. 假定机器数为 8 位（1 位符号，7 位数值），写出下列各二进制数的补码和移码表示。

+1001，−1001，+1，−1，+10100，−10100，+0，−0

【分析解答】

上述各二进制数的补码和移码表示见表 3-2。

表 3-2　整数的补码和移码表示

数值	补码	移码（偏置常数 = 1 0000000）
+1001	0 0001001	1 0001001
−1001	1 1110111	0 1110111
+1	0 0000001	1 0000001
−1	1 1111111	0 1111111
+10100	0 0010100	1 0010100
−10100	1 1101100	0 1101100
+0	0 0000000	1 0000000
−0	0 0000000	1 0000000

4. 若 $[x]_{补}=1.x_1x_2x_3x_4$，其中小数点前面一位为符号位，当 $x_1x_2x_3x_4$ 满足什么条件时，$x<-1/2$ 成立？

【分析解答】

补码的编码规则是：“正数的补码，其符号位为 0，数值位不变；负数的补码，其符号位为 1，数值位各位取反，末位加 1。”从形式上来看，$[x]_{补}$的符号位为 1，故 x 一定是负数。因此，绝对值越大，数值越小，因而要满足 $x<-1/2$，则 x 的绝对值必须大于 1/2。因此，x_1 必须为 0，$x_2x_3x_4$ 至少有一个为 1，这样，各位取反末位加 1 后，x_1 一定为 1，$x_2x_3x_4$ 中至少有一个为 1，使得 x 的绝对值保证大于 1/2。因此，x_1 必须为 0，$x_2x_3x_4$ 至少有一个为 1。

5. 已知 $[x]_{补}$，求 x。

（1）$[x]_{补}$=1110 0001　　（2）$[x]_{补}$=1000 0000

（3）$[x]_{补}$=0111 111　　（4）$[x]_{补}$=1111 1111

【分析解答】

（1）x= −1 1111B= −31　　（2）x= −1000 0000B = −128

（3）x= 111 1111B=31　　（4）x= −0000 0001B = −1

6. 将以下十进制数表示成无符号整数时至少需要几个二进制位？

156，820，1200，4503

【分析解答】

$2^7-1<156<2^8-1$，故至少需要 8 位。

$2^9-1<820<2^{10}-1$，故至少需要 10 位。

$2^{10}-1<1200<2^{11}-1$，故至少需要 11 位。

$2^{12}-1<4503<2^{13}-1$，故至少需要 13 位。

7. 假定某程序中定义了变量 x、y 和 z，其中 x 和 z 为 int 型，y 为 short 型。当 x = −258、y = −20 时，执行赋值语句 z = x−y 后，存放 z 的寄存器中的内容是多少？

【分析解答】

现代计算机中的带符号整数都用补码表示，因此，本题可以直接计算 z 的值，然后将 z 的补码形式求出来，也可以先将 x 和 y 的补码求出，再通过补码加法求出 z 的补码表示。显然，前一种思路效率较高。对于前一种思路，执行赋值语句后，z = −238，因此，问题就变成了求 −238 的补码表示，其结果为 $[-000\ 0000\ 0000\ 0000\ 0000\ 0000\ 0000\ 1110\ 1110]_{补}$=1111 1111 1111 1111 1111 1111 0001 0010=FFFF FF12H。

8. 假定 sizeof (int)=4，表 3-3 中第一列给出了 C 语言程序中的关系表达式，请参照已有表栏内容完成表中空白栏内容的填写，并对其中的关系表达式“2147483647<(int) 2147483648U”的结果进行说明。

表 3-3 关系表达式的运算结果

关系表达式	运算类型	结果	说明
0 == 0U			
−1<0			
−1<0U	无符号整数	0	11…1B $(2^{32}-1)$>00…0B(0)
2147483647>−2147483647−1	带符号整数	1	011…1B $(2^{31}-1)$>100…0B (-2^{31})
2147483647U>−2147483647−1			
2147483647<(int) 2147483648U			
−1>−2			
(unsigned)−1>−2			

【分析解答】

按照题目要求填表，见表 3-4。

表 3-4 与表 3-3 对应的关系表达式的运算结果

关系表达式	运算类型	结果	说明
0 == 0U	无符号整数	1	00…0B = 00…0B
−1<0	带符号整数	1	11…1B (−1)<00…0B (0)
−1<0U	无符号整数	0	11…1B $(2^{32}-1)$>00…0B(0)
2147483647>−2147483647−1	带符号整数	1	011…1B $(2^{31}-1)$>100…0B (-2^{31})
2147483647U>−2147483647−1	无符号整数	0	011…1B $(2^{31}-1)$<100…0B(2^{31})
2147483647<(int) 2147483648U	带符号整数	0	011…1B $(2^{31}-1)$>100…0B (-2^{31})
−1>−2	带符号整数	1	11…1B (−1)>11…10B (−2)
(unsigned)−1>−2	无符号整数	1	11…1B $(2^{32}-1)$>11…10B $(2^{32}-2)$

8 个关系表达式运算结果分别是 1、1、0、1、0、0、1、1，其中 1 表示“真”，0 表示“假”。关系表达式“2147483647<(int)2147483648U”的结果为“假”。因为

小于号右边的“2147483648U”是一个带后缀 U 的整数，因而是无符号整数，其机器数为“100…0”（1 后面跟 31 个 0），其值为 2^{31}。强制类型转换为 int 型后，其真值为 -2^{31}，即“-2147483648”，显然“2147483647<-2147483648”是不成立的，即结果为“假”。

9. 以下是一个 C 语言程序，用来计算一个数组 a 中每个元素的和。当参数 len 为 0 时，返回值应该是 0，但在执行时，却发生了存储器访问异常。请问这是什么原因造成的，并说明程序应该如何修改。

```
1  float sum_elements (float a[], unsigned len)
2  {
3      int i;
4      float result = 0;
5
6      for (i = 0; i <= len–1; i++)
7          result += a[i];
8      return result;
9  }
```

【分析解答】

存储器访问异常是由于对数组 a 访问时产生了越界或越权错误而造成的。循环变量 i 是 int 型，而 len 是 unsigned 型，当 len 为 0 时，执行 len−1 的结果为 32 个 1，是最大可表示的 32 位无符号数，任何无符号数都比它小，使得循环体被不断执行，导致数组访问越界或越权，因而发生存储器访问异常。应当将参数 len 声明为 int 型。

10. 考虑下列 C 语言程序代码：

```
int i =65535;
short si = (short)i;
int j = si;
```

假定上述程序段在某 32 位机器上执行，sizeof (int)=4，则变量 i、si 和 j 的值分别是多少？为什么？

【分析解答】

在一台 32 位机器上执行上述代码段时，i 为 32 位补码表示的定点整数，第 2 行要求强行将一个 32 位带符号数截断为 16 位带符号整数，65535 的 32 位补码表示为 0000 FFFFH，截断为 16 位后变成 FFFFH，它是 −1 的 16 位补码表示，因此 si 的值是 −1。再将该 16 位带符号整数扩展为 32 位时，就变成了 FFFF FFFFH，它是 −1 的 32 位补码表示，因此 j 的值也为 −1。也就是说，i 的值原来为 65535，经过截断、再扩展后，其值变成了 −1。

11. 下列几种情况所能表示的数的范围是什么？

（1）16 位无符号整数。

（2）16 位原码定点小数。

（3）16 位补码定点整数。

（4）下述格式的浮点数（基数为 2，移码的偏置常数为 128，规格化尾数，不考虑隐藏位）。

数符	阶码	尾数
1 位	8 位移码	7 位原码

【分析解答】

（1）16位无符号整数范围为 $0 \sim 2^{16}-1$，即 0 ～ 65535。

（2）16位原码定点小数表示的范围为 $-(1-2^{-15}) \sim +(1-2^{-15})$。

（3）16位补码定点整数表示的范围为 $-2^{15} \sim +(2^{15}-1)$，即 −32768 ～ +32767。

（4）规格化浮点数的表示范围如下。

- 最大正数：$+0.111\ 1111B \times 2^{1111\ 1111B} = +(1-2^{-7}) \times 2^{127}$。
- 最小正数：$+0.100\ 0000B \times 2^{0000\ 0000B} = +2^{-1} \times 2^{-128} = +2^{-129}$。
- 最大负数：$-0.100\ 0000B \times 2^{0000\ 0000B} = -2^{-1} \times 2^{-128} = -2^{-129}$。
- 最小负数：$-0.111\ 1111B \times 2^{1111\ 1111B} = -(1-2^{-7}) \times 2^{127}$。

由于原码是关于原点对称的，所以，浮点数的表示范围是关于原点对称的。

对于非规格化浮点数，其最小正数和最大负数的尾数形式为 ±0.000 0001，最小正数和最大负数的值为 $\pm 2^{-7} \times 2^{-128} = \pm 2^{-135}$。

12. 设某浮点数格式为：

数符	阶码	尾数
1位	5位移码	6位补码

其中，移码的偏置常数为16，补码采用1位符号位和6位数值位，基数为4，规格化尾数，不考虑隐藏位。

（1）用这种格式表示下列十进制数：+1.625，−0.125，+20，−9/16。

（2）写出该格式浮点数的表示范围。

【分析解答】

（1）$+1.625=+1.1010B=(+0.122)_4 \times 4^1$，故阶码为 1+16 = 17 = 10001B，尾数为四进制数 +0.122 的补码，即 0.01 10 10B，因此，+1.625 表示为 0 10001 011010。

$-0.125=-0.0010B=(-0.200)_4 \times 4^{-1}$，故阶码为 −1+16 =15 = 01111B，尾数为四进制数 −0.200 的补码，即 1.10 00 00B，因此，−0.125 表示为 1 01111 100000。

$+20=+10100B=(+0.110)_4 \times 4^3$，故阶码为 3 + 16 = 19 = 10011B，尾数为四进制数 +0.110 的补码，即 0.01 01 00B，因此，+20 表示为 0 10011 010100。

$-9/16=-0.1001B=(-0.210)_4 \times 4^0$，故阶码为 0+16 =16 = 10000B，尾数为四进制数 −0.210 的补码，即 1.01 11 00B，因此，−9/16 表示为 1 10000 011100。

（2）规格化浮点数的表示范围如下。

- 最大正数：$+0.11\ 1111B \times 4^{11111B} = (+0.333)_4 \times 4^{15}$。
- 最小正数：$+0.01\ 0000B \times 4^{00000B} = (+0.100)_4 \times 4^{-16} = +4^{-17}$。
- 最大负数：$-0.01\ 0000B \times 4^{00000B} = (-0.100)_4 \times 4^{-16} = -4^{-17}$。
- 最小负数：$-1.00\ 0000B \times 4^{11111B} = (-1.000)_4 \times 4^{15} = -4^{15}$。

由于补码表示的尾数不是关于原点对称的，所以，浮点数的表示范围不是相对于原点对称的。

13. 以 IEEE 754 单精度浮点数格式表示下列十进制数，要求将结果写成十六进制形式。
+1.625，−0.125，+20，−9/16

【分析解答】

$+1.625=+1.101B \times 2^0$，所以，符号 s=0，阶码 e=0+127=0111 1111B，尾数的小

数部分 f=0.101B，因此，+1.625 用 IEEE 754 单精度浮点数格式表示为 0 011 1111 1 101 0000 0000 0000 0000 0000，用十六进制形式表示为 3FD0 0000H。

$-0.125=-0.001B=-1.0B\times2^{-3}$，所以，符号 s=1，阶码 e=−3+127=0111 1100B，尾数的小数部分 f=0.0B，因此，−0.125 用 IEEE 754 单精度浮点数格式表示为 1 011 1110 0 000 0000 0000 0000 0000 0000，用十六进制形式表示为 BE00 0000H。

$+20=+10100B=+1.01B\times2^{4}$，所以，符号 s=0，阶码 e=4+127=1000 0011B，尾数的小数部分 f=0.01B，因此，+20 用 IEEE 754 单精度浮点数格式表示为 0 100 0001 1 010 0000 0000 0000 0000 0000，用十六进制形式表示为 41A0 0000H。

$-9/16=-0.1001B=-1.001B\times2^{-1}$，所以，符号 s=1，阶码 e= −1+127=0111 1110B，尾数的小数部分 f=0.001B，因此，−9/16 用 IEEE 754 单精度浮点数格式表示为 1 011 1111 0 001 0000 0000 0000 0000 0000，用十六进制形式表示为 BF10 0000H。

14. 以 IEEE 754 单精度浮点数格式表示下列十进制数，要求将结果写成十六进制形式。

+1.75，+19，−1/8，258

【分析解答】

$+1.75=+1.11B=1.11B\times2^{0}$，故阶码为 0+127=01111111B，数符为 0，尾数为 1.110…0，小数点前为隐藏位，所以 +1.75 表示为 0 01111111 110 0000 0000 0000 0000 0000，用十六进制表示为 3FE0 0000H。

$+19=+10011B=+1.0011B\times2^{4}$，故阶码为 4+127 = 10000011B，数符为 0，尾数为 1.00110…0，所以 +19 表示为 0 10000011 001 1000 0000 0000 0000 0000，用十六进制表示为 4198 0000H。

$-1/8=-0.125=-0.001B=-1.0\times2^{-3}$，阶码为 −3+127 = 01111100B，数符为 1，尾数为 1.0…0，所以 −1/8 表示为 1 01111100 000 0000 0000 0000 0000 0000，用十六进制表示为 BE00 0000H。

$258=100000010B=1.0000001B\times2^{8}$，故阶码为 8+127=10000111B, 数符为 0，尾数为 1.0000001，所以 258 表示为 0 10000111 000 0001 0000 0000 0000 0000，用十六进制表示为 4381 0000H。

15. 表 3-5 给出了有关 IEEE 754 浮点格式表示中一些重要的非负数的取值，表中已经有最大规格化数的相应内容，要求填入其他浮点数格式的相应内容。

表 3-5 题 15 用表

项目	阶码	尾数	单精度		双精度	
			以 2 的幂次表示的值	以 10 的幂次表示的值	以 2 的幂次表示的值	以 10 的幂次表示的值
0						
1						
最大规格化数	11111110	1…11	$(2-2^{-23})\times2^{127}$	3.4×10^{38}	$(2-2^{-52})\times2^{1023}$	1.8×10^{308}
最小规格化数						
最大非规格化数						
最小非规格化数						
+∞						
NaN						

【分析解答】

根据 IEEE 754 浮点格式，填表 3-6 如下。

表 3-6 题 15 中填入结果后的表

项目	阶码	尾数	单精度		双精度	
			以 2 的幂次表示的值	以 10 的幂次表示的值	以 2 的幂次表示的值	以 10 的幂次表示的值
0	00000000	0…00	0	0	0	0
1	01111111	0…00	1	1	1	1
最大规格化数	11111110	1…11	$(2-2^{-23})\times 2^{127}$	3.4×10^{38}	$(2-2^{-52})\times 2^{1023}$	1.8×10^{308}
最小规格化数	00000001	0…00	1.0×2^{-126}	1.2×10^{-38}	1.0×2^{-1022}	2.2×10^{-308}
最大非规格化数	00000000	1…11	$(1-2^{-23})\times 2^{-126}$	1.2×10^{-38}	$(1-2^{-52})\times 2^{-1022}$	2.2×10^{-308}
最小非规格化数	00000000	0…01	$2^{-23}\times 2^{-126}=2^{-149}$	1.4×10^{-45}	$2^{-52}\times 2^{-1022}$	4.9×10^{-324}
$+\infty$	11111111	0…00	—	—	—	—
NaN	11111111	非全 0	—	—	—	—

16. 假定一个 float 型变量 x 的机器数为 4510 0000H，则变量 x 的值是多少？

【分析解答】

float 型变量的机器数对应 IEEE 754 单精度浮点数格式，因此，将 4510 0000H 展开为 32 位机器数 0 100 0101 0 001 0000 0000 0000 0000 0000 后得到：符号位为 0；阶码为 1000 1010B，阶（指数）为 1000 1010B−127=138−127=11；尾数的值为 1.001B=1.125。因而 x 的数值为 $+1.125\times 2^{11}=2304$。

17. 设一个变量的值为 2049，要求分别用 32 位补码整数和 IEEE 754 单精度浮点格式表示该变量（结果用十六进制表示），并说明哪一段二进制序列在两种表示中完全相同，为什么会相同？

【分析解答】

2049=1000 0000 0001B=+1.000 0000 0001B $\times 2^{11}$，用 32 位补码整数表示为 0000 0000 0000 0000 0000 1000 0000 0001，用十六进制形式表示为 0000 0801H，用 IEEE 754 单精度浮点数格式表示时，符号 s=0，阶码 e=11+127=10001010B，尾数的小数部分 f=0.000 0000 0001B，因此，2049 用 IEEE 754 单精度浮点数格式表示为 0 100 0101 0 000 0000 0001 0000 0000 0000，用十六进制形式表示为 4500 1000H。

在上述两种表示中，存在相同的二进制序列 000 0000 0001。因为 2049 被转换为规格化浮点数后，有效数值部分中最前面的 1 被隐藏，其余数值部分为 000 0000 0001，而 2049 的 32 位补码整数表示中保留了完整的有效数值部分，即最前面的 1 没有被隐藏，所以除了这个 1 之外，后面的二进制序列 000 0000 0001 是相同的。

18. 设一个变量的值为 −2147483646，要求分别用 32 位补码整数和 IEEE 754 单精度浮点格式表示该变量（结果用十六进制表示），并说明哪种表示其值完全精确，哪种表示的是近似值。

【分析解答】

−2147483646= −111 1111 1111 1111 1111 1111 1111 1110B = −1.11 1111 1111 1111 1111 1111 1111 1110 $\times 2^{30}$，32 位补码形式为 1000 0000 0000 0000 0000 0000 0000 0010（8000 0002H），IEEE 754 单精度格式为 1 100 1111 0 000 0000 0000 0000 0000 0000（CF00000000H），因为 −2147483646 在 $-2^{31}\sim(2^{31}-1)$ 范围内，可用 32 位补码

精确表示；对于 IEEE 754 单精度浮点数格式，最多只可表示 24 位有效二进制位数字，而 −2147483646 的有效二进制位有 30 位，后面的有效二进制位必须进行舍入，因而是近似表示。

19. 假定变量 i、f 和 d 的数据类型分别为 int、float 和 double，sizeof (int)=4，已知 i=1234567890，f=1.23456789e10，要求给出以下各关系表达式的结果，并说明原因。

（1）i==(int)(float)i，（2）i==(int)(double)i，（3）f==(float)(int)f，（4）f== (float)(double)f。

【分析解答】

（1）结果为“假”。因为 float 类型采用 IEEE 754 单精度浮点数格式，尾数的小数部分只有 23 个二进制位和一位隐藏位，共有 24 位有效位数，相应地，十进制有效位数为 7 位，而 i 中有 9 位有效位数，因而将 i 转换为 float 类型时会发生有效数字的丢失，再转换为 int 类型时，其值已经被改变了。

（2）结果为“真”。因为 double 类型采用 IEEE 754 双精度浮点数格式，其有效位数为 52+1=53 个二进制位，而 int 类型的有效位数有 31 个二进制位，因而，对于任何一个 int 类型的变量，转换为 double 后，精度不会有任何损失，再转换回 int 类型时，其值不变。

（3）结果为“假”。因为变量 f 的值超过了 int 类型可表示的最大值，因而将 f 转换为 int 类型后再转换回 float 类型时，其值已经改变。

（4）结果是“真”。因为 double 类型的精度比 float 类型高，任何 float 类型变量的值转换为 double 后再转换回 float 类型时，其值不变。

20. 假定一台 32 位字长的机器中的带符号整数用补码表示，浮点数用 IEEE 754 标准表示，寄存器 R1 和 R2 的内容分别为 8020 0000H 和 0080 0000H。不同指令对寄存器进行不同的操作，因而，不同指令执行时寄存器内容对应的真值不同。假定执行下列运算指令时，操作数为寄存器 R1 和 R2 的内容，则 R1 和 R2 中操作数的真值分别为多少？

（1）无符号数加法指令

（2）带符号整数乘法指令

（3）单精度浮点数减法指令

【分析解答】

寄存器 R1 的内容为 1000 0000 0010 0000 0000 0000 0000 0000，寄存器 R2 的内容为 0000 0000 1000 0000 0000 0000 0000 0000。

（1）对于无符号数加法指令，R1 和 R2 的内容均被解释成无符号整数，R1 的真值为 8020 0000H，R2 的真值为 80 0000H，即 R1 的真值为 $2^{31}+2^{21}$，R2 的真值为 2^{23}。

（2）对于带符号整数乘法指令，R1 和 R2 的内容均被解释为补码整数，由最高位可知，R1 为负数，R2 为正数。R1 的真值为 −0111 1111 1110 0000 0000 0000 0000 0000B = −7FE0 0000H，R2 的真值为 +80 0000H，即 R1 的真值为 $-(2^{31}-2^{21})$，R2 的真值为 2^{23}。

（3）对于单精度浮点数减法指令，R1 和 R2 的内容均为 IEEE 754 单精度浮点数表示。由 R1 的内容可知，其符号位为 1，表示负数，阶码为 0000 0000，尾数部分为 010 0000 0000 0000 0000 0000，因为阶码为全 0 尾数为非 0 数，故 R1 是非规格化浮点数，其指数为 −126，尾数为 0.01B，故 R1 表示的真值为 $-0.01B \times 2^{-126} = -2^{-128}$。由 R2 的内容可知，其符号位为 0，表示正数，阶码为 0000 0001，尾数部分为 000 0000 0000 0000 0000 0000，R1 为规格化浮点数，其指数为 1−127 = −126，尾数为 1.0B，故 R2 表示的真值为 $+1.0 \times 2^{-126} = 2^{-126}$。

21. IBM 370 的短浮点数格式中，总位数为 32 位，左边第一位（b_0）为数符，随后 7 位（$b_1 \sim b_7$）为阶码，用移码表示，偏置常数为 64，右边 24 位（$b_8 \sim b_{31}$）为 6 位十六进制原码小数表示的尾数，规格化尾数形式为 $0.x_1x_2x_3x_4x_5x_6$，$x_1 \sim x_6$ 为十六进制表示，最高位 x_1 为非 0 数，基为 16。若将十进制数 −260.125 用该浮点数格式表示，则对应的机器数是什么？（要求用十六进制形式表示。）

【分析解答】

IBM 370 的短浮点数格式的尾数采用十六进制原码表示，基数是 16。因此，在进行数据转换时，要先转化成十六进制形式，即 −260.125= −0001 0000 0100.0010B = $(-104.2)_{16} = (-0.1042)_{16} \times 16^3$。由此可知，浮点数符号位应为 1，指数为 3，用 7 位移码表示为 64+3=100 0011B，故前 8 位表示为 1 100 0011，对应的十六进制为 C3H，尾数部分的 6 位十六进制数为 10 4200H，因此，对应的机器数为 C310 4200H。

22. 某导弹系统中有一个内置时钟，用计数器实现，每隔 0.1s 计数一次。程序用 0.1 乘以计数器的值得到以 s 为单位的时间。0.1 的二进制表示是一个无限循环序列：0.00011[0011]⋯（方括弧中的序列是重复的）。请问：

（1）假定用一个类型为 float 的变量 x 来表示 0.1，则变量 x 在机器中的机器数是什么（要求写成十六进制形式）？绝对值 $|x-0.1|$ 的值是什么（要求用十进制表示）？

（2）该系统启动时计数器的初始值为 0，并开始持续计数。假定当时系统运行了 200h，则程序计算的时间和实际时间的偏差为多少？如果根据系统所追踪物体的速度乘以它被侦测到的时间来预测位置，若所追踪物体的速度为 2000m/s，则预测偏差的距离为多少？

【分析解答】

（1）0.1= 0.0 0011[0011]B=+1.1 0011 0011 0011 0011 0011 0011⋯$B \times 2^{-4}$，float 类型采用 IEEE 754 单精度浮点数格式。符号位 s 为 0，阶码 e=127−4=123=0111 1011B，尾数的小数部分为 0.100 1100 1100 1100 1100 1100 ⋯，显然舍去的部分为 1100 ⋯，因此按就近舍入的方式，float 型变量 x 表示为 0 011 1101 1 100 1100 1100 1100 1100 1101，用十六进制形式表示为 3DCC CCCDH。由于 float 类型的精度有限，只有 24 位有效位数，尾数从最前面的 1 开始一共只能表示 24 位，故 x 与 0.1 之间的误差为：$|x-0.1|$=0.000 0000 0000 0000 0000 0000 0000 00 1100 [1100]B。这个值约等于 0.1×2^{-26}。

（2）系统运行 200h 后，共计数 $200 \times 60 \times 60 \times 10 = 72 \times 10^5$ 次。因此，程序计算的时间和实际时间的偏差大约为 $0.1 \times 2^{-26} \times 72 \times 10^5 \approx 0.01073$s。预测偏差距离约为 2000m/s × 0.01073 s=21.46m。

23. 假定浮点数的阶码用 *m* 位移码表示，偏置常数为 $2^{m-1}-1$，规格化尾数的整数部分为 1，是隐藏位，小数部分有 *n* 位，用原码表示，基为 2，请回答下列问题。

（1）能用这种浮点数格式精确表示的最小正整数是多少？

（2）不能用这种浮点数格式精确表示的最小正整数是多少？

【分析解答】

（1）能用这种浮点数格式表示的最小正整数为 1。

（2）这种浮点数格式的有效位数为 n+1 位，因此，当某个正整数的有效位数大于 n+1 位时，则 n+1 位后的有效数字被截断，即不能用这种浮点数格式精确表示。因此，不能用这种浮点数格式表示的最小正整数为 +10…01B（中间有 n 位 0），其值为 $2^{n+1}+1$。

24. 假定在一个程序中定义了变量 x、y 和 i，其中，x 和 y 是 float 型变量（用 IEEE 754 单精度浮点数表示），i 是 16 位 short 型变量（用补码表示）。程序执行到某一时刻，x= −130、y=7.25、i=130，它们都被写到了主存（按字节编址），其地址分别是 &x、&y 和 &i。请分别给出在大端机器和小端机器上变量 x、y 和 i 在内存的存放位置。

【分析解答】

x = −130 = −100 00010B = −1.00 0001B × 2^7，阶码 e=127+7=128+6=1000 0110，所以，用 IEEE 754 单精度浮点数表示为：1 100 0011 0 000 0010 0000 0000 0000 0000 = C302 0000H。

y=7.25= 111.01B = +1.1101B × 2^2，阶码 e=127+2=128+1=1000 0001，所以，用 IEEE 754 单精度浮点数表示为：0 100 0000 1 110 1000 0000 0000 0000 0000 = 40E8 0000H。

i = 130 = 1000 0010B，用 16 位补码表示为 0082H。

上述三个数据在大端机器和小端机器中的存放位置如表 3-7 所示。

表 3-7　数据在大端机器和小端机器中的存放位置

地址	大端机器	小端机器
&x	C3H	00H
&x + 1	02H	00H
&x + 2	00H	02H
&x + 3	00H	C3H
&y	40H	00H
&y + 1	E8H	00H
&y + 2	00H	E8H
&y + 3	00H	40H
&i	00H	82H
&i + 1	82H	00H

25. 假定某计算机存储器按字节编址，CPU 从存储器中读出一个 4 字节信息 D=3234 3538H，该信息的内存地址为 0000 F00CH，按小端方式存放，请回答下列问题。

（1）该信息 D 占用了几个内存单元？这几个内存单元的地址及其内容各是什么？

（2）若 D 是一个 32 位无符号数，则其值是多少？

（3）若 D 是一个 32 位补码表示的带符号整数，则其值是多少？

（4）若 D 是一个 IEEE 754 单精度浮点数，则其值是多少？

（5）若 D 是一个用 8421 码表示的无符号整数，则其值是多少？

（6）若D是一个字符串，每个字节的低7位表示对应字符的ASCII码，则对应字符串是什么？

（7）若D是两个汉字的国标码，则这两个汉字在GB 2312字符集码表中分别位于哪一行和哪一列？

（8）若D中前3个字节分别是一个像素的R、G、B分量的颜色值，则其值各是多少？

【分析解答】

将3234 3538H展开为二进制表示为0011 0010 0011 0100 0011 0101 0011 1000B。

（1）因为存储器按字节编址，所以4个字节占用4个内存单元，其地址分别是0000 F00CH、0000 F00DH、0000 F00EH、0000 F00FH。由于采用小端方式存放，所以，最低有效字节38H存放在0000 F00CH中，35H存放在0000 F00DH中，34H存放在0000 F00EH中，32H存放在0000 F00FH。

（2）若D是一个32位无符号数，则其值为$2^{29}+2^{28}+2^{25}+2^{21}+2^{20}+2^{18}+2^{13}+2^{12}+2^{10}+2^{8}+2^{5}+2^{4}+2^{3}$。

（3）若D是一个32位补码整数，符号为0，表示其为正数，其值与无符号数的值一样。

（4）若D是一个IEEE 754单精度浮点数，根据IEEE 754单精度浮点数格式可知，符号位s=0，为正数；阶码e=0110 0100B=100，故阶为100−127= −27；尾数小数部分f=0. 011 0100 0011 0101 0011 1000，所以，其值为1. 011 0100 0011 0101 0011 1B $\times 2^{-27}$。

（5）若D是一个8421码整数，3234 3538H各位表示对应十进制数32343538，所以，其值为32343538。

（6）若D是一个ASCII码字符串，各字节的低7位分别为011 0010、011 0100、011 0101、011 1000，所以，对应的字符串为"2458"。

（7）若D是两个汉字的国标码，对国标码每个字节各自减20H，得到两个汉字的区位码，分别为1214H和1518H，即，第一个汉字在GB 2312字符集码表中位于第18（12H）行、第20（14H）列，第二个汉字位于第21（15H）行、第24（18H）列。

（8）若D中前3个字节分别是一个像素的R、G、B分量的颜色值，该像素的R、G、B分量的颜色值分别为0011 0010B=50，0011 0100B=52，0011 0101B=53。

26. 已知下列字符编码：A=100 0001，a=110 0001，0=011 0000。求D、d、6的7位ACSII码和第一位前加入奇校验位后的8位编码。

【分析解答】

D的ASCII码为100 0001+ 011 = 100 0100，前面加奇校验位后的编码是1 100 0100。

d的ASCII码为110 0001 + 011 = 110 0100，前面加奇校验位后的编码是0 110 0100。

6的ASCII码为011 0000 + 110 = 011 0110，前面加奇校验位后的编码是1 011 0110。

27. 在32位计算机中运行一个C语言程序，在该程序中出现了以下变量的初值，请写出它们对应的机器数（用十六进制表示）。

（1）int x=−32768　　（2）short y=522

（3）unsigned z=65530　　（4）char c='@'

（5）float a=−1.1　　（6）double b=10.5

【分析解答】

（1）-2^{15}=−1000 0000 0000 0000B，故机器数为 1…1 1000 0000 0000 0000=FFFF8000H。

（2）522=10 0000 1010B，故机器数为 0000 0010 0000 1010=020AH。

（3）65530=2^{16}−1−5=1111 1111 1111 1010B，故机器数为 0000FFFAH。

（4）'@' 的 ASCII 码是 40H。

（5）−1.1=−1.00011 [0011]…B=−1.000 1100 1100 1100 1100 1100 1100…B，阶码为 127+0=01111111，舍入的三位为 110，因此舍入后尾数末位加 1，故机器数为 1 01111111 000 1100 1100 1100 1100 1101=BF8CCCCDH。

（6）10.5=1010.1B=1.0101B × 2^3，阶码为 1023+3=100 0000 0010，故机器数为 0 100 0000 0010 0101 [0000]=40250000 00000000H。

28. 在 32 位计算机中运行一个 C 语言程序，在该程序中出现了一些变量，已知这些变量在某一时刻的机器数（用十六进制表示）如下，请写出它们对应的真值。

（1）int x：FFFF0006H
（2）short y：DFFCH
（3）unsigned z：FFFFFFFAH
（4）char c：2AH
（5）float a：C4480000H
（6）double b：C024800000000000H

【分析解答】

（1）FFFF0006H=1…1 0000 0000 0000 0110B，故 x= −1111 1111 1111 1010B= −(65535−5)=−65530。

（2）DFFCH=1101 1111 1111 1100B=−010 0000 0000 0100B，故 y=−(8192+4)= −8196。

（3）FFFFFFFAH=1…1 1010B，故 z=2^{32}−6。

（4）2AH=0010 1010B，故 c=42，若 c 表示字符，则 c 为字符 '*'。

（5）C4480000H=1100 0100 0100 1000 0…0B，阶码为 10001000，阶为 136−127=9，尾数为 −1.1001B，故 a=−1.1001B × 2^9= −11 0010 0000B= −800。

（6）C024800000000000H=1100 0000 0010 0100 1000 0 0…0B，阶码为 100 0000 0010，阶为 1026−1023=3，尾数为 1.01001B，故 b = −1.01001B × 2^3 = −1010.01B = −10.25。

29. 以下给出的是一些字符串变量在内存中存放的字符串机器码，请根据 ASCII 码定义写出对应的字符串。指出代码 0AH 和 00H 对应的字符的含义。

（1）char *mystring1：68H 65H 6CH 6CH 6FH 2CH 77H 6FH 72H 6CH 64H 0AH 00H。

（2）char *mystring2 ：77H 65H 20H 61H 72H 65H 20H 68H 61H 70H 70H 79H 21H 00H。

【分析解答】

字符串由字符组成，每个字符在内存中存放的是对应的 ASCII 码，因而可根据 ASCII 码和字符之间的对应关系写出字符串。

（1）mystring1 指向的字符串为：hello,world\n。

（2）mystring2 指向的字符串为：we are happy!。

其中，ASCII 码 00001010B=0AH 对应的是“换行”字符 '\n'（LF）。每个字符串在内存存放时最后都会有一个“空”字符 '\0'（NUL），其 ASCII 码为 00H。

30. 以下给出的是一些字符串变量的初值，请写出对应的机器码。

（1）char *mystring1="./myfile"

（2）char *mystring2="OK, good!"

【分析解答】

（1）mystring1 指向的存储区存放内容为：2EH 2FH 6DH 79H 66H 69H 6CH 65H 00H。

（2）mystring2 指向的存储区存放内容为：4FH 4BH 2CH 67H 6FH 6FH 64H 21H 00H。

31. 以下是一个由反汇编器生成的一段针对某个小端方式处理器的机器级代码表示文本，其中，最左边是指令所在的存储单元地址，冒号后面是指令的机器码，最右边是指令的汇编语言表示，即汇编指令。已知反汇编输出中的机器数都采用补码表示，请给出指令代码中画线部分表示的机器数对应的真值。

```
80483d2: 81 ec b8 01 00 00      sub     &0x1b8, %esp
80483d8: 8b 55 08               mov     0x8(%ebp), %edx
80483db: 83 c2 14               add     $0x14, %edx
80483de: 8b 85 58 fe ff ff      mov     0xfffffe58(%ebp), %eax
80483e4: 03 02                  add     (%edx), %eax
80483e6: 89 85 74 fe ff ff      mov     %eax, 0xfffffe74(%ebp)
80483ec: 8b 55 08               mov     0x8(%ebp), %edx
80483ef: 83 c2 44               add     $0x44, %edx
80483f2: 8b 85 c8 fe ff ff      mov     0xfffffec8(%ebp), %eax
80483f8: 89 02                  mov     %eax, (%edx)
80483fa: 8b 45 10               mov     0x10(%ebp), %eax
80483fd: 03 45 0c               add     0xc(%ebp), %eax
8048400: 89 85 ec fe ff ff      mov     %eax, 0xfffffeec(%ebp)
8048406: 8b 45 08               mov     0x8(%ebp), %eax
8048409: 83 c0 20               add     $0x20, %eax
```

【分析解答】

b8 01 00 00：机器数为 0000 01B8H，真值为 +1 1011 1000B = 440。

14：机器数为 14H，真值为 +1 0100B = 20。

58 fe ff ff：机器数为 FFFF FE58H，真值为 −1 1010 1000B = −424。

74 fe ff ff：机器数为 FFFF FE74H，真值为 −1 1000 1100B = −396。

44：机器数为 44H，真值为 +100 0100B=68。

c8 fe ff ff：机器数为 FFFF FEC8H，真值为 −1 1000 1100B = −312。

10：机器数为 10H，真值为 +10000B=16。

0c：机器数为 0CH，真值为 +1100B=12。

ec fe ff ff：机器数为 FFFF FEECH，真值为 −1 0001 0100B = −276。

20：机器数为 20H，真值为 +0010 0000B=32。

第 4 章　数据的基本运算

4.1　教学目标和内容安排

主要教学目标：使学生理解和掌握计算机内部各种运算方法和基本的运算电路，并能将这些知识熟练运用到高级语言和机器级语言的编程和调试工作中。

基本学习要求：

- 理解布尔代数中的基本逻辑运算及其基本定律。
- 理解逻辑表达式与逻辑电路图之间的对应关系。
- 理解高级语言程序表达式中的运算和计算机中运算器之间的关联关系。
- 了解高级程序设计语言和低级程序设计语言中涉及的各种运算。
- 了解多路选择器的功能和二路选择器的符号表示及对应的逻辑电路结构。
- 了解全加器、加法器的功能及其基本实现原理。
- 了解带标志信息加法器的功能及其基本实现原理。
- 了解算术逻辑部件（ALU）的基本功能及其基本实现原理。
- 掌握整数加减运算方法以及运算部件的结构，并能利用机器内部的整数运算知识解释高级语言编程中相应的计算结果。
- 理解为何在运算中会发生溢出，并掌握整数加减运算溢出判断方法。
- 理解无符号整数乘运算的基本思想及乘法器基本结构和工作过程。
- 理解实现原码乘法运算的基本思路。
- 了解补码乘运算（布斯乘法）的基本思想。
- 理解机器内部带符号整数乘和无符号整数乘的乘积之间的关系。
- 理解为什么整数乘运算会发生溢出，并说明在高级语言程序和机器级代码两个不同层面如何进行溢出判断。
- 理解无符号整数除运算的基本思想及除法器基本结构和工作过程。
- 理解恢复余数法和不恢复余数法（加减交替法）两种除法运算的基本思路。
- 了解补码除法运算的基本思想。
- 理解整数除运算在什么情况下发生溢出以及为何在其他情况下不会发生溢出。
- 理解在一个变量与一个常量相乘时如何将乘运算转换为加减和移位运算。
- 理解一个变量除以一个 2 的幂的形式整数时如何用加减和移位运算实现。
- 了解浮点数加减运算过程和方法。
- 了解 IEEE 754 标准对附加位的添加以及舍入模式等方面的规定。
- 了解浮点数乘法和除法运算的基本思想。

本章内容详细且烦琐，涉及计算机中最基本的运算实现细节，没有必要要求学生掌握每一种运算的实现细节，他们只需要了解每一种运算的基本原理即可。要求学生能够理解计算机中包括乘除在内的所有运算都可以通过加/减运算和移位操作实现，而加/减运算器又由加法器加上取反器和多路选择器实现，加法器和多路选择器最终都是由多个门电路互联实现的。

为了增强学生对计算机中基本运算的认识，可以通过对程序的执行过程的调试来理解本章所学的知识。与主教材配套的《计算机系统导论实践教程》中第4章“数据的基本运算实验”提供了与本章内容相匹配的编程调试实验，可以在完成《计算机系统导论实践教程》中前3章实验的基础上进行数据的基本运算方面的编程调试实验。

4.2 主要内容提要

1. 布尔代数和逻辑运算

在布尔代数中，常用字母（如X、Y、Z等）或字符串表示逻辑信号的名称，称为逻辑变量。逻辑变量只有两个可能的值：0和1。布尔代数中最基本的逻辑运算是与（AND）、或（OR）、非（NOT），基于这3种基本逻辑运算，可以实现所有的逻辑关系，如与非、或非、异或、同或等。基于布尔代数中的公理、定理和定律，可以将复杂的逻辑表达式进行化简，以得到更简单的逻辑表达式，从而更有效地进行相应逻辑电路的实现。

2. 基本运算电路

C语言程序的表达式中任何运算都必须先由编译器转换为具体的运算指令，然后通过运算电路直接执行指令完成运算。计算机中最基本的运算电路就是算术逻辑部件（ALU）。ALU可以进行基本的加减运算和与、或、非等逻辑运算，在ALU基础上加上移位器等又可以实现乘、除运算。因此，ALU运算器是核心部件，而ALU的实现又需要用到多路选择器、带标志信息加法器等。多路选择器、加法器是由多个基本的门电路组合而成的。

3. 整数运算及其运算电路

整数运算包括整数加减运算、整数乘运算和整数除运算。

- 整数加减运算：计算机中带符号整数用补码表示，因此，带符号整数加减运算在补码加减运算器中执行，可以把无符号整数看成正的带符号整数，因而无符号整数加减运算也在补码加减运算器中完成。也就是说，带符号整数的加减运算和无符号整数的加减运算是在同一个运算电路中实现的。整数加减运算器基于基本的无符号加法器实现（A+B），只要在加数B的输入端加上取反电路，并使控制端Sub=1，就可实现A−B的功能，再加上各个标志生成电路，即可得到各个标志信息。
- 整数乘运算：对于带符号整数乘和无符号整数乘，若两个乘数分别具有相同的0/1序列，则其乘积的高n位不同而低n位相同，因此在计算机中通常具有带符号整数乘法器和无符号整数乘法器两种不同的运算电路。可通过乘积的高n位是否为全0来判断无符号整数的n位乘积是否溢出，通过乘积的高n+1位是否为全0或全1来判断带符号整数的n位乘积是否溢出。
- 整数除运算：计算机中的除运算也是通过专门的带符号整数除法器和无符号整数

除法器分别实现的。在进行除运算之前，可通过被除数和除数的某些特征直接判断其结果是否溢出，只有在结果不发生溢出或不发生除数为 0 的情况下，才会在相应的除法器中继续进行除运算。

4. 浮点数的加减乘除运算

计算机中大多用 IEEE 754 标准表示浮点数，因此，浮点数运算主要针对 IEEE 754 标准浮点数。浮点数运算由专门的浮点运算器实现，因为一个浮点数由一个定点小数和一个定点整数组成，所以浮点运算器由定点运算部件构成。浮点数运算包括浮点加减运算和浮点乘除运算。

- 浮点加减运算：按照对阶、尾数加减、规格化、舍入和溢出判断几个步骤完成。对阶时小阶向大阶看齐，阶小的那个数的尾数右移，直到两个数阶码相同，右移时一般保留两位或三位附加位；尾数加减时用原码加减运算实现；规格化处理时根据结果的尾数形式的不同确定进行左规或右规操作；舍入操作有就近舍入、正向舍入、负向舍入和截去四种方式，默认是就近舍入到偶数方式；溢出判断主要根据结果的阶码进行判断，当发生阶码上溢时，运算结果发生溢出，当发生阶码下溢时，运算结果近似为 0。
- 浮点乘除运算：尾数用原码小数的乘 / 除运算实现，阶码用移码加减运算实现，需要对结果进行规格化、舍入和溢出判断。

4.3　基本术语解释

逻辑值（logical value）

逻辑值表示一个命题是否成立。若命题成立，则逻辑值为真，用“true”或“1”表示；若命题不成立，则逻辑值为假，用“false”或“0”表示。

逻辑变量（logical variable）

逻辑变量的取值为逻辑值“真”或“假”，通常，在数字逻辑电路中，用 1 表示逻辑值“真”，用 0 表示逻辑值“假”。在逻辑表达式中通常用一个字母或一个字符串来表示逻辑变量。

逻辑乘（logical multiplication）

逻辑乘也称为“与”运算，对应的逻辑运算符通常用符号“&”“∧”或“·”来表示。其运算规则是：当参与运算的两个逻辑变量都同时取值为 1 时，其结果等于 1，即“只有当所有条件都满足时，结果才为真”。

逻辑加（logical addition）

逻辑加也称为“或”运算，对应的逻辑运算符通常用符号“|”“∨”或“+”来表示。其运算规则是只要两个参与运算的逻辑变量其中一个取值为 1，其结果就等于 1，即“只要一个或一个以上的条件满足时，结果就为真”。

逻辑反（logical inversion）

逻辑反也称为“非”运算，对应的逻辑运算符通常用符号“~”“¬”或“¯”来表示。其运算规则是输入逻辑变量取值为 1，其结果等于 0，否则结果等于 1，即“结果为输入逻辑变量的相反值”。

逻辑表达式（logical expression）

用逻辑运算符将关系表达式或逻辑变量连接起来的具有逻辑意义的式子称为逻辑表达式。逻辑表达式的值是一个逻辑值。

异或运算（exclusive OR）

异或运算可缩写成 xor，应用于逻辑运算。异或运算的数学符号为“⊕”。其运算规则是 $a \oplus b = (\neg a \land b) \lor (a \land \neg b)$，即“若 a、b 两个值不同，则结果为 1；若 a、b 两个值相同，则结果为 0”。

同或运算（exclusive NOR）

同或运算可缩写成 xnor，应用于逻辑运算。同或运算的数学符号为“⊙”。其运算规则是 $a \odot b = (\neg a \land \neg b) \lor (a \land b)$，即“若 a、b 两个值相同，则结果为 1；若 a、b 两个值不同，则结果为 0”。

多路选择器（multiplexer）

多路选择器也称复用器或数据选择器，可简写为 MUX，它的功能是从多个可能的输入中选择一个直接输出。选择哪一个输入端进行输出由输入的控制信号进行控制。

真值表（truth table）

表征逻辑事件的输入和输出之间全部可能状态的表格，用于列出输入和输出之间的全部逻辑关系，表中通常用 1 表示真，用 0 表示假。

半加器（half adder）

只考虑本位两个加数而不考虑低位进位来生成本位和的一位加法器。

全加器 [full adder，(3, 2) adder]

不仅考虑本位两个加数而且考虑低位进位来生成本位和的一位加法器。

加法器（adder）

能对两个 n 位无符号整数进行相加的 n 位加法运算部件。

整数加减运算部件（integer adder/subtractor）

能对带符号整数和无符号整数进行加运算和减运算的运算电路，基于基本加法器实现，可生成溢出标志、零标志、符号标志和进位 / 借位等各个标志信息。

算术逻辑部件（Arithmetic Logic Unit，ALU）

用于执行各种基本算术运算和逻辑运算的部件，其核心部件是加法器，有两个操作数输入端和低位进位输入端以及一个运算结果输出端和若干标志信息（如零标志、溢出标志等）输出端。因为 ALU 能进行多种运算，因此，需要通过相应的操作控制输入端来选择进行何种运算。

零标志 ZF，溢出标志 OF，进位 / 借位标志 CF，符号标志 SF

ALU 部件的输出除了运算结果外，还有一组状态标志信息。例如：ZF（Zero Flag）为 1 时表示结果为 0；OF（Overflow Flag）为 1 时表示结果溢出；CF（Carry Flag）为 1 表示在最高位产生了进位或借位；SF（Sign Flag）和符号位保持一致，若为 1 则表示结果为负数。

布斯算法（Booth's algorithm）

这是一种一位补码乘法算法，用于带符号数的乘法运算，由 Booth 提出。算法的基本思想是：在乘数的末位添加一个“0”，乘数中出现的连续“0”和连续“1”处不进行任何运算；出现“10”时，做减法；出现“01”时，做加法。每次只做一位乘法，因而每一步都右移一位。

对阶（align exponent）

做浮点数加 / 减运算时，在尾数相加 / 减之前所进行的操作称为对阶。对阶时，需要比较两个阶的大小。阶小的那个数的尾数右移，阶码增量。右移一次，阶码加 1，直到两数的阶码相等为止。

溢出（overflow）

溢出是指一个数比给定的格式所能表示的最大值还要大或比最小值还要小的现象。因为无符号数、带符号整数和浮点数的位数是有限的，所以，都有可能发生溢出，但判断溢出的具体方法不同。

阶码下溢（underflow）

在浮点数运算中，当运算的结果其指数（阶）比最小允许值还小时，运算结果发生阶码下溢，即运算结果的实际值位于 0 和绝对值最小的可表示数之间。通常机器会把阶码下溢时浮点数的值置为 0。因此，这种情况下结果并没有发生错误，只是得到了一个近似于 0 的值，因而无须进行溢出处理。

阶码上溢（overflow）

在浮点数运算中，当运算结果的指数（阶）超过了最大允许值，此时，浮点数发生了上溢，即向 ∞ 方向溢出。如果结果是正数，则发生正上溢，有的机器把值置为 +∞；如果是负数，则发生负上溢，有的机器把值置为 −∞。这种情况为软件故障，通常要引入溢出故障处理程序来处理。

规格化数（normalized number）

为了使浮点数中能尽量多地表示有效位数，一般要求运算结果用规格化数形式表示。规格化浮点数的尾数小数点后的第一位一定是个非零数。因此，对于原码编码的尾数来说，只要看尾数的第一位是否为 1 即可；对于补码表示的尾数，只要看符号位和尾数最高位是否相反即可。

左规（left normalize）

在浮点数运算中，当一个尾数的数值部分的高位出现 0 时，尾数为非规格化形式。此时，进行“左规”操作：尾数左移一位，阶码减 1，直到尾数为规格化形式为止。

右规（right normalize）

在浮点数运算中，当尾数最高有效位有进位时，发生尾数溢出。此时，进行“右规”操作：尾数右移一位，阶码加 1，直到尾数为规格化形式为止。右规过程中，要判断是否发生溢出。此时，只要阶码不发生上溢，那么浮点数就不会溢出。

舍入（rounding）

舍入是指数值数据右部的低位数据需要丢弃时，为保证丢弃后数值误差尽量小而考虑的一种操作。例如，定点整数“右移”时、浮点加 / 减运算中某数“对阶”时、浮点运算结果“右规”时都会涉及舍入。

保护位（guard bit）和舍入位（rounding bit）

为了使浮点数的有效数据位在右移时最大限度地保证不丢失，一般在运算过程中得到的中间值后面增加若干数据位，这些位用来保存右移后的有效数据，因此，是添加的附加位。增设附加位后，能保证运算结果具有一定的精度，但最终必须将附加位去掉，以得到规定格式的浮点数，此时要考虑舍入。在 IEEE 754 标准中规定，浮点运算的中间结果可以额外多保留两位附加位，这两位分别称为保护位和舍入位。

粘位（sticky bit）

IEEE 754 中规定，为了进一步提高计算精度，可以在舍入位右边再增加一位，称为粘位，只要舍入位的右边还有任何非零数位，则粘位为 1，否则为 0。

4.4 常见问题解答

1. 补码加法器如何实现？

答：两个 n 位补码进行加法运算的规则是：两个 n 位补码直接相加，并将结果中最高位的进位丢掉，即采用模运算方式。显然，可用一个 n 位无符号加法器来生成各位的和。最终的结果是否正确，取决于结果是否溢出，只要结果不溢出，则结果一定是正确的。因此，补码加法器只要在无符号加法器的基础上再增加“溢出判断电路”即可。

2. 在补码加法器中，如何实现补码减法运算？

答：补码减法的规则是：两个数差的补码可用第一个数的补码加上另一数负数的补码得到。由此可见，减法运算可在加法器中运行。只要在加法器的第二个输入端输入减数的负数的补码即可。求一个数的负数的补码电路称为“负数求补电路”。可以通过“各位取反、末位加 1”来实现“负数求补电路”。

3. 现代计算机中是否要考虑原码加 / 减运算？为什么？

答：因为现代计算机中浮点数采用 IEEE 754 标准，浮点数的尾数都用原码表示，所以在进行两个浮点数加减运算时，必须考虑原码的加减运算。

4. 定点整数运算要考虑加保护位和舍入吗？

答：不需要。整数运算的结果还是整数，没有误差，无须考虑加保护位，也无须考虑舍入。但运算结果可能会“溢出”。

5. 如何判断带符号整数运算结果是否溢出？

答：带符号整数用补码表示，对于单符号补码（即 2- 补码）和双符号补码（即 4- 补码，变形补码），其溢出判断方式不同。变形补码运算的溢出判断规则是：当结果的两个符号位不同时，发生溢出。单符号补码运算时，异号数相加不会溢出，而对于同号数相加，则有两种判断规则。规则 1 是：若结果的符号与两个加数的符号不同，则发生溢出；规则 2 是：若最高位的进位和次高位的进位不同，则发生溢出。

6. 在计算机中，乘法和除法运算如何实现？

答：乘法和除法运算是通过加、减运算和左、右移位运算来实现的。只要用加法器和移位寄存器在控制逻辑的控制下就可以实现乘除运算。也可用专门的乘法器和除法器实现。

7. 浮点数如何进行舍入？

答：舍入方法选择的原则是：尽量使误差范围对称，使得平均误差为 0，即有舍有入，以防误差积累；方法要简单，以加快速度。

IEEE 754 有四种舍入方式。①就近舍入：舍入为最近可表示的数，若结果值正好落在两个可表示数的中间，则选择舍入结果为偶数。②正向舍入：朝 $+\infty$ 方向舍入，即取右边的那个数。③负向舍入：朝 $-\infty$ 方向舍入，即取左边的那个数。④截去：朝 0 方向舍入，即取绝对值较小的那个数。

8. 在 C 语言程序中，为什么以下程序段最终的 f 值为 0，而不是 2.5？

```
float f = 2.5 + 1e10;
f = f - 1e10 ;
```

答：首先，float 类型采用 IEEE 754 单精度浮点数格式表示，因此，最多有 24 位二进制有效位数。因为 $1e10 = 10^{10} = 10 \times 10^3 \times 10^6$，在数量级上大约相当于 $2^3 \times 2^{10} \times 2^{20} = 2^{33}$，而 2.5 的数量级为 2^1，因此，在计算 2.5 + 1e10 进行对阶时，两数阶码的差为 32，也就是说，2.5 的尾数要向右移 32 位，从而使得 24 位有效数字全部丢失，尾数变为全 0，再与 1e10 的尾数相加时结果就是 1e10 的尾数，因此 f=2.5+1e10 的运算结果仍为 1e10，这样，再执行 f = f−1e10 时结果就为 0。这就是典型的“大数吃小数”的例子。

4.5　单项选择题

1. CPU 中能进行算术和逻辑运算的最基本运算部件是（　　）。
   A. 多路选择器　　B. 移位器　　C. 加法器　　D. ALU
2. ALU 的核心部件是（　　）。
   A. 多路选择器　　B. 移位器　　C. 加法器　　D. 寄存器
3. 在补码加 / 减运算部件中，无论采用双符号位还是单符号位，必须有（　　）电路，它一般用异或门来实现。
   A. 译码　　B. 编码
   C. 溢出判断　　D. 移位
4. 某计算机字长为 8 位，其 CPU 中有一个 8 位加法器。已知无符号数 x=69、y=38，现要在该加法器中完成 $x+y$ 的运算，则该加法器的两个输入端信息和输入的低位进位信息分别为（　　）。
   A. 0100 0101、0010 0110、0　　B. 0100 0101、0010 0110、1
   C. 0100 0101、1101 1010、0　　D. 0100 0101、1101 1010、1
5. 某计算机字长为 8 位，其 CPU 中有一个 8 位加法器。已知无符号数 x=69、y=38，现要在该加法器中完成 $x-y$ 的运算，则该加法器的两个输入端信息和输入的低位进位信息分别为（　　）。
   A. 0100 0101、0010 0110、0　　B. 0100 0101、1101 1001、1
   C. 0100 0101、1101 1010、0　　D. 0100 0101、1101 1010、1

6. 某计算机字长为 8 位，其 CPU 中有一个 8 位加法器。已知带符号整数 $x=-69$、$y=-38$，现要在该加法器中完成 $x+y$ 的运算，则该加法器的两个输入端信息和输入的低位进位信息分别为（　　）。

A. 1011 1011、1101 1010、0　　B. 1011 1011、1101 1010、1
C. 1011 1011、0010 0101、0　　D. 1011 1011、0010 0101、1

7. 某计算机字长为 8 位，其 CPU 中有一个 8 位加法器。已知带符号整数 $x=-69$、$y=-38$，现要在该加法器中完成 $x-y$ 的运算，则该加法器的两个输入端信息和输入的低位进位信息分别为（　　）。

A. 1011 1011、1101 1010、0　　B. 1011 1011、1101 1010、1
C. 1011 1011、0010 0101、1　　D. 1011 1011、0010 0110、1

8. 某 8 位计算机中，假定 x 和 y 是两个带符号整数变量，用补码表示，$x=63$、$y=-31$，则 $x+y$ 的机器数及其相应的溢出标志 OF 分别是（　　）。

A. 1FH、0　　B. 20H、0　　C. 1FH、1　　D. 20H、1

9. 某 8 位计算机中，假定 x 和 y 是两个带符号整数变量，用补码表示，$x=63$、$y=-31$，则 $x-y$ 的机器数及其相应的溢出标志 OF 分别是（　　）。

A. 5DH、0　　B. 5EH、0　　C. 5DH、1　　D. 5EH、1

10. 某 8 位计算机中，假定带符号整数变量 x 和 y 的机器数用补码表示，$[x]_补$=F5H，$[y]_补$=7EH，则 $x+y$ 的值及其相应的溢出标志 OF 分别是（　　）。

A. 115、0　　B. 119、0　　C. 115、1　　D. 119、1

11. 某 8 位计算机中，假定带符号整数变量 x 和 y 的机器数用补码表示，$[x]_补$=F5H，$[y]_补$=7EH，则 $x-y$ 的值及其相应的溢出标志 OF 分别是（　　）。

A. 115、0　　B. 119、0　　C. 115、1　　D. 119、1

12. 某 8 位计算机中，假定 x 和 y 是两个带符号整数变量，用补码表示，$[x]_补$=44H，$[y]_补$= DCH，则 $x+2y$ 的机器数以及相应的溢出标志 OF 分别是（　　）。

A. 32H、0　　B. 32H、1　　C. FCH、0　　D. FCH、1

13. 某 8 位计算机中，假定 x 和 y 是两个带符号整数变量，用补码表示，$[x]_补$=44H，$[y]_补$= DCH，则 $x-2y$ 的机器数以及相应的溢出标志 OF 分别是（　　）。

A. 68H、0　　B. 68H、1　　C. 8CH、0　　D. 8CH、1

14. 某 8 位计算机中，假定 x 和 y 是两个带符号整数变量，用补码表示，$[x]_补$=44H，$[y]_补$= DCH，则 $x/2+2y$ 的机器数以及相应的溢出标志 OF 分别是（　　）。

A. CAH、0　　B. CAH、1　　C. DAH、0　　D. DAH、1

15. 假定有两个整数用 8 位补码分别表示为 r_1=F5H，r_2=EEH。若将运算结果存放在一个 8 位寄存器中，则下列运算中会发生溢出的是（　　）。

A. r_1+r_2　　B. r_1-r_2　　C. $r_1\times r_2$　　D. r_1/r_2

16. 对于 IEEE 754 单精度浮点加减运算，在对阶过程中，需要计算两个阶码 E_x 和 E_y 之差的补码 $[\Delta E]_补$。若 $\Delta E\geqslant 128$ 或 $\Delta E\leqslant -129$，则 $[\Delta E]_补$发生溢出。假定 $[E_x]_移$、$[-[E_y]_移]_补$和 $[\Delta E]_补$的最高有效位分别记为 E_{xs}、E_{ys} 和 E_{bs}，则相应的溢出判断方程为（　　）。

A. Overflow=$\overline{E_{xs}}\,\overline{E_{ys}}\,E_{bs}+E_{xs}\,E_{ys}\,\overline{E_{bs}}$　　B. Overflow=$\overline{E_{xs}}\,E_{ys}\,\overline{E_{bs}}+E_{xs}\,\overline{E_{ys}}\,E_{bs}$
C. Overflow=$\overline{E_{xs}}\,E_{ys}\,E_{bs}+E_{xs}\,\overline{E_{ys}}\,E_{bs}$　　D. Overflow=$\overline{E_{xs}}\,\overline{E_{ys}}\,\overline{E_{bs}}+E_{xs}\,E_{ys}\,E_{bs}$

17. IEEE 754 单精度浮点数加减运算的对阶过程中，需要计算两个阶码 E_x 和 E_y 之差的补码 $[\Delta E]_{补}$。假设两个浮点数分别记为 $[x]_{浮}$ 和 $[y]_{浮}$，$[E_x]_{移}$、$[E_y]_{移}$ 和 $[\Delta E]_{补}$ 的最高有效位分别记为 E_{xs}、E_{ys} 和 E_{bs}，当 $[\Delta E]_{补}$ 发生溢出时，正确的处理方式是（　　）。
   A. 中止当前程序的执行，调出相应的“溢出”异常处理程序执行
   B. 当 E_{xs} 为 1 时置最终结果为 $[x]_{浮}$，当 E_{xs} 为 0 时置最终结果为 $[y]_{浮}$
   C. 当 E_{ys} 为 1 时置最终结果为 $[x]_{浮}$，当 E_{ys} 为 0 时置最终结果为 $[y]_{浮}$
   D. 当 E_{bs} 为 0 时置最终结果为 $[x]_{浮}$，当 E_{bs} 为 1 时置最终结果为 $[y]_{浮}$
18. 若两个 float 型变量（用 IEEE 754 单精度浮点格式表示）x 和 y 的机器数分别表示为 x=40E8 0000H、y=C204 0000H，则在计算 $x+y$ 时，第一步对阶操作的结果 $[\Delta E]_{补}$ 为（　　）。
   A. 0000 0111　　B. 0000 0011　　C. 1111 1011　　D. 1111 1101
19. 对于 IEEE 754 单精度浮点数加减运算，只要对阶时得到的两个阶码之差的绝对值 $|\Delta E|$ 大于等于（　　），就无须继续进行后续处理，此时，运算结果直接取阶大的那个数。
   A. 24　　B. 25　　C. 126　　D. 128
20. IEEE 754 标准提供了以下四种舍入模式，其中平均误差最小的是（　　）。
   A. 就近舍入（中间值时强迫为偶数）　　B. 正向舍入（即朝 $+\infty$ 方向舍入）
   C. 负向舍入（即朝 $-\infty$ 方向舍入）　　D. 截断舍入（即朝 0 方向舍入）

【参考答案】

1. D　2. C　3. C　4. A　5. B　6. A　7. C　8. B　9. B　10. A
11. D　12. C　13. D　14. C　15. C　16. D　17. B　18. D　19. B　20. A

【部分题目的答案解析】

第 13 题

已知 $[y]_{补}$=DCH=11011100B，所以 $[-y]_{补}$=00100100B，$[x-2y]_{补}=[x]_{补}+[-2y]_{补}=[x]_{补}+[-y]_{补}$<<1=01000100 + 00100100<<1=01000100+01001000=10001100=8CH，从最后一步的加操作来看，是两个正数相加，结果为负数，故溢出标志 OF 为 1。综上所述，答案为 D。

第 14 题

$[x/2+2y]_{补}=[x]_{补}$>>1+$[y]_{补}$<<1=01000100>>1+11011100<<1=00100010+10111000=11011010=DAH，从最后一步的加操作来看，是一个正数和一个负数相加，因此一定不会溢出。综上所述，答案为 C。

第 16 题

对于 IEEE 754 单精度浮点加减运算，在对阶过程中，需要计算两个阶码 E_x 和 E_y 之差的补码 $[\Delta E]_{补}$，$[\Delta E]_{补}=[E_x-E_y]_{补}=[E_x]_{移}+[-[E_y]_{移}]_{补}$。假定 $[E_x]_{移}$、$[-[E_y]_{移}]_{补}$ 和 $[\Delta E]_{补}$ 的最高有效位分别记为 E_{xs}、E_{ys} 和 E_{bs}，若 $\Delta E \geqslant 128$，则 $[\Delta E]_{补}$ 发生正溢出，此时 E_{bs} 为 1，而 E_x 一定为正数，即 E_{xs}=1，E_y 一定为负数，即 $[E_y]_{移}$ 的符号位为 0，计算 $[-[E_y]_{移}]_{补}$ 时，对 $[E_y]_{移}$ 的各位取反、末位加一，从而得到 E_{ys}=1，综合起来的逻辑表达式就是 $E_{xs} E_{ys} E_{bs}$；若 $\Delta E \leqslant -129$，则 $[\Delta E]_{补}$ 发生负溢出，此时 E_{bs} 为 0，而 E_x 一定为负数，即 E_{xs}=0，E_y 一定为正数，即 $[E_y]_{移}$ 的符号位为 1，计算 $[-[E_y]_{移}]_{补}$ 时，对 $[E_y]_{移}$ 的各位取反、

末位加一，从而得到 E_{ys}=0，综合起来的逻辑表达式就是 $\overline{E_{xs}}\ \overline{E_{ys}}\ \overline{E_{bs}}$，因此，Overflow=$\overline{E_{xs}}\ \overline{E_{ys}}\ \overline{E_{bs}} + E_{xs}\ E_{ys}\ E_{bs}$。

第 17 题

假设浮点数 x 和 y 的机器数分别记为 $[x]_浮$和 $[y]_浮$，$[\Delta E]_补=[E_x-E_y]_补=[E_x]_移+[-[E_y]_移]_补$，将 $[E_x]_移$、$[E_y]_移$和 $[\Delta E]_补$的最高有效位分别记为 E_{xs}、E_{ys} 和 E_{bs}。当 $[\Delta E]_补$发生溢出时，若 $\Delta E \geqslant 128$，说明 x 的阶比 y 的阶至少大 128，y 的尾数至少要向右移 128 位，因而 y 被 x"吃掉"，结果应该取 x，此时 E_{xs}=1；若 $\Delta E \leqslant -129$，说明 y 的阶比 x 的阶至少大 129，x 的尾数至少要向右移 129 位，因而 x 被 y"吃掉"，结果应该取 y，此时 E_{xs}=0。因此，选项 B 是正确的。

第 18 题

x 和 y 的机器数分别表示为 x=40E8 0000H=0100 0000 1…，y=C204 0000H=1100 0010 0…，因此，$[E_x]_移$=1000 0001，$[E_y]_移$=1000 0100，$[\Delta E]_补=[E_x-E_y]_补=[E_x]_移+[-[E_y]_移]_补$=1000 0001+0111 1100=1111 1101。

第 19 题

对于 IEEE 754 单精度浮点数加减运算，若对阶时得到的两个阶码之差的绝对值 $|\Delta E|$ 等于 24，则说明阶小的那个数的尾数右移 24 位，进行尾数加减运算时，虽然其结果的前 24 位直接取阶大的那个数的相应位，但是，由于可以保留附加位，阶小的那个数右移后的尾数可能会在舍入时向前面一位进 1。例如，$1.00\cdots01\times2^1 + 1.10\cdots00\times2^{-23}$= $1.00\cdots01\times2^1 + 0.00\cdots00\mathbf{11}\times2^1$=$1.00\cdots01\mathbf{11}\times2^1$。其中，加粗的两位为保留的附加位，最终需要根据这两位进行舍入，显然，舍入后的结果为 $1.00\cdots10\times2^1$，并不等于阶大的那个数。若 $|\Delta E|$ 等于 25，则保留的附加位中，最左边第 1 位一定是 0，采用就近舍入时，这些附加位完全被丢弃。因此，$|\Delta E|$ 大于等于 25 时，可以使运算结果直接取阶大的那个数。

4.6　分析应用题

1. 某字长为 8 位的计算机中，x 和 y 为无符号整数，已知 x=68，y=80，x 和 y 分别存放在寄存器 A 和 B 中。请回答下列问题（要求最终用十六进制表示二进制序列）。

（1）寄存器 A 和 B 中的内容分别是什么？

（2）若 x 和 y 相加后的结果存放在寄存器 C 中，则寄存器 C 中的内容是什么？运算结果是否正确？加法器最高位的进位 Cout 是什么？零标志 ZF 和进位标志 CF 各是什么？

（3）若 x 和 y 相减后的结果存放在寄存器 D 中，则寄存器 D 中的内容是什么？运算结果是否正确？加法器最高位的进位 Cout 是什么？零标志 ZF 和借位标志 CF 各是什么？

（4）无符号整数加 / 减运算时，加法器最高位进位 Cout 的含义是什么？它与进 / 借位标志 CF 的关系是什么？

【分析解答】

（1）x = 68 = 0100 0100 B = 44H，y = 80 = 0101 0000 B = 50H。所以，寄存器 A 和 B 中的内容分别是 44H 和 50H。

（2）$x + y$ = 0100 0100 + 0101 0000 = (0) 1001 0100 = 94H，所以，寄存器 C 中的

内容为 94H，对应的真值为 148，运算结果正确。加法器最高位的进位 Cout 为 0。因为结果不为 0，所以 ZF=0；进位标志 CF=Cout=0。

（3）$x-y = x + [-y]_{补} = 0100\ 0100 + 1011\ 0000 = (0)\ 1111\ 0100 = F4H$，所以，寄存器 D 中的内容为 F4H，对应的真值为 244，运算结果不正确，这是因为相减结果为负数造成的。加法器最高位的进位 Cout 为 0。因为结果不为 0，所以 ZF=0；借位标志为 $CF=Cout \oplus 1=1$。

（4）在加法器中进行无符号整数加法运算时，若加法器最高位进位 Cout=1，则表示实际结果大于最大可表示数 255，即溢出，此时 CF=1。因此，对于无符号整数加运算来说，CF=1 表示溢出；在加法器中进行无符号整数减法运算时，若加法器最高位进位 Cout=1，则表示被减数大于减数，反之被减数小于减数。因此，在无符号数相加时，CF 就等于 Cout，表示进位；在无符号数相减时，将最高进位 Cout 取反来作为借位标志 CF，即 $CF=Cout \oplus 1=\overline{Cout}$，CF=1 表示有借位。

2. 假设某字长为 8 位的计算机中，带符号整数采用补码表示，$x=-68$，$y=-80$，x 和 y 分别存放在寄存器 A 和 B 中。请回答下列问题（要求最终用十六进制表示二进制序列）。

（1）寄存器 A 和 B 中的内容分别是什么？

（2）若 x 和 y 相加后的结果存放在寄存器 C 中，则寄存器 C 中的内容是什么？运算结果是否正确？加法器最高位的进位 Cout 是什么？溢出标志 OF、符号标志 SF 和零标志 ZF 各是什么？

（3）若 x 和 y 相减后的结果存放在寄存器 D 中，则寄存器 D 中的内容是什么？运算结果是否正确？此时，加法器最高位的进位 Cout 是什么？溢出标志 OF、符号标志 SF 和零标志 ZF 各是什么？

（4）对于带符号整数的减法运算，能否直接根据 CF 的值对两个带符号整数的大小进行比较？

【分析解答】

（1）$[-68]_{补}=[-1000100]_{补}=1011\ 1100B=BCH$。$[-80]_{补}=[-1010000]_{补}=1011\ 0000B=B0H$。所以，寄存器 A 和 B 中的内容分别是 BCH 和 B0H。

（2）$[x+y]_{补}=[x]_{补}+[y]_{补}=1011\ 1100\ B+ 1011\ 0000\ B= (1)\ 0110\ 1100B = 6CH$，最高位前面的一位 1 被丢弃，因此，寄存器 C 中的内容为 6CH，对应的真值为 +108，结果不正确。加法器最高位向前面的进位 Cout 为 1。溢出标志位 OF 可采用以下任意一条规则判断得到。规则 1：若两个加数的符号位相同，但与结果的符号位相异，则溢出。规则 2：若最高位上的进位和次高位上的进位不同，则溢出。对于本题，通过这两个规则都判断出结果溢出，因此溢出标志 OF 为 1，说明寄存器 C 中的内容不是正确的结果。$x+y$ 的正确结果应是 $-68+(-80)= -148$，而运算的结果为 108，两者不等。其原因是因为 $x+y$ 的值（即 −148）小于 8 位补码可表示的最小值（即 −128），即结果发生了溢出；结果的第一位（最高位）0 为符号标志位 SF，即 SF=0，表示结果为正数；因为结果不为 0，所以零标志 ZF=0。

（3）$[x-y]_{补}=[x]_{补}+[-y]_{补}=1011\ 1100\ B+ 0101\ 0000B = (1)\ 0000\ 1100B = 0CH$，最高位前面的一位 1 被丢弃，因此，寄存器 D 中的内容为 0CH，对应的真值为 +12，结果正确。加法器最高位向前面的进位 Cout 为 1。两个加数的符号位相异一定不会溢出，因此溢出标志 OF=0，说明寄存器 D 中的内容是真正的结果；结果的第一位（最高位）0 为符号标志位 SF，即 SF=0，表示结果为正数；因为结果不为 0，所以零标志 ZF=0。

（4）对于带符号整数的减法运算，无法直接根据 CF 的值判断两个带符号整数的大小。例如，对于 $x=-68$，$y=80$，$[x-y]_{补}=[x]_{补}+[-y]_{补}$=1011 1100 B+ 1011 0000B = (1) 0110 1100B，得到的 Cout 为 1，因此，CF=Cout $\oplus$ 1=0，表示没有借位，推断出被减数应该大于减数，即 −68>80，显然这是不正确的。因此带符号运算中不考虑 CF 标志。

3. 某计算机标志寄存器包含四个标志位：CF 为进 / 借位标志，OF 为溢出标志，SF 为符号标志，ZF 为零标志。请说明在无符号数和带符号整数两种情况下，以下各种比较运算的逻辑判断表达式。

（1）等于；（2）大于；（3）小于；（4）大于等于；（5）小于等于

【分析解答】

要比较两个数的大小，通常对这两个数先做减法，根据相减的结果生成相应的标志位，最后根据标志位判断大小。在无符号数相减时，一般不考虑 SF 和 OF 标志；在带符号整数相减时，一般不考虑 CF 标志。

假设被减数的机器数为 X，减数的机器数为 Y，则在加法器中计算两数的差时，计算公式为：$X-Y=X+(-Y)_{补}$。以下举两个例子来说明。

假定 X=1001，Y=1100，则在 4 位加法器中执行以下运算：1001−1100 = 1001 + 0100 = (0) 1101。若是无符号数比较，则是 9 和 12 相比，显然，ZF=0，CF=1；若是带符号整数（补码表示），则是 −7 和 −4 比较，显然，ZF=0，OF=0，SF=1。

假定 X=1001，Y=0100，则在 4 位加法器中执行以下运算：1001−0100 = 1001 + 1100 = (1) 0101。若是无符号数比较，则是 9 和 4 相比，显然，ZF=0，CF=0；若是带符号整数，则是 −7 和 4 比较，显然，ZF=0，OF=1，SF=0。

以下分别说明无符号整数和带符号整数两种情况下各种比较运算的逻辑判断表达式。

对于无符号整数，各种比较运算的逻辑判断表达式如下。

- 等于：相减后结果为零，即 F=ZF。
- 大于：没有借位且相减后不为 0，即 $F=\overline{CF}\cdot\overline{ZF}=\overline{CF+ZF}$。
- 小于：有借位且相减后不为 0，即 $F=CF\cdot\overline{ZF}$。
- 大于等于：没有借位或相减后结果为 0，即 $F=\overline{CF}+ZF$。
- 小于等于：有借位或相减后结果为 0，即 F=CF+ZF。

对于带符号整数，各种比较运算的逻辑判断表达式如下。

- 等于：相减后结果为零，即 F=ZF。
- 大于：相减后结果不为 0，并且，不溢出时为正，溢出时为负，即 $F=\overline{ZF}\bullet(\overline{SF\oplus OF})$。
- 小于：相减后结果不为 0，并且，不溢出时为负，溢出时为正，即 $F=\overline{ZF}\bullet(SF\oplus OF)$。
- 大于等于：相减后结果为 0，或者，不溢出时为正，溢出时为负，即 $F=ZF+(\overline{SF\oplus OF})$。
- 小于等于：相减后结果为 0，或者，不溢出时为负，溢出时为正，即 $F=ZF+(SF\oplus OF)$。

可对照上述判断表达式，验证上述例子。无符号整数 9 和 12 是小于关系，相减后得到的标志 ZF=0、CF=1，故 F=CF · $\overline{\text{ZF}}$=1。无符号整数 9 和 4 是大于关系，相减后得到的标志 CF=0、ZF=0，故 F=$\overline{\text{CF}}$ · $\overline{\text{ZF}}$=1。带符号整数 −7 和 −4 是小于关系，相减后得到的标志 ZF=0、OF=0、SF=1，故 F= $\overline{\text{ZF}}$ · (SF ⊕ OF)=1。带符号整数 −7 和 4 是小于关系，相减后得到的标志 ZF=0、OF=1、SF=0，故 F= $\overline{\text{ZF}}$ · (SF ⊕ OF)=1。

4. 填写表 4-1，注意对比无符号整数和带符号整数的乘法结果，以及截断操作前后的结果。

表 4-1　题 4 用表

模式	*x*		*y*		*x*y*（截断前）		*x*y*（截断后）	
	机器数	值	机器数	值	机器数	值	机器数	值
无符号数	110		010					
二进制补码	110		010					
无符号数	001		111					
二进制补码	001		111					
无符号数	111		111					
二进制补码	111		111					

【分析解答】

根据无符号数乘法运算和补码乘法运算算法，填写表 4-1 后，得到表 4-2 如下。

表 4-2　题 4 中填入结果后的表

模式	*x*		*y*		*x*y*（截断前）		*x*y*（截断后）	
	机器数	值	机器数	值	机器数	值	机器数	值
无符号数	110	6	010	2	**001100**	**12**	**100**	**4**
二进制补码	110	−2	010	+2	111100	−4	100	−4
无符号数	001	1	111	7	000111	7	111	7
二进制补码	001	+1	111	−1	111111	−1	111	−1
无符号数	111	7	111	7	**110001**	**49**	**001**	**1**
二进制补码	111	−1	111	−1	000001	+1	001	+1

对表 4-2 中的结果分析如下。

（1）对于两个相同的机器数，作为无符号数进行乘法运算和作为带符号整数进行乘法运算，因为其所用的乘法算法不同，所以，乘积的机器数可能不同。但是，从表中看出，截断后的乘积是一样的，即不同的仅是乘积中的高 n 位，而低 n 位完全一样。

（2）对于 n 位乘法运算，无论是无符号整数乘法还是带符号整数乘法，若截取 $2n$ 位乘积的低 n 位作为最终的乘积，则都有可能结果溢出，即 n 位数字无法表示正确的乘积。虽然表中给出的带符号整数乘积截断后都没有发生溢出，但实际上还是存在溢出的情况，例如，011 × 011=001001，截断后 011 × 011=001，显然截断后的结果发生了溢出。

（3）表中加粗的地方是截断后发生溢出的情况。可以看出，对于无符号整数乘法，若乘积中高 n 位为全 0，则截断后的低 n 位乘积不发生溢出，否则溢出；对于带符号整数乘法，若高 n 位中的每一位都等于低 n 位中的第一位，则截断后的低 n 位乘积不发生溢出，否则溢出。

5. 按如下要求计算，并把结果还原成真值。

（1）设 $[x]_{\text{补}}$= 0101，$[y]_{\text{补}}$=1101，求 $[x+y]_{\text{补}}$、$[x-y]_{\text{补}}$及其对应的标志信息。

（2）设 $[x]_{\text{原}}$= 0101，$[y]_{\text{原}}$=1101，用原码一位乘法计算 $[x*y]_{\text{原}}$。

（3）设 $[x]_{\text{补}}$= 0101，$[y]_{\text{补}}$=1101，用布斯乘法计算 $[x*y]_{\text{补}}$。

（4）设 $[x]_{\text{原}}$= 0101，$[y]_{\text{原}}$=1101，用加减交替法计算 $[x/y]_{\text{原}}$的商和余数。

（5）设 $[x]_{\text{补}}$= 0101、$[y]_{\text{补}}$=1101，用不恢复余数法计算 $[x/y]_{\text{补}}$的商和余数。

【分析解答】

（1）$[x]_{\text{补}}$=0 101B，$[y]_{\text{补}}$=1 101B，$[-y]_{\text{补}}$=0 011B。

$[x+y]_{\text{补}}$= $[x]_{\text{补}}$+$[y]_{\text{补}}$=0 101B + 1 101B =(1)0 010B，两个不同符号数相加，结果一定不会溢出，因此，$x+y$=2，OF=ZF=SF=0，CF=1。验证：x=+101B=5，y= −011B= −3，$x+y$=2。

$[x-y]_{\text{补}}$= $[x]_{\text{补}}$+$[-y]_{\text{补}}$=0 101B + 0 011B = (0)1 000B，两个正数相加结果为负，发生了溢出，因此，$x-y$=−8，ZF=0，OF=SF=CF=1。验证：5−(−3)=8> 最大可表示数 7，故溢出。

（2）$[x]_{\text{原}}$= 0 101B，$[y]_{\text{原}}$=1 101B。将符号和数值部分分开处理。

乘积的符号为 0 ⊕ 1=1，数值部分采用无符号数乘法算法计算 101 × 101 的乘积。

原码一位乘法过程描述如下：初始部分积为 0，在乘积寄存器前增加一个进位位。每次循环首先根据乘数寄存器中最低位决定 +X 还是 +0，然后将得到的新进位、新部分积和乘数寄存器中的部分乘数一起逻辑右移一位。共循环 3 次，最终得到一个 8 位无符号数表示的乘积 1 0011001B。

C	P	Y	说明
0	0 0 0	1 0 1	P_0= 0
	+ 1 0 1		y_0= 1，+X
0	1 0 1		C、P 和 Y 同时右移一位
0	0 1 0	1 1 0	得 P_1
	+ 0 0 0		y_1= 0，+0
0	0 1 0		C、P 和 Y 同时右移一位
0	0 0 1	0 1 1	得 P_2
	+ 1 0 1		y_2= 1，+X
0	1 1 0	0 1 1	C、P 和 Y 同时右移一位
0	0 1 1	0 0 1	得 P_3

符号位为 1，因此，$[x*y]_{\text{原}}$= 1 0011001，因此，$x*y$=−25。

若结果取 4 位原码 1 001，则因为被舍去的乘积数值高位部分为 0011，是一个非 0 数，所以结果溢出。验证：4 位原码的表示范围为 −7 ～ +7，显然乘积 −25 不在其范围内，结果应该溢出。

（3）$[x]_{\text{补}}$=0 101B，$[-x]_{\text{补}}$=1 011B，$[y]_{\text{补}}$=1 101B。

采用布斯算法时，符号和数值部分一起参加运算，在乘数后面添 0，初始部分积为 0。每次循环先根据乘积寄存器中最低 2 位决定执行 +X、−X 还是 +0 操作，然后将得到的新部分积和乘数寄存器中部分乘数一起算术右移一位。−X 采用 +$[-x]_{\text{补}}$的方式进行，共循环 4 次。最终得到一个 8 位补码表示的乘积 1111 0001 B。

P	Y	Y_{-1}	说明
0 0 0 0	1 1 0 1	0	$P_0 = 0$
+1 0 1 1			$y_0y_{-1} = 10$，$-X$
1 0 1 1	1 1 0 1	0	P 和 Y 同时算术右移一位
1 1 0 1	1 1 1 0	1	得 P_1
+0 1 0 1			$y_1y_0 = 01$，$+X$
0 0 1 0			P 和 Y 同时算术右移一位
0 0 0 1	0 1 1 1	0	得 P_2
+1 0 1 1			$y_2y_1 = 10$，$-X$
1 1 0 0			P 和 Y 同时算术右移一位
1 1 1 0	0 0 1 1	1	得 P_3
+0 0 0 0			$y_3y_2 = 11$，$+0$
1 1 1 0			P 和 Y 同时算术右移一位
1 1 1 1	0 0 0 1	1	得 P_4

$[x*y]_{补}$=1111 0001，因此，$x*y = -15$。

（4）$[x]_{原} = 0\ 101B$，$[y]_{原} = 1\ 101B$。将符号和数值部分分开处理。

将符号和数值部分分开处理。商的符号为 $0 \oplus 1=1$，数值部分采用无符号数除法算法计算 101B 和 101B 的商和余数。无符号数不恢复余数除法过程描述如下：初始中间余数为 0 000 101 0，其中，最高位为添加的符号位，用于判断余数是否大于等于 0；最后一位 0 为第一次上的商，该位商只是用于判断结果是否溢出，不包含在最终的商中。因为结果肯定不溢出，所以该位商可以直接上 0，并先做一次 $-Y$ 操作得到第一次中间余数，然后进入循环。每次循环首先将中间余数和商一起左移一位，然后根据上一次上的商（或余数的符号）决定执行 $+Y$ 还是 $-Y$ 操作，以得到新的中间余数，最后根据中间余数的符号确定上商为 0 还是 1。$-Y$ 采用 $+[-y]_{补}$的方式进行，整个循环内执行的要点是“正、1、减；负、0、加”。共循环 3 次，最终得到一个 4 位无符号数表示的商 0001 和余数 0000，其中第一位商 0 必须去掉，添上符号位后得到最终的商的原码表示为 1 001，余数的原码表示为 0 000。因此，x/y 的商为 -1，余数为 0。

余数寄存器 R	余数 / 商寄存器 Q	说明
0 000	1 0 1 □	开始 $R_0 = X$
+ 1 0 1 1		$R_1 = X-Y$
1 0 1 1	1 0 1 0	$R_1<0$，故 $q_3 = 0$，没有溢出
0 1 1 1	0 1 0 □	$2R_1$（R 和 Q 同时左移，空出一位商）
+ 0 1 0 1		$R_2 = 2R_1+Y$
1 1 0 0	0 1 0 0	$R_2<0$，则 $q_2 = 0$
1 0 0 0	1 0 0 □	$2R_2$（R 和 Q 同时左移，空出一位商）
+ 0 1 0 1		$R_3 = 2R_2+Y$
1 1 0 1	1 0 0 0	$R_3<0$，则 $q_1 = 0$
1 0 1 1	0 0 0 □	$2R_3$（R 和 Q 同时左移，空出一位商）
+ 0 1 0 1		$R_4 = 2R_3+Y$
0 0 0 0	0 0 0 1	$R_4 \geqslant 0$，则 $q_0 = 1$

商的最高位为 0，说明没有溢出，商的数值部分为 001。所以，$[x/y]_{原}$=1 001（最高位为符号位），余数为 0。

（5）$[x]_{补}$= 0 101B，$[y]_{补}$=1 101B。

补码不恢复余数除法过程描述如下：初始中间余数为 0000 0101，整个循环内执行的要点是“同、1、减；异、0、加”。共循环 4 次，得到的商为 1110，余数为 0010。最终需根据情况对商和余数进行修正。

余数寄存器 R	余数 / 商寄存器 Q	说　明
0 0 0 0	0 1 0 1	开始 $R_0 = X$
+1 1 0 1		被除数和除数异号，做加法
1 1 0 1	0 1 0 1	同、1、减
1 0 1 0	1 0 1 1	$2R_1$（R 和 Q 同时左移，空出一位商）
+0 0 1 1		$R_2 = 2R_1 - Y$
1 1 0 1	1 0 1 1	同、1、减
1 0 1 1	0 1 1 1	$2R_2$（R 和 Q 同时左移，空出一位商）
+0 0 1 1		$R_3 = 2R_2 - Y$
1 1 1 0	0 1 1 1	同、1、减
1 1 0 0	1 1 1 1	$2R_3$（R 和 Q 同时左移，空出一位商）
+0 0 1 1		$R_4 = 2R_3 - Y$
1 1 1 1	1 1 1 1	同、1、减
1 1 1 1	1 1 1 1	$2R_4$（R 和 Q 同时左移，空出一位商）
0 0 1 1		$R_5 = 2R_3 - Y$
0 0 1 0	1 1 1 0	异、0、加（最高位商 1 去掉）

商的修正。最后一次 Q 寄存器左移一位，将最高位 q_n 移出，最低位置商 q_0=0。若被除数与除数同号，Q 中就是真正的商；否则，将 Q 中商的末位加 1。本题中被除数和除数不同号，故商为 1110+1=1111B。

余数的修正。若余数符号同被除数符号，则不需要修正；否则，按下列规则进行修正：当被除数和除数符号相同时，最后余数需加除数；否则，最后余数减除数。本题中余数符号和被除数符号都是 0，故余数无须修正，余数为 0010B。

商为 1111（−1），余数为 0010（2）。按“除数 × 商 + 余数 = 被除数”进行验证，即 $(-3)\times(-1)+2=5$，说明结果正确。

6. 考虑以下 C 语言程序代码：

```
int func1 (unsigned word)
{
    return  (int) (( word <<24) >> 24);
}
int func2 (unsigned word)
{
    return  ( (int) word <<24 ) >> 24;
}
```

假设在一个 32 位机器上执行这些函数，sizeof (int)=4，说明函数 func1() 和 func2() 的功能，并填写表 4-3，给出对表中“异常”数据的说明。

表 4-3　题 6 用表

W		func1(*w*)		func2(*w*)	
机器数	值	机器数	值	机器数	值
	127				
	128				
	255				
	256				

【分析解答】

函数 func1 的功能是把无符号数高 24 位清零（左移 24 位再逻辑右移 24 位），结果一定是正的带符号整数；而函数 func2 的功能是把无符号数的高 24 位都变成和第 25 位一样，因为左移 24 位后左边第一位变为原来的第 25 位，然后进行算术右移，高位补符号，即高 24 位都变成和原来第 25 位相同。

程序执行的结果如表 4-4 所示，表 4-4 中的机器数用十六进制表示。

表 4-4　题 6 中填入结果后的表

W		func1(*w*)		func2(*w*)	
机器数	值	机器数	值	机器数	值
0000007FH	127	0000007FH	+127	0000007FH	+127
00000080H	128	00000080H	+128	**FFFFFF80H**	**−128**
000000FFH	255	000000FFH	+255	**FFFFFFFFH**	**−1**
00000100H	256	**00000000H**	**0**	**00000000H**	**0**

因为逻辑左移和算术左移的结果完全相同，所以，函数 func1 和 func2 中第一步左移 24 位得到的结果完全相同，而右移 24 位后的结果不同。

表 4-4 中的加粗数据是一些“异常”结果。当 *w*=128 和 255 时，第 25 位正好是 1，因此函数 func2 执行的结果为一个负数，出现了“异常”。当 *w*=256 时，低 8 位为 00，高 24 位为非 0 值，左移 24 位后使得有效数字 1 被移出，因而发生了“溢出”，出现了“异常”结果 0。

7. 以下是两段 C 语言代码，函数 arith( ) 是直接用 C 语言写的，而 optarith( ) 是对 arith( ) 函数以某个确定的 *M* 和 *N* 编译生成的机器代码反编译生成的。根据 optarith( )，可以推断函数 arith( ) 中 *M* 和 *N* 的值各是多少？

```
#define M
#define N
int arith(int x, int y)
{
    int  result = 0 ;
    result = x*M + y/N;
    return result;
}

int optarith (int x, int y)
{
        int  t = x;
        x << = 4;
        x– = t;
```

```
        if ( y < 0 )  y+= 3;
        y>>=2;
        return x+y;
}
```

【分析解答】

对反编译结果分析可知，对于 x，指令机器代码中有一条“x 左移 4 位”指令，即 x=16x，还有一条“减法”指令，即 x=16x−x=15x，根据源程序可知 M=15；对于 y，有一条“y 右移 2 位”指令，即 y=y/4，根据源程序可知 N=4。但是，当 y<0 时，对于有些 y，执行 y>>2 后的值并不等于 y/4。例如，当 y=−1 时，在反编译函数 optarith() 中执行 y>>2 时，因为 −1 的机器数为全 1，左移两位后还是全 1，即 −1>>2=−1，结果为 −1；而原函数 arith 中执行 y/4 时，因为 −1/4=0，得到结果为 0。

对于带符号整数来说，采用算术右移时，高位补符号，低位移出。因此，当符号位为 0 时，与无符号整数相同，采用移位方式和直接相除得到的商完全一样。当符号位为 1 时，若低位移出的是非全 0，则说明不能整除。例如，对于 −3/2，假定补码位数为 4，则进行算术右移操作 1101>>1=1110.1B（小数点后面部分移出）后得到的商为 −2，而精确商是 −1.5，即整数商应为 −1。显然，算术右移后得到的商比精确商少了 0.5，相当于朝 −∞ 方向进行了舍入，而不是朝零方向舍入。因此，这种情况下，移位得到的商与直接相除得到的商不一样，需要进行校正。

校正的方法是，对于带符号整数 x，若 x<0，则在右移前，先将 x 加上偏移量 (2^k-1)，然后再右移 k 位。例如，上述函数 optarith() 中，在执行 y>>2 之前加了一条语句“if (y<0) y+= 3;”，以对 y 进行校正。

8. 考虑以下 C 语言程序代码：

```
int func1(unsigned short si)
{
    return (si*256) ;
}
int func2(unsigned short si)
{
    return (si/256) ;
}
int func3(unsigned short si)
{
    return (((short) si*256)/256);
}
int func4(unsigned short si)
{
    return (short) (( si*256)/256);
}
```

请回答下列问题：

（1）假设计算机硬件不提供乘除运算功能，能否用移位运算实现上述函数功能？函数 func1、func2、func3 和 func4 得到的结果各有什么特征？

（2）填写表 4-5（要求机器数用十六进制表示），并对表中的“异常”数据进行分析。

表 4-5　题 8 用表

si		func1(si)		func2(si)		func3(si)		func4(si)	
机器数	值	机器数	值	机器数	值	机器数	值	机器数	值
007FH	127	7F00H		0000H		007FH		007FH	
0080H	128	8000H		0000H		FF80H		0080H	
00FFH	255	FF00H		0000H		FFFFH		00FFH	
0100H	256	0000H		0001H		0000H		0000H	
FFFFH	65535	FF00H		00FFH		FFFFH		00FFH	

【分析解答】

（1）编译器在处理变量与常数相乘时，往往以移位、加法和减法的组合运算来代替乘法运算。例如，对于表达式 x*20，编译器可以利用 $20=16+4=2^4+2^2$，将 x*20 转换为 $(x<<4)+(x<<2)$，这样，一次乘法转换成了两次移位和一次加法。不管是无符号整数还是带符号整数的乘法，即使乘积溢出时，利用移位和加减运算组合的方式得到的结果与采用直接方式相乘的结果都是一样的。

为了缩短除法运算的时间，编译器在处理一个变量与一个 2 的幂次形式的整数相除时，常采用右移运算来实现。无符号整数除法采用逻辑右移方式，带符号整数除法采用算术右移方式。两个整数相除的结果也一定是整数，在不能整除时，其商采用朝零方向舍入的方式，也就是截断方式，即将小数点后的数直接去掉，例如，7/3=2，−7/3=−2。

对于无符号整数来说，采用逻辑右移时，高位补 0，低位移出，因此，移位后得到的商的值只可能变小而不会变大，即商朝零方向舍入。因此，不管是否能够整除，采用移位方式和直接相除得到的商完全一样。但是，对于带符号整数 x 来说，如题 7 的分析解答中所说的那样，当计算 $x/2^k$ 时，若 $x<0$，则不能直接将 x 算术右移 k 位，而应该先将 x 加上偏移量 (2^k-1)，然后再算术右移 k 位。

因为 $256=2^8$，所以题目给出的函数中的乘、除运算可以分别用左、右移运算来实现。可用“左移 8 位”代替“乘 256”的操作，用“右移 8 位”代替“除以 256”的操作。func1(si) 相当于将 si 逻辑左移 8 位，结果的最后 8 位都为 0；func2(si) 相当于将 si 逻辑右移 8 位，结果的范围在 0 到 255 之间；func3(si) 相当于将 si 先算术左移 8 位，再算术右移 8 位，所以结果的范围在 −128 和 127 之间；func4(si) 相当于将 si 先逻辑左移 8 位，再逻辑右移 8 位，最后以带符号整数类型返回。因为最后是逻辑右移，高位补 0，所以，返回的总是正数，结果的范围在 0 到 255 之间。

（2）函数 func1、func2、func3 和 func4 的执行结果如表 4-6 所示。

表 4-6　题 8 中填入结果后的表

si		func1(si)		func2(si)		func3(si)		func4(si)	
机器数	值	机器数	值	机器数	值	机器数	值	机器数	值
007FH	127	7F00H	32512	0000H	0	007FH	127	007FH	127
0080H	128	8000H	32768	0000H	0	FF80H	−128	0080H	128
00FFH	255	FF00H	65280	0000H	0	FFFFH	−1	00FFH	255
0100H	256	0000H	0	0001H	1	0000H	0	0000H	0
FFFFH	65535	FF00H	65280	00FFH	255	FFFFH	−1	00FFH	255

在表 4-6 中，加粗数据是一些“异常”结果。当 si=256 时，由于 256 × si=65536，因此用 16 位无符号数无法表示实际结果，导致 func1(si)、func3(si) 和 func4(si) 都为 0；当 si=65535 时，由于 256 × si 溢出，导致 func1、func3 和 func4 的函数值出现了“异常”结果；当 si=128 时，因为 256 × 128=32768，超过了 short 型数据的最大表示范围，发生溢出，其结果与 128<<8 的操作结果一样，机器数都是 8000H，其真正的值为 −32768，再除以 256，结果为 −128，与对 8000H 算术右移 8 位得到的结果 FF80H（值为 −128）完全一样；当 si=255 时，因为 256 × 255=65280，超过了 short 型数据的最大表示范围，发生溢出。因此，左移 16 位后得到乘积 FF00H（真值为 −256），其第一位（符号位）为 1，即乘积变成了负数，反映出乘积是一个溢出值。因此再除以 256，结果应该是 −1，显然，通过算术右移 8 位得到的结果为 FFFFH，其值确实是 −1。

9. 已知 C 语言中的按位异或运算（“XOR”）用符号“^”表示。对于任意一个位序列 a，存在 a^a=0。C 语言程序可以利用这个特性来实现两个数值交换的功能。以下是一个实现该功能的 C 语言函数：

```
1 void xor_swap(int *x, int *y)
2 {
3         *y=*x ^ *y; /* 第一步 */
4         *x=*x ^ *y; /* 第二步 */
5         *y=*x ^ *y; /* 第三步 */
6 }
```

假定执行该函数时 *x 和 *y 的初始值分别为 a 和 b，即 *x=a 且 *y=b，则每一步执行结束后 x 和 y 各自指向的内存单元中的内容分别是什么？

【分析解答】

第一步结束后，x 和 y 指向的内存单元内容各为 a 和 a^b。

第二步结束后，x 和 y 指向的内存单元内容各为 b 和 a^b。

第三步结束后，x 和 y 指向的内存单元内容各为 b 和 a。

10. 假定某个实现数组元素倒置的函数 reverse_array 调用了第 9 题中给出的 xor_swap 函数：

```
1 void reverse_array(int a[], int len)
2     {
3         int left, right=len-1;
4         for (left=0; left<=right; left++, right--)
5             xor_swap(&a[left], &a[right]);
6 }
```

当 len 为偶数时，reverse_array 函数的执行没有问题。但是，当 len 为奇数时，函数的执行结果不正确。请问，当 len 为奇数时会出现什么问题？最后一次循环中的 left 和 right 各取什么值？最后一次循环中调用 xor_swap 函数后的返回值是什么？对 reverse_array 函数做怎样的改动就可消除该问题？

【分析解答】

当 len 为奇数时，最后一次循环执行的是将最中间的数与自己进行交换，即 left 和 right 都指向最中间的数组元素，因而在调用 xor_swap 函数过程中的每一步执行 *x ^ *y 时结果都是 0，并将 0 写入最中间的数组元素，从而改变了原来的数值。

可以将 for 循环中的终止条件改为“ left<right”，这样，在 len 为奇数时最中间

的数组元素不动。

11. 假设表 4-7 中的 x 和 y 是某 C 语言程序中的 char 型变量，请根据 C 语言中的按位运算和逻辑运算的定义，填写表 4-7，要求用十六进制形式填写。

表 4-7　题 11 用表

<table>
<tr><th>x</th><th>y</th><th>x^y</th><th>x&y</th><th>x|y</th><th>~x|~y</th><th>x&!y</th><th>x&&y</th><th>x || y</th><th>!x || !y</th><th>x&&~y</th></tr>
<tr><td>0x5F</td><td>0xA0</td><td></td><td></td><td></td><td></td><td></td><td></td><td></td><td></td><td></td></tr>
<tr><td>0xC7</td><td>0xF0</td><td></td><td></td><td></td><td></td><td></td><td></td><td></td><td></td><td></td></tr>
<tr><td>0x80</td><td>0x7F</td><td></td><td></td><td></td><td></td><td></td><td></td><td></td><td></td><td></td></tr>
<tr><td>0x07</td><td>0x55</td><td></td><td></td><td></td><td></td><td></td><td></td><td></td><td></td><td></td></tr>
</table>

【分析解答】

根据 C 语言中的按位运算和逻辑运算的定义填写表 4-7，得到表 4-8 如下。

表 4-8　题 11 中填入结果后的表

<table>
<tr><th>x</th><th>y</th><th>x^y</th><th>x&y</th><th>x|y</th><th>~x|~y</th><th>x&!y</th><th>x&&y</th><th>x || y</th><th>!x || !y</th><th>x&&~y</th></tr>
<tr><td>0x5F</td><td>0xA0</td><td>0xFF</td><td>0x00</td><td>0xFF</td><td>0xFF</td><td>0x00</td><td>0x01</td><td>0x01</td><td>0x00</td><td>0x01</td></tr>
<tr><td>0xC7</td><td>0xF0</td><td>0x37</td><td>0xC0</td><td>0xF7</td><td>0x3F</td><td>0x00</td><td>0x01</td><td>0x01</td><td>0x00</td><td>0x01</td></tr>
<tr><td>0x80</td><td>0x7F</td><td>0xFF</td><td>0x00</td><td>0xFF</td><td>0xFF</td><td>0x00</td><td>0x01</td><td>0x01</td><td>0x00</td><td>0x01</td></tr>
<tr><td>0x07</td><td>0xFF</td><td>0x07</td><td>0x07</td><td>0xFF</td><td>0xF8</td><td>0x00</td><td>0x01</td><td>0x01</td><td>0x00</td><td>0x00</td></tr>
</table>

12. 对于一个 n（$n \geqslant 8$）位的变量 x，请根据 C 语言中按位运算的定义，写出满足下列要求的 C 语言表达式。

（1）x 的最高有效字节不变，其余各位全变为 0。

（2）x 的最低有效字节不变，其余各位全变为 0。

（3）x 的最低有效字节全变为 0，其余各位取反。

（4）x 的最低有效字节全变 1，其余各位不变。

【分析解答】

（1）(x>>(n−8))<<(n−8)

（2）x & 0xFF

（3）((x^ ~0xFF) >>8)<< 8

（4）x | 0xFF

13. 假设以下 C 语言函数 compare_str_len 用来判断两个字符串的长度，当字符串 str1 的长度大于 str2 的长度时函数返回值为 1，否则为 0。

```
1 int compare_str_len(char *str1, char *str2)
2 {
3     return strlen(str1) - strlen(str2) > 0;
4 }
```

已知 C 语言标准库函数 strlen 原型声明为“ size_t strlen(const char *s);”，其中，size_t 被定义为 unsigned int 类型。请问：函数 compare_str_len 在什么情况下返回的结果不正确？为什么？为使函数正确返回结果，应如何修改代码？

【分析解答】

因为 size_t 被定义为 unsigned int 类型，因此，库函数 strlen 的返回值为无符号整数。函数 compare_str_len 中的返回值是 strlen(str1)−strlen(str2)>0，这个关系表达式中 >

号左边是两个无符号数相减，其差还是无符号整数，因而总是大于等于 0，即在 str1 的长度小于 str2 的长度时结果也为 1。显然，这是错误的。

只要将第 3 行语句改为以下形式即可：

```
3    return strlen(str1) > strlen(str2) ;
```

14. 对于主教材中的图 4-12，假设 n=8，机器数 X 和 Y 的真值分别是 x 和 y。请按照主教材图 4-12 的功能填写表 4-9，并给出对每个结果的解释。要求机器数用十六进制形式填写，真值用十进制形式填写。

表 4-9　题 14 用表

表示	X	x	Y	y	$X+Y$	$x+y$	OF	SF	CF	$X-Y$	$x-y$	OF	SF	CF
无符号	0xB0		0x8C											
带符号	0xB0		0x8C											
无符号	0x7E		0x5D											
带符号	0x7E		0x5D											

【分析解答】

根据主教材中图 4-12 的功能填写表 4-9，得到表 4-10。

表 4-10　题 14 中填入结果后的表

表示	X	x	Y	y	$X+Y$	$x+y$	OF	SF	CF	$X-Y$	$x-y$	OF	SF	CF
无符号	0xB0	176	0x8C	140	0x3C	60	1	0	1	0x24	36	0	0	0
带符号	0xB0	−80	0x8C	−116	0x3C	60	1	0	1	0x24	36	0	0	0
无符号	0x7E	126	0x5D	93	0xDB	219	1	1	0	0x21	33	0	0	0
带符号	0x7E	126	0x5D	93	0xDB	−37	1	1	0	0x21	33	0	0	0

无符号整数加减运算的结果是否溢出，通过进位 / 借位标志 CF 来判断，而带符号整数的加减运算结果是否溢出，通过溢出标志 OF 来判断。对表中每个结果的解释和验证结果如下。

（1）无符号整数 176+140=316，无法用 8 位表示，即结果应有进位，CF 应为 1。验证正确。

（2）无符号整数 176−140=36，可用 8 位表示，即结果没有借位，CF 应为 0。验证正确。

（3）带符号整数 −80+(−116)=−316，无法用 8 位表示，即结果溢出，OF 应为 1。验证正确。

（4）带符号整数 −80−(−116)=36，可用 8 位表示，即结果不溢出，OF 应为 0。验证正确。

（5）无符号整数 126+93=219，可用 8 位表示，即结果没有进位，CF 应为 0。验证正确。

（6）无符号整数 126−93=33，可用 8 位表示，即结果没有借位，CF 应为 0。验证正确。

（7）带符号整数 126+93=219，无法用 8 位表示，即结果溢出，OF 应为 1。验证正确。

（8）带符号整数 126−93=33，可用 8 位表示，即结果不溢出，OF 应为 0。验证正确。

15. 在字长为 32 位的计算机上，某函数的原型声明为“ int ch_mul_overflow(int x, int y);”，该函数用于对两个 int 型变量 x 和 y 的乘积判断是否溢出，若溢出则返回 1，否则返回 0。请使用 64 位精度的整数类型 long long 来编写该函数。

【分析解答】

使用 64 位精度的乘法实现两个 32 位带符号整数相乘（专门的补码乘法运算），可以通过乘积的高 32 位和低 32 位的关系来进行溢出判断。判断规则是：若高 32 位乘积中的每一位都与低 32 位的最高位相同，即高 33 位为全 1 或全 0，则不溢出；否则溢出。

```
1 int ch_mul_overflow(int x, int y)
2 {
3     long long prod_64= (long long) x*y;
4     return prod_64 != (int) prod_64;
5 }
```

第 3 行赋值语句的右边采用强制类型转换，使得 x 和 y 相乘的结果强制以 64 位乘积的形式保留在 64 位 long long 型变量 prod_64 中。在第 4 行关系运算符 != 右边的强制类型转换，将一个 64 位乘积的高 32 位丢弃，然后，在进行关系运算时，因为关系运算符 != 的左边是一个 64 位整数，所以，右边的 32 位数必须再进行符号扩展以转换为 64 位整数，然后再与左边的整数进行比较。若乘积没有溢出，则丢弃的高 32 位和后面符号扩展的 32 位相同，因而比较结果一定是相等，返回 0；若乘积有溢出，则比较结果一定不相等，返回 1。

若第 3 行赋值语句改成如下形式，则 prod_64 得到的是低 32 位乘积进行符号扩展后的 64 位值，因此，当结果溢出时，prod_64 中得到的并不是真正的 64 位乘积。

```
3    long long prod_64= x*y;
```

16. 假设一次整数加法、一次整数减法和一次移位操作都只需要 1 个时钟周期，一次整数乘法操作需要 10 个时钟周期。若 x 为一个整型变量，现要计算 55*x，请给出一种计算表达式，使得所用时钟周期数最少。

【分析解答】

根据表达式 55*x=(64−8−1)*x=64*x−8*x−x 可知，完成 55*x 只要两次移位操作和两次减法操作，共 4 个时钟周期。若将 55 分解为 32+16+4+2+1，则需要 4 次移位操作和 4 次加法操作，共 8 个时钟周期。

上述两种方式都比直接执行一次乘法操作所用的时钟周期数少。

17. 假设 x 为一个 int 型变量，请给出一个用来计算 x/32 的值的函数 div32。要求不能使用除法、乘法、模运算、比较运算、循环语句和条件语句，可以使用右移、加法以及任何按位运算。

【分析解答】

根据主教材 4.6 节的内容可知，带符号整数 x 除以 2^k 的值可以用移位方式实现。若 x 为正数，则将 x 右移 k 位得到商；若 x 为负数，则 x 需要加一个偏移量 $(2^k−1)$

后再右移 k 位得到商。因此，在执行右移 5 位的操作前必须先计算偏移量，计算公式如下：

$$b = \begin{cases} 0, x \geqslant 0 \\ 31, x < 0 \end{cases}$$

x 的符号位在最左边，因此，表达式 x>>31 的计算结果得到 32 个符号位，当 x 小于 0 时，x>>31 为 32 个 1，否则为 32 个 0。偏移量 b 可以通过用掩码的方式得到。函数 div32 的 C 语言源代码如下：

```
int div32(int x)
{     /* 根据 x 的符号得到偏移量 b */
    int b=(x>>31) & 0x1F;
        return (x+b)>>5;
}
```

18. 无符号整数变量 ux 和 uy 的声明和初始化如下：

```
unsigned ux=x;
unsigned uy=y;
```

若 sizeof(int)=4，则对于任意 int 型变量 x 和 y，判断以下关系表达式是否永真。若永真则给出证明，若不永真则给出结果为假时 x 和 y 的取值。

（1）(x*x)>= 0
（2）(x−1<0) || x>0
（3）x<0 || −x<=0
（4）x>0 || −x>=0
（5）x&0xf!=15 || (x<<28)<0
（6）x>y==(−x<−y)
（7）~x+~y==~(x+y)
（8）(int) (ux−uy) == −(y−x)
（9）((x>>2)<<2)<= x
（10）x*4+y*8==(x<<2)+(y<<3)
（11）x/4+y/8==(x>>2)+(y>>3)
（12）x*y==ux*uy
（13）x+y==ux+uy
（14）x*~y+ux*uy==−x

【分析解答】

（1）(x*x)>=0

非永真。例如，当 x=65534 时，则 $x*x=(2^{16}-2)*(2^{16}-2)=2^{32}-2*2*2^{16}+4 \pmod{2^{32}} = -(2^{18}-4)=-262140$。x 的机器数为 0000 FFFEH，x*x 的机器数为 FFFC 0004H。

（2）(x−1<0) || x>0

非永真。当 x=−2147483648 时，显然，x<0，x 的机器数为 8000 0000H；x−1 的机器数为 7FFF FFFFH，符号位为 0，因而 x−1>0。此时，x−1<0 和 x>0 两者都不成立。

（3）x<0 || −x<=0

永真。若 x>0，x 符号位为 0 且数值部分为非 0（至少有一位是 1），从而使 −x 的符号位一定是 1，则 −x<0；若 x=0，则 −x=0。综上，只要 x<0 为假，则 −x<=0 一定为真，因而是永真。

（4）x>0 || −x>=0

非永真。当 x=−2147483648 时，x<0，且 x 和 −x 的机器数都为 8000 0000H，即 −x<0。此时，x>0 和 −x>=0 两者都不成立。

（5）x&0xf!=15 || (x<<28)<0

非永真。这里 != 的优先级比 &（按位与）的优先级高。因此，若 x=0，则 x&0xf!=15 为 0，(x<<28)<0 也为 0，所以结果为假。

（6）x>y==(−x<−y)

非永真。当 x=−2147483648、y 任意（除 −2147483648 外），或者 y=−2147483648、x 任意（除 −2147483648 外）时不等。因为 int 型负数 −2147483648 是最小负数，该数取负后结果仍为 −2147483648，而不是 2147483648。

（7）~x+~y==~(x+y)

永假。$[-x]_{补}=\sim[x]_{补}+1$，$[-y]_{补}=\sim[y]_{补}+1$，故 $\sim[x]_{补}+\sim[y]_{补}=[-x]_{补}+[-y]_{补}-2$。$[-(x+y)]_{补}=\sim[x+y]_{补}+1$，故 $\sim[x+y]_{补}=[-(x+y)]_{补}-1=[-x]_{补}+[-y]_{补}-1$。由此可见，左边比右边少 1。

（8）(int) (ux−uy) ==−(y−x)

永真。(int) ux−uy=$[x-y]_{补}=[x]_{补}+[-y]_{补}=[-y+x]_{补}=[-(y-x)]_{补}$

（9）((x>>2)<<2)<= x

永真。因为算术右移总是向负无穷大方向取整。

（10）x*4+y*8==(x<<2)+(y<<3)

永真。因为带符号整数 x 乘以 2^k 完全等于 x 左移 k 位，无论结果是否溢出。

（11）x/4+y/8==(x>>2)+(y>>3)

非永真。当 x=−1 或 y=−1 时，x/4 或 y/8 等于 0，但是，因为 −1 的机器数为全 1，所以，x>>2 或 y>>3 还是等于 −1。此外，当 x 或 y 为负数且 x 不能被 4 整除或 y 不能被 8 整除，则 x/4 不等于 x>>2，y/8 不等于 y>>3。

（12）x*y==ux*uy

永真。x*y 的低 32 位和 ux*uy 的低 32 位是完全一样的位序列。

（13）x+y==ux+uy

永真。带符号整数和无符号整数都是在同一个整数加减运算部件中进行运算的，x 和 ux 具有相同的机器数，y 和 uy 具有相同的机器数，因而 x+y 和 ux+uy 具有完全一样的位序列。

（14）x*~y+ux*uy==−x

永真。−y=~y+1，即 ~y=−y−1。而 ux*uy=x*y，因此，等式左边为 x*(−y−1)+x*y=−x。

19. 变量 dx、dy 和 dz 的声明和初始化如下：

```
double dx = (double) x;
double dy = (double) y;
double dz = (double) z;
```

若 float 和 double 分别采用 IEEE 754 单精度和双精度浮点数格式，sizeof(int)=4，则对于任意 int 型变量 x、y 和 z，判断以下关系表达式是否永真。若永真，则给出证明；若不永真，则给出结果为假时 x 和 y 的取值。

（1）dx*dx >= 0　　　（2）(double)(float) x == dx

（3）dx+dy == (double) (x+y)　　　（4）(dx+dy)+dz == dx+(dy+dz)

（5）dx*dy*dz == dz*dy*dx　　　（6）dx/dx == dy/dy

【分析解答】

（1）dx*dx >= 0

永真。double 型数据用 IEEE 754 标准表示，尾数用原码小数表示，符号和数值部分分开运算。不管结果是否溢出都不会影响乘积的符号。

（2）(double)(float) x == dx

非永真。当 int 型变量 x 的有效位数比 float 型可表示的最大有效位数 24 更多时，x 强制转换为 float 型数据时有效位数丢失，而将 x 转换为 double 型数据时没有有效位数丢失。也就是说，等式左边可能是近似值，而右边是精确值。

（3）dx+dy == (double) (x+y)

非永真。因为 x+y 可能会溢出，而 dx+dy 不会溢出。

（4）(dx+dy)+dz == dx+(dy+dz)

永真。因为 dx、dy 和 dz 是由 32 位 int 型数据转换得到的，而 double 类型可以精确表示 int 类型数据，并且对阶时尾数移位位数不会超过 52 位，所以尾数不会舍入，因而不会发生大数吃小数的情况。

但是，如果 dx、dy 和 dz 是任意 double 类型数据，则非永真。

（5）dx*dy*dz == dz*dy*dx

非永真。相乘的结果可能产生舍入。

（6）dx/dx == dy/dy

非永真。dx 和 dy 中只要有一个为 0 而另一个不为 0 就不相等。

20. 假设浮点数的阶码和尾数均采用补码表示，且位数分别为 5 位和 7 位（均含 2 位符号位，即变形补码）。若有两个数 $x = 2^7 \times 15/16$、$y = 2^5 \times 3/8$，要求用浮点加法计算 x+y，最终结果是什么？

【分析解答】

先将两个数的尾数部分变成分母为 32 的形式，即 $x = 2^7 \times 30/32$，$y= 2^5 \times 12/32$，x 和 y 转换成题设的浮点数格式，即 x 为 00.11110 00111，y 为 00.01100 00101，然后进行浮点数加 / 减运算。y 对阶后为 00.00011 00111，因此尾数相加结果为 00.11110+00.00011=01.00001，该尾数形式需要右规，即尾数右移一位，若采用“0 舍 1 入”舍入法，右规后尾数为 00.10001，阶码加 1 后为 01000，因此，右规后为 00.10001 01000，最后要对该结果进行溢出判断。显然，阶码的两个符号位不同，故结果溢出。

21. 假设有两个实数 x 和 y，x= −68，y= −8.25，它们在 C 语言程序中定义为 float 型变量（用 IEEE 754 单精度浮点数格式表示），x 和 y 分别存放在寄存器 A 和 B 中。另外，还有两个寄存器 C 和 D。A、B、C、D 都是 32 位寄存器。请回答下列问题（要求最终用十六进制表示）。

（1）寄存器 A 和 B 中的内容分别是什么？

（2）若 x 和 y 相加后的结果存放在寄存器 C 中，则寄存器 C 中的内容是什么？

（3）若 x 和 y 相减后的结果存放在寄存器 D 中，则寄存器 D 中的内容是什么？

【分析解答】

（1）x= −68 = −100 0100 B = −1. 0001B $\times 2^6$，因此，符号位为 1，阶码为 1000 0101B，尾数小数部分为 000 1000 0000 0000 0000 0000B，浮点数表示形式为 1 1000

0101 000 1000 0000 0000 0000 0000，十六进制形式为 C288 0000H。y= −8.25= −1000.01 B= −1. 00001 B × 2^3，因此，符号位为 1，阶码为 1000 0010B，尾数小数部分为 000 0100 0000 0000 0000 0000B，浮点数表示形式为 1 1000 0010 000 0100 0000 0000 0000 0000，十六进制形式为 C104 0000H。因此，寄存器 A 和 B 中的内容分别是 C288 0000H、C104 0000H。

（2）两个浮点数相加的步骤如下。

①对阶。$[E_x]_移$=1000 0101，$[E_y]_移$=1000 0010，$[\Delta E]_补$=$[E_x-E_y]_补$=$[E_x]_移$+$[-[E_y]_移]_补$=1000 0101+ 0111 1110 = 0000 0011，E_x-E_y=+3，E_x 大于 E_y，所以对 y 进行对阶。对阶后，y=−0.00100001 × 2^6。即 y 的浮点表示为 1 1000 0101 (0) 001 0000 1000 0000 0000 0000。

②尾数相加。x 的尾数为 −1. 000 1000 0000 0000 0000 0000，y 的尾数为 −0. 001 0000 1000 0000 0000 0000。原码加法运算规则为“同号求和，异号求差”。因两数符号相同，故做加法，结果为 −1.001 1000 1000 0000 0000 0000。因此，x+y 的结果为 −1.001 1000 1 × 2^6，符号位为 1，尾数为 001 1000 1000 0000 0000 0000，阶码为 127+6 =128+5=1000 0101B，浮点数表示为 1 1000 0101 001 1000 1000 0000 0000 0000，转换为十六进制形式为 C298 8000H。因此，寄存器 C 中的内容是 C298 8000H。

（3）两个浮点数相减的步骤同加法，对阶的结果也一样，只是尾数相减。原码减法运算规则为“同号求差，异号求和”。因两个数符号相同，故做减法。数值部分由被减数加上减数的补码（各位取反，末位加 1）得到，即：

```
   1.000 1000 0000 0000 0000 0000
+) 1.110 1111 1000 0000 0000 0000
---------------------------------
  10.111 0111 1000 0000 0000 0000
```

最高数值位产生进位，表明所得数值位正确，且结果的符号取被减数的符号，即结果为负数。因此，x 减 y 的结果为 −0.11101111 × 2^6 = −1.1101111 × 2^5。也就是说，符号位为 1，尾数为 110 1111 0000 0000 0000 0000，阶码为 127+5=128+4=1000 0100B，浮点数表示为 1 1000 0100 110 1111 0000 0000 0000 0000，转换为十六进制形式为 C26F 0000H。因此，寄存器 D 中的内容是 C26F 0000H。

22. 在 IEEE 754 浮点数运算中，当结果的尾数出现什么形式时需要进行左规？什么形式时需要进行右规？如何进行左规？如何进行右规？

【分析解答】

（1）对于结果为 ± 1x .xx⋯x 的情况，需要进行右规，即尾数右移一位，阶码加 1。右规操作可以表示为 $M_b \leftarrow M_b \times 2^{-1}$，$E_b \leftarrow E_b+1$。右规时注意以下两点：①尾数右移时，最高位 1 被移到小数点前一位作为隐藏位，最后一位移出时，要考虑舍入；②阶码加 1 时，直接在末位加 1。

（2）对于结果为 ± 0.00⋯01x⋯x 的情况，需要进行左规，即数值位逐次左移，阶码逐次减 1，直到将第一位 1 移到小数点左边。假定 k 为结果中 ± 和左边第一个 1 之间连续 0 的个数，则左规操作可以表示为 $M_b \leftarrow M_b \times 2^k$，$E_b \leftarrow E_b-k$。左规时注意以下两点：①尾数左移时数值部分最左 k 个 0 被移出，因此，相对来说，小数点右移了 k 位，因为进行尾数相加时，默认小数点位置在第一个数值位（即隐藏位）之后，所以小数点右移 k 位后被移到了第一位 1 后面，这个 1 就是隐藏位；②执行 $E_b \leftarrow E_b - k$ 时，每次都在末位减 1，共减 k 次。

23. 在 IEEE 754 浮点数运算中，如何判断浮点运算的结果是否溢出？

【分析解答】

浮点运算结果是否溢出并不以尾数溢出来判断，而主要看阶码是否溢出。尾数溢出时，可通过右规操作进行纠正。因为在进行规格化、尾数舍入和浮点数的乘 / 除运算过程中，都需要对阶码进行加、减运算，因此在这些操作过程中，可能会发生阶码上溢或阶码下溢。阶码上溢时，说明结果的数值太大，无法表示，是真正的溢出；阶码下溢时，说明结果数值太小，可以把结果近似为 0。

24. 假设浮点数格式定义如下：阶码是 4 位移码，偏置常数为 8，尾数是 6 位补码（采用双符号位）。用浮点运算规则分别计算在不采用任何附加位和采用 2 位附加位（保护位、舍入位）的情况下以下各式的值（假定对阶和右规时采用就近舍入到偶数方式）。

（1）$(15/16) \times 2^7 + (2/16) \times 2^5$　　（2）$(15/16) \times 2^7 - (2/16) \times 2^5$

（3）$(15/16) \times 2^5 + (2/16) \times 2^7$　　（4）$(15/16) \times 2^5 - (2/16) \times 2^7$

【分析解答】

将上述各式中的数据用相应的变量 A、B、C、D 代替。

$A = (15/16) \times 2^7 = 0.1111B \times 2^7$，$[A]_浮 = 00.1111\ 1111$。

$B = (2/16) \times 2^5 = 0.0010B \times 2^5 = 0.1000B \times 2^3$，$[B]_浮 = 00.1000\ 1011$。

$C = (15/16) \times 2^5 = 0.1111B \times 2^5$，$[C]_浮 = 00.1111\ 1101$。

$D = (2/16) \times 2^7 = 0.0010B \times 2^7 = 0.1000B \times 2^5$，$[D]_浮 = 00.1000\ 1101$。

不采用任何附加位时的计算结果如下。

（1）计算 A+B：$[\Delta E]_补 = [E_A]_移 + [-[E_B]_移]_补 = 1111 + 0101 = 0100\ (\text{mod } 2^4)$，因此 $\Delta E = 4$，故需要对 B 进行对阶，因为采用就近舍入到偶数方式，所以，B 的尾数右移 4 位后直接舍去 1000，又因为“1000”是中间值，因此尾数取偶数 00.0000，故对阶后结果为 $[B]_浮 = 00.0000\ 1111$。由于 B 的尾数为 0，因此，$[A+B]_浮 = [A]_浮 = 00.1111\ 1111$。故 $A+B = A = (15/16) \times 2^7$。

（2）计算 A−B：对阶结果与（1）相同，故 $[A-B]_浮 = [A]_浮 = 00.1111\ 1111$。故 $A-B = A = (15/16) \times 2^7$。

（3）计算 C+D：$[\Delta E]_补 = [E_C]_移 + [-[E_D]_移]_补 = 1101 + 0011 = 0000\ (\text{mod } 2^4)$，因此 $\Delta E = 0$，故无需对阶。尾数直接加：$[M_C]_补 + [M_D]_补 = 00.1111 + 00.1000 = 01.0111$。因为补码的两个符号位不同，所以尾数溢出，需要右规。右规时需对尾数进行舍入，阶码加 1。舍入最后一位的“1”是中间值，因此尾数取偶数 00.1100，阶码 1101 加 1 后为 1110，所以，$[C+D]_浮 = 00.1100\ 1110$。故 $C+D = (12/16) \times 2^6$。

（4）计算 C−D：对阶结果与（3）相同。尾数直接减：$[M_C]_补 + [-M_D]_补 = 00.1111 + 11.1000 = 00.0111$。显然，尾数需左规。左规时，尾数左移一位，阶码减 1。因此，最终尾数为 00.1110，阶码 1101 减 1 后为 1100。因此，$[C-D]_浮 = 00.1110\ 1100$，故 $C-D = (14/16) \times 2^4$。

采用两位附加位时的计算结果如下。

（1）计算 A+B：$[\Delta E]_{补}=[E_A]_{移}+[-[E_B]_{移}]_{补}$=1111+0101 = 0100 (mod 2^4)，因此 $\Delta E=4$，故需要对 B 进行对阶，对阶后结果为 $[B]_{浮}$= 00.0000 10 1111。尾数相加结果为 $[M_A]_{补}+[M_B]_{补}$= 00.1111 00 + 00.0000 10 = 00.1111 10，因此，$[A+B]_{浮}$= 00.1111 10 1111。最后对尾数附加位 10 进行舍入，因为舍入的是中间值，所以尾数结果强迫为偶数，即尾数末位加 1，得尾数为 01.0000，因此，尾数需右规为 00.1000，同时，阶码 1111 加 1，产生阶码上溢，因而导致结果溢出。因此，A+B 的结果溢出。

（2）计算 A−B：对阶结果与（1）相同，尾数相减结果为 $[M_A]_{补}+[-M_B]_{补}$= 00.1111 00 + 11.1111 10 = 00.1110 10，因此，$[A-B]_{浮}$= 00.1110 10 1111。最后对尾数附加位 10 进行舍入，因为舍入的是中间值，所以尾数结果强迫为偶数，得尾数为 00.1110，因此，$[A-B]_{浮}$=00.1110 1111。故 A−B=$(14/16)\times 2^7$。

（3）计算 C+D：$[\Delta E]_{补}=[E_C]_{移}+[-[E_D]_{移}]_{补}$=1101+0011 = 0000 (mod 2^4)，因此 $\Delta E=0$，故无需对阶。尾数直接加：$[M_C]_{补}+[M_D]_{补}$= 00.1111 00+00.1000 00= 01.0111 00。因为补码的两个符号位不同，所以尾数溢出，需要右规。右规时需对尾数进行舍入，阶码加 1。舍入的“100”是中间值，因此尾数取偶数 00.1100，阶码 1101 加 1 后为 1110，所以，$[C+D]_{浮}$= 00.1100 1110。故 C+D=$(12/16)\times 2^6$。

（4）计算 C−D：对阶结果与（3）相同，尾数直接减：$[M_C]_{补}+[-M_D]_{补}$= 00.1111 00+ 11.1000 00 = 00.0111 00。显然，尾数需左规。左规时，尾数左移一位，阶码减 1。因此，最终尾数为 00.1110，阶码 1101 减 1 后为 1100。因此，$[C-D]_{浮}$= 00.1110 1100，故 C−D=$(14/16)\times 2^4$。

25. 采用 IEEE 754 单精度浮点数格式计算下列表达式的值。

（1）0.75+(−65.25)　　　　（2）0.75−(−65.25)

【分析解答】

x=0.75=0.11B=$(1.10\cdots0)_2\times 2^{-1}$，y= −65.25= −1000001.01B = $(-1.000001010\cdots0)_2\times 2^6$。用 IEEE 754 标准单精度格式表示为 $[x]_{浮}$= 0 01111110 10···0，$[y]_{浮}$=1 10000101 000001010···0。假定 E_x、E_y 分别表示 $[x]_{浮}$和 $[y]_{浮}$中的阶码，M_x、M_y 分别表示 $[x]_{浮}$和 $[y]_{浮}$中的尾数，即 E_x=0111 1110，M_x=0(1).10···0，E_y=1000 0101，M_y=1(1).000001010···0。尾数 M_x 和 M_y 的小数点前面有两位，第一位为数符，第二位加了括号，是隐藏位“1”。以下是机器中浮点数加 / 减运算过程（假定保留两位附加位：保护位和舍入位）。

（1）0.75+ (−65.25)

①对阶。$[\Delta E]_{补}=E_x+[-E_y]_{补}$=0111 1110 + 0111 1011=1111 1001 (mod 2^8)，ΔE=−7，故需对 x 进行对阶，结果为 $E_x=E_y$=1000 0101，M_x=00.000000110···0 **00**，即将 x 的尾数 M_x 右移 7 位，符号不变，数值高位补 0，隐藏位右移到小数点后面，最后移出的两位保留。

②尾数相加。$M_b=M_x+M_y$=00.000000110···0 **00**+11.000001010···0 **00**（注意小数点在隐藏位后）。根据原码加 / 减法运算规则（加法运算规则为“同号求和，异号求差”），得：00.000000110···0 **00**+11.000001010···0 **00**=11.000000100···0 **00**。上式尾数中最左边第一位是符号位，其余都是数值部分，尾数后面加粗的两位是附加位。

③规格化。根据所得尾数的形式，数值部分最高位为 1，所以不需要进行规格化。

④舍入。将结果的尾数 M_b 中最后两位附加位舍入，从本例来看，不管采用什么

舍入法，结果都一样，都是把最后两个 0 去掉，得：$M_b = 11.000000100\cdots0$。

⑤溢出判断。在上述阶码计算和调整过程中，没有发生“阶码上溢”和“阶码下溢”的问题。

最终结果为 E_b=1000 0101，M_b=1(1).00000010…0，即：$(-1.0000001)_2 \times 2^6=-64.5$。

（2）0.75-(-65.25)

①对阶。同上述（1）中对阶过程一样。

②尾数相减。$M_b=M_x-M_y$=00.000000110…0 **00**-11.000001010…0 **00**，根据原码加/减法运算规则（减法运算规则为“同号求差，异号求和”），得：00.000000110…0 **00**- 11.000001010…0 **00** = 01.00001000…0 **00**。上式尾数中最左边第一位是符号位，其余都是数值部分，尾数后面加粗的两位是附加位。

③规格化。根据所得尾数的形式，数值部分最高位为 1，不需要进行规格化。

④舍入。把结果的尾数 M_b 中最后两位附加位舍入，得：M_b = 01.00001000…0

⑤溢出判断。在上述阶码计算和调整过程中，没有发生“阶码上溢”和“阶码下溢”的问题。

最后结果为 E_b=1000 0101，M_b = 0(1).00001000…0，即：$(+1.00001)_2 \times 2^6=+66$。

26. 以下是函数 fpower2 的 C 语言源程序，它用于计算 2^x 的浮点数表示，其中调用了函数 u2f，u2f 用于将一个无符号整数表示的 0/1 序列作为 float 类型返回。请填写 fpower2 函数中的空白部分，使其能正确计算结果。

```
1 float fpower2(int x)
2 {
3     unsigned exp, frac, u;
4
5     if (x<_________) {     /* 值太小，返回 0.0 */
6        exp = _________;
7        frac = _________;
8     } else if (x<_________){      /* 返回非规格化结果 */
9        exp = _________;
10       frac = _________;
11    } else if (x<_________){      /* 返回规格化结果 */
12       exp = _________;
13       frac = _________;
14    } else {     /* 值太大，返回 + ∞ */
15       exp = _________;
16       frac = _________;
17    }
18    u = exp << 23 | frac;
19    return u2f(u);
20 }
```

【分析解答】

```
1 float fpower2(int x)
2 {
3     unsigned exp, frac, u;
4
5     if (x< -149){     /* 值太小，返回 0.0 */
6        exp =   0  ;
7        frac =   0  ;
```

```
8       } else if (x<__-126__){     /* 返回非规格化结果 */
9           exp = __0__;
10          frac = __0x400000>>(-x-127)__;
11      } else if (x<__128__){      /* 返回规格化结果 */
12          exp = __x+127__;
13          frac = __0__;
14      } else {     /* 值太大，返回 + ∞ */
15          exp = __255__;
16          frac = __0__;
17      }
18      u = exp << 23 | frac;
19      return u2f(u);
20 }
```

27. 以下是一组关于浮点数按位级进行运算的编程题目，其中用到一个数据类型 float_bits，它被定义为 unsigned int 类型。以下程序代码必须采用 IEEE 754 标准规定的运算规则，例如，舍入应采用就近舍入到偶数的方式。此外，代码中不能使用任何浮点数类型、浮点数运算和浮点常数，只能使用 float_bits 类型；不能使用任何复合数据类型，如数组、结构和联合等；可以使用无符号整数或带符号整数的数据类型、常数和运算。要求编程实现以下功能并进行正确性测试，需要针对参数 f 的所有 32 位组合情况进行处理。

（1）计算浮点数 f 的绝对值 |f|。若 f 为 NaN，则返回 f，否则返回 |f|。函数原型为：float_bits float_abs(float_bits f)。

（2）计算浮点数 f 的负数 −f。若 f 为 NaN，则返回 f，否则返回 −f。函数原型为：float_bits float_neg(float_bits f)。

（3）计算 0.5*f。若 f 为 NaN，则返回 f，否则返回 0.5*f。函数原型为：float_bits float_half(float_bits f)。

（4）计算 2.0*f。若 f 为 NaN，则返回 f，否则返回 2.0*f。函数原型为：float_bits float_twice(float_bits f)。

（5）将 int 型整数 i 的位序列转换为 float 型位序列。函数原型为：float_bits float_i2f(int i)。

（6）将浮点数 f 的位序列转换为 int 型位序列。若 f 为非规格化数，则返回值为 0；若 f 是 NaN 或 ±∞ 或超出 int 型数可表示范围，则返回值为 0x80000000；若 f 带小数部分，则考虑舍入。函数原型为：int float_f2i(float_bits f)。

【分析解答】

（1）计算浮点数 f 的绝对值 |f|。若 f 为 NaN，则返回 f，否则返回 |f|。

```
float_bits float_abs(float_bits f) {
    unsigned sign=f>>31;
    unsigned exp=f>>23&0xFF;
    unsigned frac=f&0x7FFFFF;
    if (exp==0xFF)&&(frac!=0) || (sign==0)  /* f 为 NaN 或正数 */
        return f;
    else  /* f 为负数 */
        return f & 0x7FFFFFFF;
}
```

（2）计算浮点数 f 的负数 -f。若 f 为 NaN，则返回 f，否则返回 -f。

```
float_bits float_neg(float_bits f) {
    unsigned exp=f>>23&0xFF;
    unsigned frac=f&0x7FFFFF;
    if (exp==0xFF)&&(frac!=0)  /* f 为 NaN */
        return f;
    else
        return f ^ 0x80000000;
}
```

（3）计算 0.5*f。若 f 为 NaN，则返回 f，否则返回 0.5*f。

```
float_bits float_half(float_bits f) {
    unsigned sign=f>>31;
    unsigned exp=f>>23&0xFF;
    unsigned frac=f&0x7FFFFF;
    if (exp==0xFF)&&(frac!=0)  /* f 为 NaN */
        return f;
    else if ((exp==0)||(exp==0xFF)) && (frac==0)  /* f 为 0 或∞ */
        return f;
    else if (exp==0) && (frac!=0)  /* f 为非规格化数 */
        return sign<<31 | frac>>1;
    else {  /* f 为规格化数 */
        exp=exp+0xFF;
        if (exp!=0)  /* 0.5*f 为规格化数 */
            return  sign<<31 | exp << 23 | frac;
        else  /* 0.5*f 为非规格化数 */
            return sign<<31 | (frac | 0x800000)>>1;
    }
}
```

（4）计算 2.0*f。若 f 为 NaN，则返回 f，否则返回 2.0*f。

```
float_bits float_twice(float_bits f) {
    unsigned sign=f>>31;
    unsigned exp=f>>23&0xFF;
    unsigned frac=f&0x7FFFFF;
    if (exp==0xFF)&&(frac!=0)  /* f 为 NaN */
        return f;
    else if ((exp==0)||(exp==0xFF)) && (frac==0)  /* f 为 0 或∞ */
        return f;
    else if (exp==0) && (frac!=0)  {  /* f 为非规格化数 */
        if (frac&0x400000)  /* f 的尾数第一位为 1 */
            return sign<<31 | 1<<23 | (frac&0x3FFFFF)<<1;
        else  /* f 的尾数第一位为 0 */
            return sign<<31 | frac<<1;
        }
    else {  /* f 为规格化数 */
        exp=exp+0x01;
        if (exp!=0xFF)  /* 2.0*f 为规格化数 */
            return  sign<<31 | exp << 23 | frac;
        else  /* 2.0*f 发生阶码溢出 */
            return sign<<31 | exp<<23 ;
    }
}
```

（5）将 int 型整数 i 的位序列转换为 float 型位序列。

```
float_bits float_i2f(int i) {
    unsigned pre_count=30;
    unsigned pos_count=31;
    unsigned sign=(unsigned) i>>31;
    unsigned neg_i;
    if (i==0)  /* i 为 0 */
        return i;
    if (sign==0)  {  /* i 为正数 */
        while (i>>pre_count==0)  pre_count--;
        return sign<<31|(127+pre_count)<<23|(unsigned)(i<< (32-pre_count))>>23;
    }
    else  {  /* i 为负数 */
        while (i<<pos_count==0)  pos_count--;
        neg_i=(~(i>>(32-pos_count)) << (32-pos_count)) | (1<< (31-pos_count));
        while (neg_i>>pre_count==0)  pre_count--;
        return sign<<31 | (127+pre_count) << 23 | neg_i<< (32-pre_count) >>23;
    }
}
```

（6）将浮点数 f 的位序列转换为 int 型位序列。若 f 为非规格化数，则返回值为 0；若 f 是 NaN 或 ±∞ 或超出 int 型数范围，则返回值为 0x80000000；若 f 带小数部分，则考虑舍入。

```
int float_f2i(float_bits f)  {
    unsigned sign=f>>31;
    unsigned exp=f>>23&0xFF;
    unsigned frac=f&0x7FFFFF;
    unsigned exp_value = exp -127;
    unsigned neg_i;
    unsigned pos_count=31;
    if ((exp==0xFF) || (exp_value>30))  /* f 为 NaN 或∞或值太大 */
        return 0x80000000;
    else if ((exp==0) || (exp_value <0))  /* f 为非规格化数或 0 或值太小 */
        return 0;
    else if (sign==0)   /* f 为正的规格化数 */
        return  (1<<30 | frac<<7) >> (30-exp_value);
    else {  /* f 为负的规格化数 */
        neg_i = (1<<30 | frac<<7) >> (30-exp_value);
        while (neg_i<<pos_count==0)  pos_count--;
        return (~(neg_i>>(32-pos_count)) << (32-pos_count)) | (1<< (31-pos_count));
    }
}
```

第 5 章　指令集体系结构

5.1　教学目标和内容安排

主要教学目标： 使学生在理解高级语言程序与目标代码之间转换关系的基础上，对指令集体系结构（ISA）等概念有一定的了解，并理解 IA-32/x86-64 指令系统中规定的数据类型、寄存器组织、寻址方式、指令格式和各类常用指令功能，为后续章节的学习打下基础。

基本学习要求：

- 理解机器指令和汇编指令之间的关系。
- 了解一个指令集体系结构（ISA）所必须规定的内容。
- 了解从高级语言源程序转换为可执行文件的过程。
- 了解高级编程语言和汇编语言之间的关系。
- 理解汇编和反汇编之间的关系。
- 了解 IA-32 指令系统的数据类型及其格式。
- 了解 C 语言程序中基本数据类型与 IA-32 数据类型之间的关系。
- 了解 IA-32 中通用寄存器的个数、宽度和功能。
- 了解 IA-32 中的标志寄存器 EFLAGS 的功能、宽度和其中各标志信息的含义。
- 了解 IA-32 中的指令指针寄存器 EIP 的功能。
- 理解 IA-32 提供的各类寻址方式的含义和有效地址计算方式。
- 理解 IA-32 处理器的工作模式与寻址方式之间的关系。
- 了解 IA-32 实地址模式和保护模式各自的含义。
- 了解浮点处理架构 x87 FPU 的概要内容。
- 了解由 MMX 发展而来的 SSE 架构的概要内容。
- 了解 IA-32 中各类传送指令的功能，包括 MOV、PUSH/POP、LEA、IN/OUT、PUSHF/POPF 等。
- 了解 IA-32 中各类定点算术运算指令的功能，包括 ADD/SUB、INC/DEC、NEG、CMP、MUL/DIV、IMUL/IDIV 等。
- 了解 IA-32 中各类逻辑运算指令的功能，包括 NOT、AND、OR、XOR、TEST 等。
- 了解 IA-32 中各类移位指令的功能，包括 SHL/SHR、SAL/SAR、ROL/ROR、RCL/RCR 等。
- 了解 IA-32 中各类控制跳转指令的功能，包括 JMP、Jcc、SETcc、CMOVcc 等。
- 了解 IA-32 中调用和返回指令的功能，包括各类 CALL 和 RET 指令。
- 了解 IA-32 中各类中断指令的功能，包括 INT *n*、IRET/IRETD、INTO、SYSENTER/SYSEXIT 指令。

- 了解兼容 IA-32 的 64 位系统 x86-64 的概要内容，包括通用寄存器组织、基本指令类型等。

下一章主要介绍 C 语言程序中的函数调用以及各类语句对应的机器级代码表示，本书选用 IA-32/x86-64 指令架构下的机器级代码表示，因此，本章在介绍完高级语言程序到机器级代码的转换过程之后，概要性地介绍了 IA-32 指令系统，包括寄存器组织、寻址方式和指令格式等，对 IA-32 指令系统中常用的几类指令进行了简要介绍，包括传送指令、定点算术运算指令、按位运算指令、程序执行流控制指令和 x87 浮点运算指令等，还简要介绍了 MMX 及 SSE 指令集，并对兼容 IA-32 的 64 位指令集 x86-64 的基本特点和基本指令进行了简要介绍。

IA-32/x86-64 是复杂指令集计算机（CISC）的典型代表，涉及的内容较多且烦琐，而且都是指令系统手册中规定的内容，因此，如果课时有限，课堂上只要介绍一些概要性的内容，并通过一些例子让学生了解 IA-32/x86-64 的概要即可，对于细节内容，可以通过与主教材配套的《计算机系统导论实践教程》中第 2 章“程序调试初步和指令系统基础”中设计的相关实验和课后作业来进一步学习和了解。实际上，《计算机系统导论实践教程》中涉及的实验除了第 1 章是关于实验系统安装和工具软件的使用外，其他章节实验都是基于 IA-32/x86-64 指令系统的机器级代码（主要是汇编指令）进行的，因此，通过这些编程调试实验，学生们对 IA-32/x86-64 指令系统的理解会越来越深入。

5.2　主要内容提要

1. 程序转换概述

计算机硬件只能识别和理解机器语言程序，用各种汇编语言或高级语言编写的源程序都要翻译（汇编、解释或编译）成以机器指令形式表示的机器语言程序才能在计算机上执行。对于编译执行的程序来说，通常都是先将高级语言源程序通过编译器转换为汇编语言目标程序，然后将汇编语言源程序通过汇编程序转换为机器语言目标程序。机器语言就是由 0/1 组成的机器指令序列，因而机器语言与指令集体系结构（ISA）密切相关，本书主要以 IA-32 为模型机进行讲解。程序转换过程涉及编译、汇编、链接等一系列过程，此外，在转换过程中还可能需要进行程序调试，因而还需要有反汇编、跟踪调试等软件工具的支撑。

2. IA-32 指令系统概述

Intel 把 32 位 x86 架构的名称 x86-32 改称为 IA-32，全名为“ Intel Architecture, 32-bit”。高级语言中的表达式最终通过指令指定的运算来实现，表达式中出现的变量或常数就是指令中指定的操作数，因而高级语言所支持的数据类型与指令中指定的操作数类型之间有密切的关系。IA-32 提供了对应高级语言中各类变量或常数的数据类型，包括：8 位、16 位和 32 位无符号整数，8 位、16 位和 32 位带符号整数，以及 IEEE 754 单精度和双精度浮点数。IA-32 指令中的操作数有三类：立即数、寄存器操作数和存储器操作数。寄存器操作数存放在 8 个 8/16/32 位通用寄存器中，ESP 和 EBP 寄存器分别是栈指针寄存器和基址指针寄存器。指令指针寄存器 EIP 和标志寄存器 EFLAGS 是两个专用寄存器，前者用于存放将要执行的指令的地址，后者存放机器的状态和标志信息。IA-32 支持实地址模式和保护模式，在保护模式下，处理器采用段页式虚拟存储器管理方式，CPU首先通过分段方式得到线性地址LA，再通过分页方式实现从线性地址到物理地址的转换。保护模式下，存储器操作数的寻址方式有位移、基址、基址+位移、比例变址+位移、基址+变址+位移、基址+比例变址+位移等多种方式。

3. IA-32 常用指令类型

与大多数ISA一样，IA-32提供了数据传送指令、定点算术运算指令、逻辑运算指令、移位指令和程序流程控制指令等常用指令类型。传送指令用于寄存器、存储单元或I/O端口之间传送信息，分为通用数据传送指令、地址传送指令、标志传送指令和I/O信息传送指令等，除了部分标志传送指令外，其他指令均不影响标志位的状态。定点算术运算指令用于二进制数和无符号十进制数的各种算术运算。IA-32中的二进制定点数可以是8位、16位或32位整数，除了除法指令外的定点运算指令都会生成相应的标志信息。常用逻辑运算指令（包括TEST指令）中，仅NOT指令不影响条件标志位，其他指令执行后，OF=CF=0，而ZF和SF则根据运算结果来设置：若结果为全0，则ZF=1；若最高位为1，则SF=1。移位指令将寄存器或存储单元中的8位、16位或32位二进制数进行算术移位、逻辑移位或循环移位。在移位过程中，把CF看作扩展位，用它接收从操作数最左或最右移出的一个二进制位。只能移动1～31位，所移位数可以是立即数或存放在CL寄存器中的一个数值。IA-32提供了多种程序流程控制指令，包括无条件跳转指令、条件跳转指令、条件设置指令、调用/返回指令和中断指令等。这些指令中，除中断指令外，其他指令都不影响状态标志位，但有些指令的执行受状态标志的影响。与条件跳转指令和条件设置指令相似的还有条件传送指令。

4. x87 浮点处理指令和 MMX/SSE 指令

IA-32的浮点处理架构有两种。较早的一种是与x86配套的浮点协处理器x87架构，采用基于浮点寄存器栈的结构；另一种是由MMX发展而来的SSE指令集体系结构，采用的是单指令多数据（Single Instruction Multi Data，SIMD）技术，包括SSE、SSE2、SSE3、SSSE3、SSE4等。对于IA-32架构，GCC默认生成x87指令集代码，如果想要生成SSE指令集代码，则需要设置适当的编译选项。

5. 兼容 IA-32 的 64 位系统简介

对于编译器来说，对高级语言程序进行编译可以有两种选择，一种是按IA-32指令集将目标编译成IA-32代码，一种是按x86-64指令集将目标编译成x86-64代码。通常，在IA-32架构上运行的是32位操作系统，GCC默认生成IA-32代码；在x86-64架构上运行的是64位操作系统，GCC默认生成x86-64代码。Linux和GCC将前者称为“i386”平台，将后者称为“x86-64”平台。

与IA-32代码相比，x86-64具有比IA-32更多的通用寄存器个数；具有比IA-32更长的通用寄存器位数，从32位扩展到64位；字长从32位变为64位，因而逻辑地址从32位变为64位；对于long double型数据，虽然还是采用与IA-32相同的80位扩展精度格式，但是，所分配的存储空间大小从IA-32的12字节扩展为16字节；浮点操作采用基于SSE的面向XMM寄存器的指令集，而不采用基于浮点寄存器栈的指令集。

5.3　基本术语解释

反汇编程序（disassembler）

反汇编程序是一种语言转换程序，它的功能和汇编程序相反，它能把机器语言程序转换为汇编语言程序。

机器级代码（machine-level code）

机器语言程序和汇编语言程序与具体机器的指令集体系结构相关，因而将它们统称为机器级代码。

指令（instruction）

指令是指计算机硬件能够识别并直接执行的操作命令。用二进制序列表示，由操作码和操作数或操作数的地址码等字段组成。

指令系统（instruction set）

指令系统也称指令集，是计算机中所有指令的集合。

指令集体系结构（Instruction Set Architecture，ISA）

ISA 是计算机硬件与系统软件之间的接口，其核心部分是指令集，同时还包含对数据类型和数据格式、寄存器组织、I/O 空间的编址和数据传输方式、中断结构、计算机状态的定义和切换、存储保护等内容的规定。

指令字长（instruction length）

一条指令的二进制代码位数。有定长指令字格式和变长指令字格式两种不同的指令系统。

定长指令（fixed length instruction）

机器中所有指令的位数是相同的，目前定长指令字大多是 32 位指令字。

变长指令（variable length instruction）

机器中的指令有长有短，但每条指令的长度一般都是 8 的倍数。

操作码（operate code）

指令中用于指出操作性质的字段。一般分为定长操作码和扩展操作码。定长操作码是指机器中所有指令的操作码字段位数相同。扩展操作码是指机器中指令的操作码字段位数不是都相同，也称为不定长操作码。

地址码（address code）

指令中用于指出操作数地址的字段。一条指令中一般有多个地址码字段，地址码字段的个数与许多因素有关。一个地址码字段可能是一个立即数，可能是操作数所在的存储单元地址，可能是一个间接的存储单元地址的地址，可能是寄存器编号，可能是 I/O 端口号，也可能是一个形式地址。

大端序（big endian ordering）

操作数在内存存放时，指令中给出的地址是操作数最高有效字节（MSB）所在的地址。例如，假设一个 32 位数据“12345678H”的地址为 100，则 12H、34H、56H 和 78H 分别存放在第 100、第 101、第 102 和第 103 号单元中。IBM S/370、Motorola 680x0 等是大端序机器。

小端序（little endian ordering）

操作数在内存存放时，指令中给出的地址是操作数最低有效字节（LSB）所在的地址。例如，假设一个32位数据“12345678H”的地址为100，则78H、56H、34H和12H分别存放在第100、第101、第102和第103号单元中。Intel 80x86等是小端序机器。

字地址（word address）

每个内存单元都有一个地址，假定机器中一个字为32位，且按字节编址，那么字地址就是指具有4的倍数的那些地址，如0、4、8、12等地址，对应的还有半字地址（2的倍数，如0、2、4、6、…）、双字地址（8的倍数，如0、8、16、…）等。

边界对齐（boundary alignment）

有些机器在内存单元中存放操作数时，要求按照相应的地址边界进行对齐。例如，假定机器中一个字为32位，按字节编址，那么一个32位的数据（如一个float型变量或32位的int型变量等）就必须存放在字地址上，一个16位的数据（如short型整数等）就必须存放在半字地址上，而8位的数据（如char型数据）就可以存放在任何边界地址上而不需要对齐。

累加器（accumulator）

在中央处理器中，累加器（accumulator，简称ACC）是一种暂存器，用来存放计算所产生的中间结果。早期机器中没有通用寄存器组，只有一个累加器，这种情况下，如果没有像累加器这样的暂存器，那么在每次计算后就必须要把结果写回内存，可能还要再读回来。这样，就会增加访问内存的次数，从而降低程序运行的效率。利用累加器进行中间结果存储的一个典型例子就是把一组数字加起来。开始将累加器设定为零，每个数字依序被加到累加器中，当所有数字都被加入后，才将结果写回主存。

程序计数器（Program Counter，PC）

程序计数器又称指令计数器或指令指针（IP），是一个特殊的地址寄存器，专门用来存放下一条要执行指令的地址。因为它本身是一个寄存器，所以也称为指令指针寄存器或指令地址寄存器。程序通常是顺序执行的，程序的指令序列在内存中一般也是按连续地址存放的。在开始运行程序之前，总是将第一条指令的地址放入PC；每取出一条指令并执行后，控制器就使PC的内容自动增量（加上当前指令的长度），指明下一条要执行的指令所存放的存储单元地址，从而控制指令的顺序执行；在遇到需要改变程序执行顺序的情况时，一般由跳转类指令将跳转目标地址送入程序计数器，即可实现程序的跳转执行。

指令寄存器（Instruction Register，IR）

指令寄存器用来保存当前正在执行的一条指令。当执行一条指令时，先从存储器中取出指令，然后送至指令寄存器。指令寄存器中的操作码部分被送到指令译码器（Instruction Decoder，ID），经ID译码识别这条指令的功能后，送出具体的操作控制信号。

程序状态字（Program Status Word，PSW）

PSW表示程序运行状态的一个二进制位序列。一般包含一些反映指令执行结果的标志信息（如进位标志、溢出标志、符号标志等）和设定的一些状态信息（如中断允许/禁止状态、管理程序/用户程序状态等）。

程序状态字寄存器（Program Status Word Register，PSWR）

PSWR是用来存放程序状态字的寄存器。

标志寄存器（flags register）

80x86体系结构中用来表示程序状态和标志的寄存器，如FLAGS、EFLAGS。

栈（stack）

栈是一块特殊的存储区，采用“先进后出”的方式进行访问。主要用来在程序切换（如过程调用）时保存各种信息。栈底固定不动，栈顶浮动，用一个专门的寄存器 SP 作为栈顶指针。从生长的方向来分，栈包括自顶向下和自底向上两种。

栈指针（Stack Pointer，SP）

栈指针是一个特殊的地址寄存器，用来存放栈的栈顶指针。栈顶指针是栈顶所指向的存储单元的地址。

双目运算（two-operand operate）

双目运算是指需要两个操作数才能进行的运算，加、减、乘、除、与、或等运算都是双目运算。

单目运算（one-operand operate）

单目运算是指只需要一个操作数就能进行的运算，如取负、取反等运算都是单目运算。

寻址方式（addressing mode）

在程序执行过程中，需要取指令和操作数，确定指令和操作数的存放位置的方式称为寻址方式。确定指令存放位置的过程称为指令寻址，确定操作数存放位置的过程称为数据寻址。

有效地址（Effective Address，EA）

有效地址是指存储器操作数所在存储单元的地址。若不采用虚拟存储机制，则有效地址是主存地址；若采用虚拟存储机制，则有效地址是虚拟地址。

立即寻址（immediate addressing）

指令中的地址码直接给出的是操作数本身，称为立即寻址。

直接寻址（direct addressing）

指令中的地址码给出的是操作数所在的存储单元地址，称为直接寻址。

间接寻址（indirect addressing）

指令中的地址码给出的是操作数所在的存储单元地址所在的存储单元地址，称为间接寻址。

寄存器寻址（register addressing）

指令中的地址码给出的是操作数所在的寄存器的编号。

寄存器间接寻址（register indirect addressing）

指令中的地址码给出的是操作数所在的存储单元的地址所存放的寄存器的编号。

偏移寻址（displacement addressing）

指令通过某种方式给出一个形式地址和一个基地址（往往在某个寄存器中），经过相应的计算（基地址加形式地址）得到操作数所在的存储单元地址。具体的偏移寻址方式有：变址寻址、相对寻址和基址寻址。

变址寄存器（index register）

变址寄存器是一个特殊的地址寄存器，用来存放变址寻址方式下的变址值，通常是数组元素的下标值等。

变址寻址（indexing addressing）

在变址寻址方式下，指令中的地址码给出一个形式地址，并且隐含或明显地指定一个寄存器作为变址寄存器，变址寄存器的内容（变址值）和形式地址相加，得到操作数的有效地址，根据有效地址到存储器中访问，去取操作数或写运算结果。

比例变址（scale-indexing）

比例变址是IA-32中的一种变址寻址方式，在比例变址方式下，变址值通过变址寄存器的内容与一个比例因子相乘得到，通常用于数组元素的访问，此时，变址寄存器中存放的是数组元素的下标，比例因子为数组元素的大小，例如，对于short型数组，每个数组元素为16位，即两个字节，因此比例因子为2。

相对寻址（relative addressing）

在相对寻址方式下，指令中的形式地址给出一个位移量D，而基准地址由程序计数器PC提供，即有效地址EA=(PC)+D。位移量可正可负，也就是说，要找的可以在当前指令前D个单元处的信息，也可以是当前指令后D个单元处的信息。

基址寻址（base addressing）

在基址寻址方式下，指令中的地址码给出一个形式地址作为位移量，并且隐含或明显地指定一个寄存器作为基址寄存器，基址寄存器的内容和形式地址相加，得到操作数的有效地址，根据有效地址到存储器中访问，去取操作数或写运算结果。

基址寄存器（base register）

基址寄存器是一个特殊的地址寄存器，用来存放基址寻址方式下的基准地址，该地址通常是一个用户程序的首地址或一块存储区的首地址。

栈寻址（stack addressing）

在栈寻址方式下，操作数被指定在栈中。栈寻址总是从栈顶取操作数，运算后的结果自动放到栈顶。栈顶的位置由一个专门的栈指针SP来指示。因此，通常指令中无须给出栈中操作数的地址。与栈有关的操作有入栈（PUSH）、出栈（POP）和运算类操作。

通用寄存器（General Purpose Register，GPR）

一般把用户可访问寄存器称为通用寄存器。这些寄存器都有一个编号，在指令中用编号标识寄存器。执行指令时，指令中的寄存器编号被送到一个地址译码器进行译码，然后才能选中某个寄存器进行读写。通用寄存器可以用来存放操作数或运算结果，或作为地址指针寄存器、变址寄存器、基址寄存器等。有的指令集体系结构也把PC作为一个通用寄存器使用。

R-R型指令（Register-Register type instruction）

R-R型指令是指两个操作数都在寄存器中的指令。

R-S型指令（Register-Storage type instruction）

R-S型指令是指一个操作数在寄存器中而另一个操作数在主存单元中的指令。

S-S型指令（Storage-Storage type instruction）

S-S型指令是指两个操作数都在主存单元中的指令。

数据传送指令（data transfer instruction）

数据传送指令是指将数据在寄存器和寄存器之间、存储单元和寄存器之间进行传送的指令。

取数指令（load instruction）

取数指令是指将数据从存储单元取到通用寄存器的指令。

存数指令（store instruction）

存数指令是指将数据从通用寄存器保存到存储单元的指令。

条件跳转指令（conditional jump instruction，branch instruction）

条件跳转指令是一种分支指令，也称为条件分支指令。条件跳转指令将根据前面指令或当前指令执行的结果来确定跳转到跳转目标地址处执行还是顺序执行。

无条件跳转指令（unconditional jump instruction）

无条件跳转指令是一种直接跳转指令，当执行完当前的跳转指令后，将无条件地跳转到跳转目标地址处执行。

相对跳转指令（relative jump instruction）

相对跳转指令的跳转目标地址通过 PC 值加上一个位移量形成，因此，跳转的目的地址和当前指令的位置有关。

绝对跳转指令（absolute jump instruction）

绝对跳转指令的跳转目标地址由指令指定的一个绝对地址确定，而与当前指令的位置没有关系。

复杂指令集计算机（Complex Instruction Set Computer，CISC）

早期的计算机为了增加功能和更好地支持高级语言而不断地增加新的指令类型，使 CPU 可以直接实现复杂的指令操作。这种指令系统中的指令功能复杂，寻址方式多，指令长度可变，指令格式多样。因而采用这种指令系统的计算机被称为复杂指令集计算机。

精简指令集计算机（Reduced Instruction Set Computer，RISC）

这种计算机采用简化的指令系统，指令集中只包含程序中常用的指令，只有 load 和 store 指令才能访存，运算类指令只能是 R-R 型，提供大量通用寄存器以减少访存次数，采用流水线方式执行指令，控制器用硬连阵列逻辑实现，并采用优化的编译技术。

5.4　常见问题解答

1. 一台计算机中的所有指令都是一样长吗？

答：不一定。计算机中的指令有定长指令字和不定长指令字两种指令格式。定长指令字格式机器中所有指令都一样长，称为规整型指令，目前定长指令字大多是 32 位指令字。不定长指令字格式机器的指令有长有短，但每条指令的长度一般都是 8 的倍数。所以，一个指令字在存储器中存放时，可能占用多个存储单元；从存储器读出并通过总线传输指令时，可能分多次进行，也可能一次读多条指令。IA-32 是一种典型的不定长指令字指令系统。

2. 每一条指令中都包含操作码吗？

答：是的。每一条指令都必须告诉 CPU 该指令做什么操作，因此必须指定操作码。

3. 每条指令中的地址码个数都一样吗？

答：不一定，有的指令中没有地址码，有的指令中包含一个地址码，有的指令中则包含两个或三个地址码。地址码个数不一样主要有以下三个原因。

- 每条指令操作数的个数可能不同。有的指令是双目运算指令，涉及两个源操作数和一个目的操作数，有的指令是单目运算，只涉及一个源操作数和目的操作数，还有的指令只是控制操作，不涉及操作数，如停机、复位、空操作等指令，因此每条指令涉及的操作数个数不同。
- 每个操作数的寻址方式可能不同。不同的寻址方式给出的地址码个数也不同。
- 地址码的缺省方式可能不同。有的操作数或地址码用的是隐含指定方式，在指令中缺省，不明显给出，如累加器、栈顶等。

综上所述，每条指令的地址码个数可能相差较大。

4. 一条指令中的所有操作数都采用相同的寻址方式吗？

答：不一定。规整型指令集中，一般一条指令只包含一种寻址方式，这样，在指令操作码中就隐含了寻址方式，不需要专门的寻址方式字段。但是，对于不规整型指令集，一条指令中的若干操作数可能存放在不同的地方，因而每个操作数可能有各自的寻址方式。

5. 指令中要明显给出下一条指令的地址吗？

答：不需要。指令在主存中按执行顺序连续存放。大多数情况下指令被顺序执行，只有遇到跳转指令（如无条件跳转、条件分支、调用和返回等指令）才改变指令执行的顺序。因此，可以用一个专门的计数寄存器来存放下一条要执行的指令地址，而不需要在指令中专门给出下一条指令的地址。这个计数器称为程序计数器（PC）或指令指针（IP）。

当指令顺序执行时，CPU 直接通过对 PC 加“1”来使 PC 指向下一条顺序执行的指令，这里的“1”是指一条指令的长度，即当前指令所占的存储单元数；当执行到跳转指令时，根据指令执行的结果进行相应的地址运算，把运算得到的跳转目标地址送到 PC 中，使执行的下一条指令为跳转到的目标指令。

6. 一个操作数在内存中可能占多个单元，怎样在指令中给出操作数的地址呢？

答：现代计算机大多采用按字节编址方式，即一个存储单元只能存放一个字节的信息。一个操作数（如 char 型、int 型、float 型、double 型）可能有 8 位、16 位、32 位或 64 位，因此，可能占用 1 个、2 个、4 个或 8 个存储单元，即一个操作数可能有多个存储地址对应。那么在指令中给出哪个地址呢？

有两种不同的地址指定方式：大端方式和小端方式。大端方式下，指令中给出的地址是操作数最高有效字节（MSB）所在地址；小端方式下，指令中给出的地址是操作数最低有效字节（LSB）所在地址。

7. 地址码位数与地址空间大小和编址单位的关系是什么？

答：指令中的地址码如果是存储单元地址，那么，地址码的位数与地址空间大小和编址单位的长度有关。编址单位的长度就是存储单元的宽度，也就是最小的寻址单位。存储器可以按字节（8 位）编址，也可以按字（如 16 位、32 位等）编址。地址空间大小和编址单位确定后，地址码的位数就被确定了。例如，若地址空间大小为 4GB，编址单位是字节，则存储单元地址就是 32 位（因为 $4GB=2^{32}B$）；若按字（假定一个字为 32 位）

编址，则存储单元地址就是 30 位（因为 4GB=2^{32}B=$2^{30}\times$4B）。

8. 累加器型指令有什么特点？

答：累加器型指令的一个源操作数和目的操作数总是在累加器中，是隐含指定的，因此指令中无须给出累加器的编号。累加器型指令的指令字相对来说较短，但由于每次运算结果都只能存放在累加器中，可能会增加一些将累加器数据存入存储单元的指令，而使程序所含指令数增加。

9. 栈型指令有什么特点？

答：与栈有关的操作有入栈（PUSH）、出栈（POP）和运算类操作。运算类指令分为单目运算指令和双目运算指令，总是从栈顶取操作数，运算后的结果被自动放到栈顶，因而指令中无须给出操作数地址。通常，栈型指令的指令字较短，但因为操作数都只能在栈顶或次栈顶，所以，完成同一个程序的操作步骤会增加，使得程序所含指令数增加。

10. 通用寄存器型指令有什么特点？

答：通用寄存器型指令是相对于累加器型指令和栈型指令而言的，指令中的操作数和运算的结果既不是隐含在累加器中，也不是隐含在栈中，而是在 CPU 中提供的通用寄存器中。因为通用寄存器有多个，所以，指令中必须明显地指出操作数和结果在哪个寄存器或哪个存储单元中，即指令中要给出寄存器编号或存储单元地址。目前大多数指令系统采用通用寄存器型指令风格。

11. 装入 / 存储型指令有什么特点？

答：装入 / 存储型指令是用在规整型指令系统中的一种通用寄存器型指令风格。为了规整指令格式，使指令具有相同的长度，规定只有装入（Load）指令和存储（Store）指令才能访存，而运算类指令不能直接访存，只能从通用寄存器取数进行运算，运算的结果也只能送到通用寄存器。因为通用寄存器编号较短，而存储单元地址位数较长，通过某种方式可以使运算指令和访存指令的长度一致。

这种装入 / 存储型风格的指令系统最大的特点是指令格式规整，指令长度一致，一般为 32 位。由于只有装入 / 存储型指令才能访问内存，程序中可能会包含许多装入指令和存储指令，而且与一般的通用寄存器型指令风格相比，其程序中包含的指令数会更多。

12. 指令寻址方式和数据寻址方式有什么不同？

答：在程序执行过程中，需要从存储器中读取指令和操作数，确定指令在存储器中存放位置的过程称为指令寻址，确定操作数在存储器中存放位置的过程称为数据寻址。指令寻址方式和数据寻址方式的复杂度是不一样的。

- 指令寻址方式：指令基本上按执行顺序存放在存储器中，执行过程中，指令总是从存储单元被取到指令寄存器 IR 中。顺序执行时，用指令计数器 PC+“1”来得到下一条指令的地址；跳转执行时，通过跳转指令的寻址方式，计算出跳转目标地址，然后送到 PC 中即可。跳转目标地址的形成主要有三种方式：立即寻址（直接地址）、相对寻址（相对地址）和间接寻址（间接地址）。

- 数据寻址方式：开始时，数据被存放在存储器中，在指令执行过程中，存储器中的数据可能被装入CPU的通用寄存器中，通用寄存器中的数据可能被存储到存储器中或者特定的栈区；还有的操作数可能是I/O端口中的内容，或本身就包含在指令中（即立即数）。另外，运行的结果也可能被送到CPU的通用寄存器、栈、I/O端口或存储单元中，因此，数据的寻址涉及对通用寄存器、存储单元、栈、I/O端口、立即数等的访问。此外，操作数可能是某数组中的一个元素，或者是结构（struct）或联合（union）类型数据结构中的成员分量。综上所述，数据的寻址比指令的寻址要复杂得多。

13. 如何指定指令的寻址方式？

答：CPU根据指令约定的寻址方式对地址码的有关信息进行解释，以找到下一条要执行的指令或指令所处理的操作数。有的指令系统规定在指令中设置专门的寻址方式字段，显式说明采用何种寻址方式，有的指令系统则通过指令操作码来隐含表示其寻址方式。

规整型指令系统一般在一条指令中只包含一种寻址方式，这样，就可以在指令操作码中隐含寻址方式，无须专门设置寻址方式字段。对于不规整型指令系统，一条指令中的若干操作数可能存放在不同的地方，因而每个操作数可能有各自的寻址方式字段。

14. 指令的操作数可能存放在机器的哪些地方？

答：指令的操作数可能存放在内存单元、通用寄存器、栈和I/O端口中，或者直接存在于指令本身中。

- 操作数在存储单元中。指令必须以某种方式给出存储单元的地址。又可分为以下几种情况：对单个独立的操作数进行处理，对一个数组中的若干个连续元素或一个数组元素进行处理，对一个表格或表格中的某个元素进行处理等。这些不同情况需要提供不同的寻址方式进行操作数的访问。
- 操作数在通用寄存器中。指令中只要直接给出通用寄存器的编号即可。
- 操作数在栈区。若有专门的栈指令，则指令中无须给出操作数的地址，数据的地址隐含地由栈指针给出。
- 操作数在I/O端口中。当某个I/O接口中的寄存器内容要和CPU中的通用寄存器内容交换时，需要用到I/O指令，在I/O传送指令中，需提供I/O端口号。
- 操作数是指令中的立即数。这种情况下，操作数是指令的一部分，可以直接从指令中的立即数字段获取操作数。

15. 有哪些常用的数据寻址方式？

答：数据寻址方式可以归为以下几类。

- 立即寻址类。指令中的立即数字段可以作为操作数，也可以作为直接跳转的目标地址。通常立即数字段的位数小于操作数或地址的位数，在对立即数进行运算前需要先要对其进行位扩展。
- 直接寻址类。指令中直接给出操作数所在的通用寄存器编号、I/O端口号或存储单元地址。如直接寻址方式、寄存器寻址方式等。

- 间接寻址类。操作数在存储单元中，而操作数的地址存放在通用寄存器或另一个存储单元中，指令中给出操作数地址所在的通用寄存器编号或存储单元地址。如间接寻址方式、寄存器间接寻址方式。
- 偏移寻址类。指令通过某种方式给出一个形式地址和一个基地址（在某个寄存器中），经过相应的计算（基地址加形式地址）得到操作数所在的存储单元地址。有变址、相对和基址三种偏移寻址方式。

16. 直接寻址的操作数要进行几次存储访问?

答：一次。只要根据指令中给出的直接地址进行一次存储访问，取出来的就是操作数。

17. 间接寻址的操作数要进行几次存储访问?

答：至少两次。先根据指令中给出的间接地址进行一次存储访问，取出来的是操作数所在的存储单元地址；再根据操作数所在的存储单元地址访存一次，取出来的才是操作数。所以，一共有两次存储访问。如果是多级间接地址，则要多次存储访问。

18. 寄存器寻址的操作数要进行几次存储访问?

答：不需要存储访问。从指定的通用寄存器中取出的就是操作数。

19. 寄存器间接寻址的操作数要进行几次存储访问?

答：一次。先从指令给出的通用寄存器中取出操作数所在的存储单元地址，再根据操作数所在的存储单元地址存储访问一次，得到的就是操作数。

20. 什么是变址寻址方式?

答：变址寻址方式下，指令中的地址码给出一个形式地址，并且隐含或明显地指定一个寄存器作为变址寄存器，变址寄存器的内容（变址值）和形式地址相加得到操作数的有效地址，根据有效地址到内存访问，去取操作数或写运算结果。

变址寻址方式的应用很广泛，常用于对数组元素的访问。指令将数组的首地址指定为形式地址，变址寄存器的内容是数组元素的下标，随着下标的变化，可以访问数组中不同的元素。因此，变址寄存器的内容是变化的，反映的是所访问的数据到数组首地址之间的距离，称为变址值。这种应用场合下，形式地址的位数较长，而变址值位数较少。变址寻址方式的指令一般包含在一个循环体内。每次进入循环时，变址值都增或减一个定长值，这个定长值等于数组元素的长度，例如，数组元素为 int 型，则数组元素长度为 32 位（4 字节），因此，这个定长值为 4。

21. 什么是基址寻址方式?

答：基址寻址方式下，指令中的地址码给出一个形式地址作为位移量，并且隐含或明显地指定一个寄存器作为基址寄存器，基址寄存器的内容和形式地址相加，得到操作数的有效地址，根据有效地址到内存访问，去取操作数或写运算结果。

基址寻址有两个典型应用。一个应用是程序重定位，在多道程序运行的系统中，每个用户程序在一个逻辑地址空间里编写程序。装入运行时，由操作系统给用户程序分配主存空间，每个用户程序有一个基地址，存放在基址寄存器中，在程序执行时，通过基址寄存器的值加上指令中的形式地址就可以形成实际的主存单元地址。另一个应用是扩展有限长度指令的寻址空间，即在运行时将某个存储区的首地址或程序段的首地址装入基址寄存器，而形式地址给出要访问的单元相对于该首地址的距离（即偏移量），因此指令中要用较短的地址码来表示偏移量。访问操作数时，用基址寄存器的值和偏移量相加得到操作数所在的存储单元地址。只要将基址寄存器中的内容更改到另外的一个存储地址，则操作数的地址空间就移到另一个存储区间。因而可以访问到整个地址空间，以实现短地址访问大空间的目的。

22. 变址寻址方式和基址寻址方式的区别是什么？

答：变址寻址方式和基址寻址方式的有效地址形成过程类似。但是，基址寻址方式与变址寻址方式在以下两个方面不同。①具体应用的场合不同。变址寻址面向用户，可用于访问字符串、数组、表格等成批数据或其中的某些元素。基址寻址面向系统，用于解决程序的重定位问题和短地址访问大空间的问题。②使用方式不同。变址寻址时，指令中提供的形式地址是一个基准地址，位移量由变址寄存器给出；基址寻址时，指令中给出的形式地址为位移量，而基址寄存器中存放的是基准地址。不过，这里所讲的使用方式并不是绝对的，实际中可能会有不同的应用场合和使用方式。

23. 什么是相对寻址方式？

答：相对寻址方式的有效地址形成方法如下：指令中的形式地址给出一个位移量 D，而基准地址由程序计数器（PC）提供，即有效地址为 EA=(PC)+D。位移量给出的是相对于当前指令所在存储单元的距离，位移量可正、可负。也就是说，要找的可以是在当前指令前 D 个单元处的信息，也可以是当前指令后 D 个单元处的信息。

24. 相对寻址方式用在哪些场合？

答：相对寻址方式用在以下两种场合。

- 公共子程序的浮动。公共子程序可能被许多用户程序调用，因而会随着用户程序被装入内存不同的地方运行。为了让公共子程序能在不同的内存区正确运行，一般在其内部采用相对寻址方式，以保证指令的操作数总在相对于指令距离一定的单元内。这样，不管子程序浮动到哪里，指令和数据的相对位置不变。例如，现行指令的地址为 2000H，指令中给出的形式地址为 05H，说明操作数在当前指令后面第 05H 个单元处，即 2005H 处。当程序向后浮动了 1000H，使当前指令的地址为 3000H 时，此时公共子程序中的指令、数据以及相对位置都不变，指令中给出的相对地址还是 05H，操作数还是应该在当前指令后面的第 05H 个单元处，所以应该在 3005H 处，因此，指令取到的还是同一个数据。
- 跳转目标地址的寻址。当需要跳转到当前指令的前面或后面第 n 条指令执行时，可以用相对寻址方式。此时，得到的跳转地址是一个相对地址。例如，调用指令中的目标指令地址多采用相对寻址方式。

25. 相对寻址方式中如何确定相对位置？

答：相对寻址方式中，相对位置的确定比较复杂，必须注意以下两个方面的问题。

- 位移量的问题。位移量位数有限，在进行有效地址计算时需要扩展。一般位移量用补码表示，所以应采用补码扩展填充方式（即符号扩展方式）。
- 基准地址问题。相对寻址的基本思路是把相对于当前指令前面或者后面第 n 个单元作为操作数或跳转目标指令的地址。但在具体实现时，不同机器对“当前指令”的含义有不同的理解。有的机器在计算相对地址时，PC 中存放的还是当前正在执行的指令的地址，但有的机器 PC 加“1”的操作在取指令的同时完成，所以在计算相对地址时，PC 中已经是下一条指令的地址。因此，不同的机器在计算相对地址时可能有细微的差别。

26. 栈寻址方式中如何对栈进行操作？

答：栈是一块特殊的存储区。采用“先进后出”的方式进行访问。栈底固定不动，栈顶浮动，用一个专门的寄存器 SP 作为栈顶指针。从栈生长的方向来分，可以有自顶向下和自底向上两种栈结构，它们在入栈、出栈时对栈指针的修改方式不同。若栈中每个元素只占一个内存单元，则修改指针时，通过 +1 或 −1 实现；若占多个内存单元，则应该加上或减去相应的存储单元数。

假定栈指针指向的总是栈顶处的非空元素，则应该按以下方式修改栈指针。对于自底向上生成的栈，入栈时先修改栈指针，即 $(SP)+1 \rightarrow SP$，然后再压入数据；出栈时先将数据弹出，然后再修改栈指针，即 $(SP)-1 \rightarrow SP$。对于自顶向下生成的栈，入栈时先修改栈指针，即 $(SP)-1 \rightarrow SP$，然后再压入数据；出栈时先将数据弹出，然后再修改栈指针，即 $(SP)+1 \rightarrow SP$。

假定栈指针指向的总是栈顶处的空元素，则应该按以下方式修改栈指针。对于自底向上生成的栈，入栈时先压入数据，然后再修改栈指针，即 $(SP)+1 \rightarrow SP$；出栈时先修改栈指针，即 $(SP)-1 \rightarrow SP$，然后再将数据弹出。对于自顶向下生成的栈，进栈时先压入数据，然后再修改栈指针，即 $(SP)-1 \rightarrow SP$；出栈时先修改栈指针，即 $(SP)+1 \rightarrow SP$，然后再将数据弹出。

注意：上文中“+1”或“−1”并不是指加 / 减一个绝对值 1，而是加 / 减一个数据所占的存储单元数。例如，IA-32 采用自顶向下方式生成栈，而且栈指针指向的总是栈顶处的非空元素，因此，栈指针 ESP 按照以下方式进行修改：每次将一个 32 位通用寄存器内容入栈（PUSH 指令），则 $(ESP)-4 \rightarrow ESP$；每次将栈顶的 32 位数据出栈装入 32 位通用寄存器中（POP 指令），则 $(ESP)+4 \rightarrow ESP$。

27. 返回指令要不要有地址字段？

答：不一定。子程序（过程）的最后一条指令一定是返回指令。一般返回地址保存在栈中，所以返回指令中不需要明显给出返回地址，直接从栈顶取地址作为返回地址。如果有些指令系统不采用栈保存返回地址，而是存放到其他不确定的地方，则返回指令中必须有一个地址码，用来指出返回地址或指出返回地址的存放位置。

28. 跳转指令和转子（调用）指令的区别是什么？

答：跳转指令有无条件跳转指令和条件跳转指令（也叫分支指令）。这种跳转指令用于改变程序执行的顺序，跳转后不再返回跳转前的位置执行，因此无须保存返回地址。

而转子指令是一种子程序（过程）调用指令，子程序（过程）执行结束时，必须返回到转子指令后面的指令执行。因此，执行转子指令时，除了和跳转指令一样要计算跳转目标地址外，还要保存返回地址。一般将转子指令后面那条指令的地址作为返回地址保存到栈中或特定寄存器中。

5.5 单项选择题

1. 以下有关指令的叙述中，错误的是（　　）。
   A. 机器指令是用二进制表示的一个 0/1 序列，CPU 能直接执行
   B. 汇编指令是机器指令的符号表示形式，CPU 能理解并直接执行
   C. 伪指令是由若干条机器指令构成的一个指令序列，属于软件范畴
   D. 微指令是一条机器指令所包含的控制信号的组合，CPU 能直接执行
2. 一条机器指令通常由多个字段构成。以下选项中，（　　）不显式地包含在机器指令中。
   A. 操作码　　B. 寻址方式　　C. 下一条指令地址　　D. 寄存器编号
3. 对于运算类指令或传送类指令，通常需要在指令中指出操作数或操作数所在的位置。通常，指令中指出的操作数不可能出现在（　　）中。
   A. 指令　　B. 通用寄存器　　C. 存储单元　　D. 程序计数器
4. 指令集体系结构（ISA）是计算机系统中必不可少的一个抽象层，它是对硬件的抽象，软件通过它所规定的指令系统规范来使用硬件。以下有关 ISA 的叙述中，错误的是（　　）。
   A. ISA 规定了所有指令的集合，包括指令格式和操作类型
   B. ISA 规定了执行每条指令时所包含的控制信号
   C. ISA 规定了指令获取操作数的方式，即寻址方式
   D. ISA 规定了指令的操作数类型、寄存器结构、存储空间大小、编址方式和大端 / 小端方式
5. 以下选项中，不属于指令集体系结构名称的是（　　）。
   A. UNIX　　B. IA-32　　C. ARM　　D. MIPS
6. 以下 Intel 微处理器中，不兼容 IA-32 指令集体系结构的是（　　）。
   A. 80386 和 80486　　B. Pentium（Ⅱ、Ⅲ、4）
   C. Core（i3、i5、i7）　　D. Itanium 和 Itanium 2
7. 以下关于 IA-32 指令格式的叙述中，错误的是（　　）。
   A. 采用变长指令字格式，指令长度从一字节到十几字节不等
   B. 采用变长操作码，操作码位数可能是五位到十几位不等
   C. 指令中指出的位移量和立即数的长度可以是 0、1、2 或 4 字节
   D. 指令中给出的操作数所在的通用寄存器的宽度总是 32 位
8. 以下关于 IA-32 指令寻址方式的叙述中，错误的是（　　）。
   A. 操作数可以是指令中的立即数、通用寄存器或存储单元中的内容
   B. 对于寄存器操作数，必须在指令中给出通用寄存器的 3 位编号
   C. 存储器操作数中最复杂的寻址方式是“基址加比例变址加位移”
   D. 相对寻址的目标地址为（PC）+ 位移，PC 中的内容为正在执行指令的地址

9. 以下关于 IA-32 整数运算指令所支持操作数的叙述中，错误的是（　　）。
   A. 对于加减运算指令，操作数不区分是无符号整数还是带符号整数
   B. 对于乘除运算指令，操作数一定区分是无符号整数还是带符号整数
   C. 除乘法指令外，其他运算指令的源操作数和目的操作数的位数相等
   D. 参加运算的操作数可以是一字节（8b）、一个字（16b）或双字（32b）
10. 以下关于 IA-32 的定点寄存器组织的叙述中，错误的是（　　）。
   A. 每个通用寄存器都可作为 32 位、16 位或 8 位寄存器使用
   B. 寄存器 EAX/AX/AL 称为累加器，ECX/CX/CL 称为计数寄存器
   C. 寄存器 ESP/SP 称为栈指针寄存器，EBP/BP 称为基址指针寄存器
   D.EIP/IP 为指令指针寄存器，即 PC；EFLAGS/FLAGS 为标志寄存器
11. 某 C 语言程序中对数组变量 b 的声明为“int b[10][5];”，有一条 for 语句如下：

```
for (i=0; i<10, i++)
    for (j=0; j<5; j++)
        sum+= b[i][j];
```

   假设执行到“sum+= b[i][j];”时，sum 的值在 EAX 中，b[i][0] 所在的地址在 EDX 中，j 在 ESI 中，则“sum+= b[i][j];”所对应的指令（AT&T 格式）可以是（　　）。
   A. addl 0(%edx, %esi, 4), %eax　　B. addl 0(%esi, %edx, 4), %eax
   C. addl 0(%edx, %esi, 2), %eax　　D. addl 0(%esi, %edx, 2), %eax
12. IA-32 中指令“pushl %ebp”的功能是（　　）。
   A. R[esp] ← R[esp]−4，M[R[esp]] ← R[ebp]
   B. R[esp] ← R[esp]+4，M[R[esp]] ← R[ebp]
   C. M[R[esp]] ← R[ebp]，R[esp] ← R[esp]−4
   D. M[R[esp]] ← R[ebp]，R[esp] ← R[esp]+4
13. IA-32 中指令“popl %ebp”的功能是（　　）。
   A. R[esp] ← R[esp]−4，R[ebp] ← M[R[esp]]
   B. R[esp] ← R[esp]+4，R[ebp] ← M[R[esp]]
   C. R[ebp] ← M[R[esp]]，R[esp] ← R[esp]−4
   D. R[ebp] ← M[R[esp]]，R[esp] ← R[esp]+4
14. IA-32 中指令“movl 8(%ebp), %edx”的功能是（　　）。
   A. M[R[ebp]+8] ← R[edx]　　B. R[edx] ← M[R[ebp]+8]
   C. R[ebp]+8 ← R[edx]　　D. R[edx] ← R[ebp]+8
15. IA-32 中指令“movl 8(%edx, %esi, 4), %edx”的功能是（　　）。
   A. M[R[edx]+R[esi]*4+8] ← R[edx]
   B. M[R[esi]+R[edx]*4+8] ← R[edx]
   C. R[edx] ← M[R[edx]+R[esi]*4+8]
   D. R[edx] ← M[R[esi]+R[edx]*4+8]
16. IA-32 中指令“leal 8(%edx, %esi, 4), %edx”的功能是（　　）。
   A. R[edx]+R[esi]*4+8 ← R[edx]　　B. R[esi]+R[edx]*4+8 ← R[edx]
   C. R[edx] ← R[edx]+R[esi]*4+8　　D. R[edx] ← R[esi]+R[edx]*4+8

17. 设 SignExt[x] 表示对 x 符号扩展，ZeroExt[x] 表示对 x 零扩展。IA-32 中指令 “movswl %cx, -20(%ebp)” 的功能是（　　）。

A. M[R[ebp]-20] ← SignExt[R[cx]]　　B. R[cx] ← SignExt [M[R[ebp]-20]]

C. M[R[ebp]-20] ← ZeroExt[R[cx]]　　D. R[cx] ← ZeroExt [M[R[ebp]-20]]

18. 假设 R[ax]=FFE8H，R[bx]=7FE6H，执行指令 “addw %bx, %ax” 后，寄存器的内容和各标志的变化为（　　）。

A. R[ax]=7FCEH，OF=1，SF=0，CF=0，ZF=0

B. R[bx]=7FCEH，OF=1，SF=0，CF=0，ZF=0

C. R[ax]=7FCEH，OF=0，SF=0，CF=1，ZF=0

D. R[bx]=7FCEH，OF=0，SF=0，CF=1，ZF=0

19. 假设 R[ax]=FFE8H，R[bx]=7FE6H，执行指令 “subw %bx, %ax” 后，寄存器的内容和各标志的变化为（　　）。

A. R[ax]=8002H，OF=0，SF=1，CF=0，ZF=0

B. R[bx]=8002H，OF=0，SF=1，CF=0，ZF=0

C. R[ax]=8002H，OF=1，SF=1，CF=0，ZF=0

D. R[bx]=8002H，OF=1，SF=1，CF=0，ZF=0

20. 假设 R[eax]=0000 01B6H，R[ebx]=00FF 0110H，执行指令 “mulw %bx” 后，寄存器内容变化为（　　）。

A. R[eax]=0000 B600H，R[dx]=0001H

B. R[eax]=0000 D160H，R[dx]=0001H

C. R[eax]=0000 D160H，R[bx]=0001H

D. R[eax]=0001 D160H，其余不变

21. 假设 R[eax]=0000 B160H，R[ebx]=00FF 0110H，执行指令 “imulw %bx” 后，寄存器内容变化为（　　）。

A. R[eax]=0000 7600H，R[dx]=00BCH

B. R[eax]=0000 7600H，R[dx]=FFACH

C. R[eax]=FFAC 7600H，其余不变

D. R[eax]=00BC 7600，其余不变

22. 假设 R[eax]=0804 80B4H，R[ebx]=0000 0011H，M[0804 80F8H]=0000 00B0H，执行指令 “imull $-16, (%eax,%ebx,4), %eax” 后，寄存器内容和存储单元内容的变化为（　　）。

A. R[eax]=0000 0B00H　　B. M[0804 80F8H]=0000 0B00H

C. R[eax]=FFFF F500H　　D. M[0804 80F8H]=FFFF F500H

23. 假设 R[eax]=FF00 0008H，R[ecx]=0000 1000H，执行指令 “testl %eax, %ecx” 后，寄存器内容和标志的变化为（　　）。

A. R[ecx]=0000 0000H，OF=CF=SF=0，ZF=1

B. R[eax]=0000 0000H，OF=CF=SF=0，ZF=1

C. R[ecx]=0000 0000H，标志不变

D. 寄存器内容不变，OF=CF=SF=0，ZF=1

24. 假设 short 型变量 x 被分配在寄存器 AX 中，若 R[ax]=FF70H，则执行指令“salw $2, %ax”后，变量 x 的机器数和真值分别是（　　）。

A. FDC0H，−576　　　　B. FFDCH，−36

C. FDC3H，−573　　　　D. 3FDC，16348

25. 程序 P 中有两个 unsigned 类型变量 i 和 j，它们被分别分配在寄存器 EAX 和 EDX 中，P 中存在以下 if 语句：

```
if  (i<j) {…};
```

该条 if 语句对应的指令序列一定不会是（　　）。

A. cmpl　%eax, %edx
　jbe　804847c

B. cmpl　%edx, %eax
　jb　8048460

C. cmpl　%eax, %edx
　ja　8048380

D. cmpl　%eax, %edx
　jae　8048480

26. 程序 P 中有两个 int 类型变量 i 和 j，它们被分别分配在寄存器 EAX 和 EDX 中，P 中存在以下 if 语句：

```
if  (i<j) {…};
```

该条 if 语句对应的指令序列一定不会是（　　）。

A. cmpl　%eax, %edx
　jle　804847c

B. cmpl　%edx, %eax
　jl　8048460

C. cmpl　%eax, %edx
　ja　8048380

D. cmpl　%eax, %edx
　jg　8048480

27. 程序 P 中有两个变量 i 和 j，被分别分配在寄存器 EAX 和 EDX 中，P 中语句“if(i<j) {…}”对应的指令序列如下（左边为指令地址，中间为机器代码，右边为汇编指令）：

```
804846a 39 c2  cmpl  %eax, %edx
804846c 7e 0d   jle  xxxxxxxx
```

若执行到 804846a 处的 cmpl 指令时，i=105，j=100，则 jle 指令执行后将会转到（　　）处的指令执行。

A. 8048461　　B. 804846e　　C. 8048479　　D. 804847b

28. 以下关于各类程序流程控制指令的叙述中，错误的是（　　）。

A. 无条件跳转指令（JMP）直接将跳转目标地址送到 EIP 寄存器中

B. 条件跳转指令（Jcc）将根据 EFLAGS 寄存器中的标志信息进行条件判断

C. 条件跳转指令（Jcc）的判断条件可用于整数之间和浮点数之间的大小比较

D. 调用指令（CALL）和返回指令（RET）都是特殊的无条件跳转指令

29. 以下关于 x87 FPU 浮点处理指令系统的叙述中，错误的是（　　）。

A. 提供 8 个 80 位浮点寄存器 ST(0) ~ ST(7)，采用栈结构，栈顶为 ST(0)

B. float、double 和 long double 三种类型的数据都按 80 位格式存放在浮点寄存器中

C. float、double 和 long double 型数据被存入主存时，分别占 32 位、64 位和 96 位

D. float 和 double 型数据从主存装入浮点寄存器时有可能发生舍入，造成精度损失

30. 以下关于 MMX/SSE 指令集的叙述中，错误的是（　　）。

A. 同一个微处理器同时支持 IA-32 指令集与 MMX/SSE 指令集

B. MMX/SSE 指令集和 IA-32 指令集共用同一套通用寄存器

C. SSE 指令是一种采用 SIMD（单指令多数据）技术的数据级并行指令

D. 目前 SSE 支持 128 位整数运算或同时并行处理两个 64 位双精度浮点数

31. 以下有关 IA-32 和 x86-64 之间比较的叙述中，错误的是（　　）。

A. IA-32 的字长为 32 位，x86-64 的字长为 64 位并兼容 IA-32

B. IA-32 的通用寄存器有 8 个，而 x86-64 的通用寄存器有 16 个

C. IA-32 的通用寄存器为 8/16/32 位，而 x86-64 的通用寄存器为 8/16/32/64 位

D. (unsigned) long 型变量在 IA-32 和 x86-64 中的长度都是 64 位（四字）

32. 以下有关 x86-64 寄存器的叙述中，错误的是（　　）。

A. 用来存放将要执行指令的地址的指令指针寄存器为 64 位 RIP

B. 基址寄存器和变址寄存器都可以是任意一个 64 位的通用寄存器

C. 任何浮点操作数都被分配在浮点寄存器栈（ST(0) ~ ST(7)）中

D. 128 位的 XMM 寄存器从原来 IA-32 中的 8 个增加到 16 个

33. 以下有关 x86-64 对齐方式的叙述中，错误的是（　　）。

A. short 型数据必须按 2 字节边界对齐

B. int、float 型数据必须按 4 字节边界对齐

C. long、double、指针型数据必须按 8 字节边界对齐

D. long double 型数据在内存占 12 字节空间（96 位）

34. 以下有关 x86-64 传送指令的叙述中，错误的是（　　）。

A. 相比 IA-32，增加了 movq 指令，可传送 64 位数据

B. movl 相当于 movzlq，能将目的寄存器高 32 位清 0

C. pushq 和 popq 分别对 ESP 寄存器减 8 和加 8

D. movzbq 的功能是将 8 位寄存器内容零扩展为 64 位

35. 假定变量 x 的类型为 int，对于变量 y 的初始化声明“long y=(long) x;”，其对应的汇编指令是（　　）。

A. movslq %edx, %rax　　B. movzlq %edx, %rax

C. movq %rdx, %rax　　D. movl %edx, %eax

36. 假定变量 x 的类型为 long，对于变量 y 的初始化声明“ int y=(int) x;”，其对应的汇编指令不可能是（　　）。

A. movl %edx, %eax　　B. movzlq %edx, %rax

C. movslq %edx, %rax　　D. movsql %rdx, %eax

37. 以下是 C 语言赋值语句“x=a*b+c;”对应的 x86-64 汇编代码：

```
movslq  %edx, %rdx
movsbl  %sil, %esi
imull  %edi, %esi
movslq  %esi, %rsi
leaq  (%rdx, %rsi), %rax
```

已知 x、a、b 和 c 分别在 RAX、RDI、RSI 和 RDX 对应宽度的寄存器中，根据

上述汇编指令序列，推测 x、a、b 和 c 的数据类型分别为（　　）。

A. x—long，a—long，b—char，c—int　　　B. x—long，a—int，b—char，c—int

C. x—long，a—long，b—char，c—long　　D. x—long，a—int，b—char，c—long

38. 假定 long 型变量 t、int 型变量 x 和 short 型变量 y 分别在 RAX、RDI 和 RSI 对应宽度的寄存器中，C 语言赋值语句“t=(long)(x+y);”对应的 x86-64 汇编指令序列不可能是（　　）。

A.
```
movswl  %si, %edx
addl    %edi, %edx
movslq  %edx, %rax
```
B.
```
movswq  %si, %rax
movslq  %edi, %rdx
addq    %rdx, %rax
```
C.
```
movswq  %si, %rdx
leaq    (%rdx, %rdi), %rax
```
D.
```
movswq  %si, %rsi
movslq  %edi, %rdi
leaq    (%rsi, %rdi), %rax
```

【参考答案】

1. B	2. C	3. D	4. B	5. A	6. D	7. D	8. D	9. C	10. A
11. A	12. A	13. D	14. B	15. C	16. C	17. A	18. C	19. A	20. B
21. B	22. C	23. D	24. A	25. D	26. C	27. D	28. C	29. D	30. B
31. D	32. C	33. D	34. C	35. A	36. D	37. B	38. C		

【部分题目的答案解析】

第 18 题

指令在补码加减运算部件中执行，1111 1111 1110 1000+0111 1111 1110 0110 =（1）0111 1111 1100 1110（7FCEH），结果无溢出（OF=0）、正数（SF=0）、有进位（CF=1 ⊕ 0=1）、非 0（ZF=0）。

第 19 题

指令在补码加减运算部件中执行，1111 1111 1110 1000+1000 0000 0001 1001+1 =（1）1000 0000 0000 0010（8002H），结果无溢出（OF=0）、负数（SF=1）、有进位（CF=1 ⊕ 1=0）、非 0（ZF=0）。

第 20 题

因为一个源操作数为 BX 寄存器中的内容，所以只要将 AX 和 BX 中的内容相乘即可。指令在无符号乘法部件中执行，01B6H*0110H=0001D160H，DX 寄存器内容为 0001H，AX 寄存器中的内容为 D160H，EAX 中高 16 位不变。

第 21 题

因为一个源操作数为 BX 寄存器中的内容，所以只要将 AX 和 BX 中的内容相乘即可。指令在带符号乘法部件中执行，B160H*0110H=FFFB 1600+FFB1 6000=FFAC 7600H，DX 寄存器内容为 FFACH，AX 寄存器内容为 7600H，EAX 中高 16 位不变。

第 22 题

一个源操作数在存储单元中，其地址为 R[eax]+R[ebx]*4=0804 80B4H+0000 0011H*4=0804 80F8H。指令功能是 R[eax] ← M[0804 80F8H]*(−16)=(−0000 00B0H)<< 4=FFFF FF50H<<4=FFFF F500H。

第 23 题

TEST 指令不会改变通用寄存器的内容，只会通过做与操作来改变标志，显然，EAX 和 ECX 两个寄存器内容相与后的结果为 0，所以 ZF=1，SF=0。除 NOT 指令外，其他逻辑指令（包括 TEST 指令）执行后 OF=CF=0，因此，只有 D 是正确的。

第 24 题

salw 指令是算术左移指令，对 FF70=1111 1111 0111 0000 算术左移 2 位后，结果为 1111 1101 1100 0000（FDC0H），真值为 −10 0100 0000B=−(512+64)=−576。

第 25 题

A 选项：表示的是 j<=i，相当于 i<j 取反，且按无符号整数比较，因此正确。

B 选项：表示的是 i<j，且按无符号整数比较，因此正确。

C 选项：表示的是 j>i，相当于 i<j，且按无符号整数比较，因此正确。

D 选项：表示的是 j>=i，与要求不符，因此不正确。

第 26 题

A 选项：表示的是 j<=i，相当于 i<j 取反，且按带符号整数比较，因此正确。

B 选项：表示的是 i<j，且按带符号整数比较，因此正确。

C 选项：表示的是 j>i，相当于 i<j，但是按无符号整数比较，因此不正确。

D 选项：表示的是 j>i，且按带符号整数比较，因此正确。

第 27 题

因为 cmpl 指令中 EDX 内容为 100，EAX 内容为 105，对这两个数做减法，显然 100<105，满足 jle 指令小于或等于的条件，执行完 jle 指令后将跳转到 PC+ 偏移量 =0x84846c+2+0d=0x804847b 去执行。

5.6 分析应用题

1. 对于以下 AT&T 格式汇编指令，根据操作数的长度确定对应指令助记符中的长度后缀，并说明每个操作数的寻址方式。

（1）mov 8(%ebp, %ebx, 4), %ax

（2）mov %al, 12(%ebp)

（3）add (, %ebx,4), %ebx

（4）or (%ebx), %dh

（5）push $0xF8

（6）mov $0xFFF0, %eax

（7）test %cx, %cx

（8）lea 8(%ebx, %esi), %eax

【分析解答】

（1）后缀：w。源操作数寻址方式：基址 + 比例变址 + 偏移。目的操作数寻址方式：寄存器。

（2）后缀：b，源操作数寻址方式：寄存器。目的操作数寻址方式：基址 + 偏移。

（3）后缀：l，源操作数寻址方式：比例变址。目的操作数寻址方式：寄存器。

（4）后缀：b，源操作数寻址方式：基址。目的操作数寻址方式：寄存器。

（5）后缀：l，源操作数寻址方式：立即数。目的操作数寻址方式：栈。

（6）后缀：l，源操作数寻址方式：立即数。目的操作数寻址方式：寄存器。

（7）后缀：w，源操作数寻址方式：寄存器。目的操作数寻址方式：寄存器。

（8）后缀：l，源操作数寻址方式：基址 + 变址 + 偏移。目的操作数寻址方式：寄存器。

2. 使用汇编器处理以下各行 AT&T 格式代码时都会产生错误，请说明每一行存在什么错误。

（1）movl　0xFF, %eax
（2）movl　%ax, 12(%ebp)
（3）addl　%ecx, $0x8049580
（4）orb　$0xFFFF0, (%ebx)
（5）addw　$0xFFF8, (%dx)
（6）movl　%bx, (, %eax, 4)
（7）andl　%esi, %esx
（8）movl　8(%ebp, , 4), %eax

【分析解答】

（1）源操作数是立即数 0xFF，需要在前面加“$”。

（2）源操作数是 16 位，而长度后缀是“l”，应该为“w”。

（3）目的操作数不能是立即数寻址方式，应把“$”去掉。

（4）长度后缀为“b”，而操作数位数超过 8 位，长度后缀应改为“w”或“l”。

（5）不能用 16 位寄存器作为目的操作数地址所在寄存器，应将 %dx 改为 %edx。

（6）长度后缀为“l”，而源操作数位数为 16 位，应将长度后缀改为“w”或将 %bx 改为 %ebx。

（7）不存在 ESX 寄存器，应将 %esx 改为其他正确的寄存器名称。

（8）源操作数地址中缺少变址寄存器。

3. 假设在 IA-32 系统中以下地址以及寄存器中存放的机器数如表 5-1 所示。

表 5-1　题 3 用表

地址	机器数	寄存器	机器数
0x0804 9300	0xffff fff0	EAX	0x0804 9300
0x0804 9400	0x8000 0008	EBX	0x0000 0100
0x0804 9384	0x80f7 ff00	ECX	0x0000 0010
0x0804 9380	0x908f 12a8	EDX	0x0000 0080

分别说明执行以下指令后，哪些地址或寄存器中的内容会发生改变？改变后的内容是什么？条件标志 OF、SF、ZF 和 CF 会发生什么改变？

（1）addl　(%eax), %ebx
（2）subl　(%eax, %ebx), %eax
（3）orw　4(%eax, %ecx, 8), %dx
（4）testb　$0x80, %dl
（5）imull　$64, (%eax, %edx), %ecx
（6）mulw　%dx
（7）decw　%bx

【分析解答】

（1）指令功能为 R[ebx] ← R[ebx]+M[R[eax]]=0x0000 0100+M[0x0804 9300]，寄存器 EBX 中的内容会改变。改变后的内容为以下运算的结果：0000 0100H+FFFF FFF0H=(1) 0000 00F0H。因此，EBX 中的内容改变为 0x0000 00F0。加法指令会影响 OF、SF、ZF 和 CF 标志，各标志信息为 OF=0、ZF=0、SF=0、CF=1。

（2）指令功能为 R[eax] ← R[eax]−M[R[eax]+R[ebx]]=0x0804 9300−M[0x0804 9400]，寄存器 EAX 中的内容会改变。改变后的内容为以下运算结果：0804 9300H−8000 0008H=0804 9300H+7FFF FFF8H=(0) 8804 92F8H。因此，EAX 中的内容改为 0x8804 92F8。减法指令会影响 OF、SF、ZF 和 CF 标志，各标志信息为 OF=1、ZF=0、SF=1、CF=1 ⊕ 0=1。

（3）指令功能为 R[dx] ← R[dx] or M[R[eax]+R[ecx]*8+4]，寄存器 DX 中的内容会改变。改变后的内容为以下运算的结果：0x0080 or M[0x0804 9384]=0080H or FF00H=FF80H。因此，DX 中的内容改为 0xFF80。OR 指令执行后 OF=CF=0，而 ZF 和 SF 则根据结果设置。根据该指令的执行结果可知：因为结果不为 0，故 ZF=0；因为最高位为 1，故 SF=1。

（4）TEST 指令不改变任何通用寄存器的内容，但会根据“与”操作结果改变标志，因为 R[dl] and 0x80=80H and 80H=80H。TEST 指令执行后 OF=CF=0，而 ZF 和 SF 则根据结果设置。根据该指令的执行结果可知：因为结果不为 0，故 ZF=0；因为最高位为 1，故 SF=1。

（5）指令功能为 R[ecx] ← M[R[eax]+R[edx]]*64，即存储单元 0x0804 9380 中的内容 0x908f 12a8 与立即数 64 按带符号整数相乘，最后将乘积的低 32 位存放在 ECX 寄存器中。M[0x0804 9380]*64=0x908f 12a8*64，乘法器将得到 64 位乘积，其结果就是将 0x908f 12a8 先符号扩展成 64 位数，然后再左移 6 位所得到的 64 位结果，即 1111 1111 1111 1111 1111 1111 1111 1111 1001 0000 1000 1111 0001 0010 1010 1000<<6=1111 1111 1111 1111 1111 1111 1110 0100 0010 0011 1100 0100 1010 1010 0000 0000，因此，指令执行后，ECX 寄存器中的内容改变为 0010 0011 1100 0100 1010 1010 0000 0000B=23C4 AA00H。因为 64 位乘积的高 33 位不是全 0，也不是全 1，因此 OF=CF=1。

（6）指令功能为 R[dx−ax] ← R[ax]*R[dx]，即将寄存器 AX 和 DX 中的内容按无符号整数相乘，其 32 位乘积的高 16 位存入 DX 中，低 16 位乘积存入 AX 中。R[ax]=0x9300，R[dx]=0x0080，32 位乘积相当于将 0x9300 先零扩展成 32 位数，然后再左移 7 位所得到的 32 位结果，即 0000 0000 0000 0000 1001 0011 0000 0000<<7 =

0000 0000 0100 1001 1000 0000 0000 0000，因此，指令执行后，DX 寄存器中的内容改变为 0049H，AX 寄存器中的内容改变为 8000H。因为高 16 位不是全 0，因此 OF=CF=1。

（7）指令功能为 R[bx] ← R[bx]−1，即 BX 寄存器的内容减 1。R[bx]=0x0100，指令执行后 BX 寄存器内容变为 0100H−0001H=0100H+FFFFH=(1) 00FFH。因此，指令执行后 BX 中的内容从 0100H 变为 00FFH。DEC 指令会影响 OF、ZF、SF，根据上述运算结果，得到 OF=0、ZF=0、SF=0。

4. 假设在 IA-32 系统中变量 x 和 ptr 的类型声明如下：

```
src_type x;
dst_type *ptr;
```

这里，src_type 和 dst_type 是用 typedef 声明的数据类型。有以下 C 语言赋值语句：

```
*ptr=(dst_type) x;
```

若 x 存储在寄存器 EAX 或 AX 或 AL 中，ptr 存储在寄存器 EDX 中，则对于表 5-2 中给出的 src_type 和 dst_type 的类型组合，写出实现上述赋值语句的机器级代码。要求用 AT&T 格式汇编指令表示机器级代码。

表 5-2　题 4 用表

src_type	dst_type	机器级表示
char	int	
int	char	
int	unsigned int	
short	int	
unsigned char	long	
char	unsigned long	
int	short	

【分析解答】

C 语言标准规范并没有规定 char 类型按带符号整数还是无符号整数类型处理，因而对于 src_type 为 char 类型的情况，若需要进行位扩展，则可采用符号扩展方式，也可采用零扩展方式，假定采用符号扩展方式，则填表 5-2 后得到表 5-3 如下。

表 5-3　题 4 中填入结果后的表

src_type	dst_type	机器级表示
char	int	movsbl %al, %eax movl %eax, (%edx)
int	char	movb %al, (%edx)
int	unsigned int	movl %eax, (%edx)
short	int	movswl %ax, %eax movl %eax, (%edx)
unsigned char	long	movzbl %al, %eax movl %eax, (%edx)
char	unsigned long	movsbl %al, %eax movl %eax, (%edx)
int	short	movw %ax, (%edx)

5. 已知IA-32采用小端方式，根据IA-32机器代码反汇编结果（部分信息用x表示）回答问题。

（1）已知je指令的操作码为0111 0100，je指令的跳转目标地址是什么？call指令中的跳转目标地址0x80484c3是如何反汇编出来的？

```
8048490:    74 08                  je     xxxxxxx
8048492:    e8 2c 00 00 00         call   80484c3<test>
```

（2）已知jb指令的操作码为0111 0010，jb指令的跳转目标地址是什么？movl指令中的目的地址如何反汇编出来的？

```
8048382:    72 e8                  jb     xxxxxxx
8048384:    c6 05 80 96 04 08 01   movl   $0x1, 0x8049680
804838b:    00 00 00
```

（3）已知jle指令的操作码为0111 1110，mov指令的地址是什么？

```
xxxxxxx:    7e 80                  jle    8048fc0
xxxxxxx:    89 d0                  mov    %edx, %eax
```

（4）已知jmp指令的跳转目标地址采用相对寻址方式，jmp指令操作码为1110 1001，其跳转目标地址是什么？

```
8048560:    e9 0c f0 ff ff         jmp    xxxxxxx
8048565:    29 c2                  sub    %eax, %edx
```

【分析解答】

IA-32的条件跳转指令都采用相对跳转方式在段内直接跳转，即条件跳转指令的跳转目标地址为(PC)+偏移量。

（1）因为je指令的操作码为01110100，所以机器代码7408H中的08H是偏移量，故跳转目标地址为0x8048490+2+0x8=0x804849a。

call指令中的跳转目标地址0x80484c3=0x8048492+5+0x2c，由此可以看出，call指令机器代码中后面的4字节是偏移量，因IA-32采用小端方式，故偏移量为0000 002CH=0x2c。call指令机器代码共占5字节，因此，下一条指令的地址为当前指令地址0x8048492加5。

（2）jb指令中E8H是偏移量，值为−18H，故其跳转目标地址为0x8048382+2−0x18=0x804836c。

movl指令的机器代码有10字节，前两个字节是操作码等，后面8字节为两个立即数，因为是小端方式，所以，第一个立即数为0804 9680H，即汇编指令中的目的地址0x8049680，最后4字节为立即数0000 0001H，即汇编指令中的常数0x1。

（3）jle指令中的7EH为操作码，80H为偏移量（为负数−80H），其汇编形式中的0x8048fc0是跳转目的地址，因此，假定后面的mov指令的地址为x，则x满足以下公式：0x8048fc0=x−0x80，故x=0x8048fc0+0x80=0x8049040。

（4）jmp指令中的E9H为操作码，后面4字节为偏移量，因为是小端方式，故偏移量为FFFF F00CH，其真值为−1111 1111 0100B=−0xff4，十进制值为−(4095−11)=−4084。后面sub指令的地址为0x8048565，故jmp指令的跳转目标地址为0x8048565+0xffff f00c=0x8047571。（0x8048565−0xff4=0x8047571。）

6. 假设变量 x 和 y 分别存放在寄存器 RAX 和 RCX 中，请给出以下 x86-64 系统中每条指令执行后寄存器 RDX 中的结果。

（1）leal　(%rax), %rdx

（2）leal　4(%rax, %rcx), %rdx

（3）leal　(%rax, %rcx, 8), %rdx

（4）leal　0xc(%rcx, %rax, 2), %rdx

（5）leal　(, %rax, 4), %rdx

（6）leal　(%rax, %rcx), %rdx

【分析解答】

（1）R[rdx]=x

（2）R[rdx]=x+y+4

（3）R[rdx]=x+8*y

（4）R[rdx]=y+2*x+12

（5）R[rdx]=4*x

（6）R[rdx]=x+y

7. 假设在 x86-64 系统中变量 x 和 ptr 的类型声明如下：

```
src_type x;
dst_type *ptr;
```

这里，src_type 和 dst_type 是用 typedef 声明的数据类型。有以下 C 语言赋值语句：

```
*ptr=(dst_type) x;
```

若 x 存储在寄存器 RAX 或 EAX 或 AX 或 AL 中，ptr 存储在寄存器 RDX 中，则对于表 5-4 中给出的 src_type 和 dst_type 的类型组合，写出实现上述赋值语句的机器级代码。要求用 AT&T 格式汇编指令表示机器级代码。

表 5-4　题 7 用表

src_type	dst_type	机器级表示
char	int	
int	char	
int	unsigned int	
short	int	
unsigned char	long	
char	unsigned long	
int	short	

【分析解答】

C 语言标准规范并没有规定 char 类型按带符号整数还是无符号整数类型处理，因而对于 src_type 为 char 类型的情况，若需要进行位扩展，则可采用符号扩展方式，也可采用零扩展方式，假定采用符号扩展方式，则填表 5-4 后得到表 5-5 如下。

表 5-5　题 7 中填入结果后的表

src_type	dst_type	机器级表示
char	int	movsbl %al, %eax movl %eax, (%rdx)

（续）

src_type	dst_type	机器级表示
int	char	movb %al, (%rdx)
int	unsigned int	movl %eax, (%rdx)
short	int	movswl %ax, %eax movl %eax, (%rdx)
unsigned char	long	movzbq %al, %rax movq %rax, (%rdx)
char	unsigned long	movsbl %al, %rax movq %rax, (%rdx)
int	short	movw %ax, (%rdx)

第 6 章　程序的机器级表示

6.1　教学目标和内容安排

主要教学目标：使学生掌握高级语言程序与机器级代码之间的对应关系，以及机器级代码与指令集体系结构（ISA）的关系，从而使学生能够深刻理解高级语言程序的执行过程以及决定其执行结果的主要因素。

基本学习要求：

- 了解 C 语言程序中过程调用的执行步骤以及 IA-32 的寄存器使用约定。
- 了解 IA-32 中栈和栈帧的概念，以及过程调用过程中栈和栈帧的变化。
- 能根据过程调用过程中栈和栈帧的变化，清楚说明变量的作用域和生存期。
- 深刻理解过程调用中按值传递参数和按地址传递参数的不同本质。
- 深刻理解嵌套或递归过程调用带来较大时间开销和空间开销的原因。
- 了解 x86-64 系统中过程调用的参数传递方式和调用约定。
- 了解 if~(then)、if~(then)~else 选择结构代码对应的机器级代码结构，能对其进行逆向工程转换。
- 了解条件运算表达式对应的机器级代码结构，能对其进行逆向工程转换。
- 了解 switch 语句对应的机器级代码结构，能对其进行逆向工程转换。
- 了解 do~while 语句对应的机器级代码结构，能对其进行逆向工程转换。
- 了解 while 语句对应的机器级代码结构，能对其进行逆向工程转换。
- 了解 for 语句对应的机器级代码结构，能对其进行逆向工程转换。
- 了解数组元素、指针数组和多维数组元素在存储空间的存放和访问机制。
- 了解结构体数据在存储空间的存放和访问机制。
- 了解联合体数据在存储空间的存放和访问机制。
- 了解不同系统的不同对齐方式，以及编译器如何处理数据的对齐。
- 了解越界访问和缓冲区溢出攻击及其防范方法。

在上一章 IA-32/x86-64 指令系统的基础上，本章主要介绍 C 语言程序中的函数调用以及各类语句对应的机器级代码表示，包括过程（函数）调用的机器级表示、选择和循环语句的机器级表示，以及 C 语言程序中数组和指针类型的分配和访问、结构和联合数据类型的分配和访问、数据的对齐存放。这部分内容对于学生理解高级语言程序如何在计算机上执行、不同存储类型变量的作用域和生存期、嵌套和递归调用的时间开销和空间开销、过程调用时按值传参和按地址传参、从机器级代码逆向推导出高级语言程序代码（逆向工程）、缓冲区溢出及其防范等方面都有非常大的帮助。

主教材配套的《计算机系统导论实践教程》中第 5 章“程序的机器级表示实验”提供了与本章内容相匹配的编程调试实验，可以在完成《计算机系统导论实践教程》中前

4 章实验的基础上，进行程序的机器级表示方面的编程调试实验。

《计算机系统导论实践教程》中第 6 章“二进制程序分析与逆向工程”和第 7 章“程序链接与 ELF 目标文件”提供了与本章内容相匹配的模块级分析性实验，可以在完成《计算机系统导论实践教程》中相关基础级验证性实验的基础上，进一步进行模块级分析性高阶实验。

6.2 主要内容提要

1. 过程调用的机器级表示

过程（函数）的引入使得每个程序员只需要关注本模块中过程的编写任务。调用过程只要传送输入参数给被调用过程，最后再由被调用过程返回结果参数给调用过程。将整个程序分成若干模块后，编译器对每个模块可以分别编译。为了彼此统一，并能配合操作系统工作，编译的模块代码之间必须遵循一些调用接口约定，这些约定由编译器强制执行，汇编语言程序员也必须强制按照这些约定执行，包括寄存器的使用约定、栈帧的建立和参数传递约定等。调用指令 CALL 和返回指令 RET 是用于过程调用的主要指令。

IA-32 系统中只有 8 个通用寄存器，因而过程调用时采用栈进行参数传递，调用过程将入口参数（实参）送入本过程的栈帧中，被调用过程将寄存器 EBP 作为基地址通过“基址 + 位移量”的寻址方式获得入口参数，帧指针寄存器 EBP 和栈指针寄存器 ESP 分别用来指向当前栈帧的底部和顶部。

x86-64 系统中有 16 个通用寄存器，因而过程调用时通常用通用寄存器而不是栈来传递参数，对于入口参数只有 6 个以内的整型变量和指针型变量的情况，使用特定的通用寄存器进行参数传递。因此，大多数情况下，过程调用的执行时间比 IA-32 代码更短。

2. 选择语句和循环语句的机器级表示

C 语言主要通过选择结构（条件分支）和循环结构语句来控制程序中语句的执行顺序，有 9 种流程控制语句，分成三类：选择语句、循环语句和辅助控制语句。选择语句有 if~(then) 语句、if~(then)~else 语句和 switch~case 语句；循环语句有 do~while 语句、for 语句和 while 语句；辅助控制语句有 break 语句、continue 语句、goto 语句和 return 语句。编译器可以使用底层 ISA 中提供的各种条件标志设置功能、条件跳转指令、条件设置指令、条件传送指令、无条件跳转指令等相应的机器级程序支持机制来实现这类语句。

3. 复杂数据类型的分配和访问

机器级代码中，基本类型对应的数据通常通过单条指令就可以访问和处理，这些数据在指令中或者是以立即数的形式出现，或者是以寄存器数据的形式出现，或者是以存储器数据的形式出现。而对于构造类型的数据，由于其包含多个基本类型数据，因而不能直接用单条指令来访问和运算，通常需要特定的代码结构和寻址方式对其进行处理。典型的构造类型数据包括数组（array）、指针数组、结构体（struct）和联合体（union）等。编译器在对构造型复杂数据类型中的数据进行存储分配时，需要了解系统关于对齐方式的约定。

4. 越界访问和缓冲区溢出及其攻击防范

可以使用指针来访问 C 语言中的数组元素，因而对数组的引用没有边界约束，即程序中对数组的访问可能会有意或无意地超越数组存储区范围而不被发现。可以把这种数组存储区看作一个缓冲区，这种超越数组存储区范围的访问称为缓冲区溢出。缓冲区溢出是一种非常普遍、非常危险的漏洞，在各种操作系统、应用软件中广泛存在。缓冲区溢出攻击是利用缓冲区溢出漏洞所进行的攻击行为。缓冲区溢出攻击可能导致程序运行失败、系统关机、重新启动等后果。

6.3　基本术语解释

过程（procedure）

构造过程或子程序是程序员进行模块化程序设计的一种手段，通常程序员把一个大的任务分解成一些子任务，每个子任务用一个过程来实现，这样做，一方面使程序容易理解，另一方面也使过程可以被多个程序使用，即代码可重用。

过程调用（procedure call）

一个过程调用包括将数据（以过程参数和返回值的形式出现）和控制从一个过程传递到另一个过程。此外，在进入被调用过程后，必须为被调用过程的局部变量分配空间，并在退出过程时释放这些空间。

调用指令（call instruction）

用于将控制从调用过程跳转到被调用过程的指令，如在 x86 体系结构中的 CALL 指令，这类调用指令中需要给出被调用过程的首地址。其操作过程如下：保存返回地址到特定寄存器或栈顶，然后跳转到被调用过程。

返回地址（return address）

返回地址为调用指令后面一条指令的地址，即被调用过程执行完后必须返回的返回点处的地址。

返回指令（return instruction）

用于从被调用过程控制转回到调用过程的指令。该指令从某个特定的寄存器或栈顶取得返回地址，并按返回地址进行跳转。

调用者（caller）

在高级语言程序中，函数之间存在调用关系。假设函数（过程）P 调用函数（过程）Q，则 P 称为调用函数（调用过程），简称为调用者。在函数调用对应的机器级代码中，通过过程调用指令（如 x86 指令集体系结构中的 CALL 指令）从调用过程跳转到被调用过程执行。

被调用者（callee）

假设函数 P 调用函数 Q，则 Q 称为被调用函数（被调用过程），简称为被调用者。在函数调用对应的机器级代码中，通过过程返回指令（如 x86 指令集体系结构中的 RET 指令）从被调用过程返回到调用过程执行。

调用约定（calling convention）

调用约定是调用过程（函数调用者）和被调用过程（被调用的函数）之间关于入口参

数传递、返回值传递、栈帧的建立、寄存器使用等方面的一种约定。编译器在生成某个具体平台上的目标代码时必须遵循该目标平台规定的过程调用约定，通常由ABI规范定义。

寄存器使用约定（register using convention）

因为通用寄存器是被所有过程共享的资源，若一个通用寄存器在调用过程中存放了特定的值x，在被调用过程执行时，它又被写入了新的值y，那么当从被调用过程返回到调用过程执行时，该寄存器中的值就不是当初的值x，这样，若调用过程需要使用该寄存器原来的值x，则执行结果就会发生错误。因而，在实际使用寄存器时需要遵循一套约定规则，使机器级程序员、编译器和库函数的实现等都按照统一的约定处理。这就是寄存器使用约定。

调用者保存寄存器（caller saved register）

因为调用过程中一些寄存器的内容可能在从被调用过程返回到调用过程后还要继续被使用，所以寄存器使用约定必须规定：哪些寄存器的内容由调用过程在执行调用指令（如CALL指令）之前保存到调用过程的栈帧中；哪些寄存器的内容由被调用过程在执行过程体之前保存到被调用过程的栈帧中。前者称为调用者保存寄存器，如IA-32中的EAX、ECX和EDX三个通用寄存器。

被调用者保存寄存器（callee saved register）

因为调用过程中一些寄存器的内容可能在从被调用过程返回到调用过程后还要继续被使用，所以寄存器使用约定必须规定：哪些寄存器的内容由调用过程在执行调用指令（如IA-32中的CALL指令）之前保存到调用过程的栈帧中；哪些寄存器的内容由被调用过程在执行过程体之前保存到被调用过程的栈帧中。后者称为被调用者保存寄存器，如IA-32中的EBX、ESI和EDI三个通用寄存器。

叶子过程（leaf procedure）

在高级语言程序中，如果在某个函数中不调用任何函数，则该函数（过程）称为叶子过程。

栈帧（stack frame）

大多数机器只提供简单的过程调用指令和返回指令。一个过程调用中的参数传递、被调用过程中的局部变量的分配和释放等还需要另外的机制来实现。主要通过栈（stack）来实现，栈可以用来传递过程的入口参数和返回值，也可以用于保存通用寄存器中的内容、存储过程内的非静态局部变量等。为单个过程分配的那部分栈区称为栈帧，也称为过程帧（procedure frame）。

帧指针（frame pointer，fp）

在高级语言程序中存在函数的嵌套调用，因此，在机器级代码层面需要有支持过程嵌套调用的机制，主要是通过机器级代码为每个过程生成各自的栈帧来实现，当前正在执行过程的栈帧称为当前栈帧。它有两个指针定界，一个是指示当前栈帧底部的帧指针fp（如IA-32中的EBP寄存器），另一个是指示当前帧顶部的栈指针sp（如IA-32中的ESP寄存器）。

缓冲区溢出（buffer overflow，buffer overrun）

在C语言程序执行过程中，当前正在执行的过程（函数）在栈中会形成本过程的栈帧，一个过程的栈帧中除了保存被调用者保存寄存器的内容外，还会保存本过程的非静态局部变量和过程调用的返回地址等。如果在非静态局部变量中定义了数组变量，那么，有可能在对数组元素访问时发生超越数组存储区的越界访问。通常把这种数组存储区看成是一个缓冲区，这种超越数组存储区范围的访问称为缓冲区溢出。

缓冲区溢出攻击（buffer overflow attack）

缓冲区溢出攻击是利用缓冲区溢出漏洞所进行的攻击行为。缓冲区溢出攻击可以导致程序运行失败、系统关机、重新启动等后果。如果有人恶意利用栈缓冲区的写溢出，悄悄地将一个恶意代码段的首地址作为“返回地址”覆盖写到原先正确的返回地址处，那么，程序就会在执行返回指令（如 IA-32 中的 RET 指令）时悄悄地转到恶意代码段执行，从而可以轻易取得系统特权，进而进行各种非法操作。

地址空间布局随机化 (Address Space Layout Randomization，ASLR)

地址空间布局随机化的基本思路是，将加载程序时生成的代码段、静态数据段、堆区、动态库和栈区各部分的首地址进行随机化处理，即起始位置在一定范围内随机变化，使得每次启动执行时，程序各段被加载到不同的地址起始处。显然，这种不同包括了栈地址空间的不同，因此，对于一个随机生成的栈起始地址，基于缓冲区溢出漏洞的攻击者不太容易确定栈的起始位置，通常将这种使程序加载的栈空间起始位置随机变化的技术称为栈随机化（stack randomization）。

栈溢出保护（Stack Smashing Protection，SSP）

栈溢出保护功能用于检测是否发生缓冲区溢出而造成对栈空间的破坏，因此也称为栈破坏检测。其主要做法是，在过程的准备阶段，在栈帧中的缓冲区底部与保存的寄存器内容之间（如在主教材图 6-27 中 outputs 栈帧的 buffer[15] 与保留的 EBP 寄存器之间）加入一个随机生成的值，称为金丝雀（哨兵）值（canary）。在过程的恢复阶段检查该值是否发生改变。若该值发生改变，则程序异常中止。若不想让编译器插入栈破坏检测代码，则需要使用命令行选项“-fno-stack-protector”进行编译。

6.4　常见问题解答

1. 为什么在被调用过程 *Q* 的准备阶段需要保存调用过程 *P* 的现场，*P* 的现场是指什么？

答：因为每个处理器只有一套通用寄存器，因此通用寄存器是每个过程共享的资源，当从调用过程 *P* 跳转到被调用过程 *Q* 执行时，原来在通用寄存器中存放的是调用过程 *P* 中的内容，不能因为被调用过程 *Q* 要使用这些寄存器而被破坏掉，因此，在被调用过程 *Q* 使用这些寄存器前，在准备阶段先将寄存器中的值保存到栈中，用完后，在结束阶段再从栈中将这些值重新写回寄存器中，这样，回到调用过程 *P* 后，寄存器中存放的还是调用过程 *P* 中的值。通常将调用过程 *P* 中通用寄存器的内容称为 *P* 的现场。

并不是所有通用寄存器都由被调用过程保存，而是调用过程 *P* 保存一部分通用寄存器的内容，被调用过程 *Q* 保存另一部分通用寄存器的内容。通常，由应用程序二进制接口（ABI）规范给出寄存器使用约定，其中约定哪些寄存器由调用过程保存、哪些由被调用过程保存。

2. 为什么在过程准备阶段需要为其非静态局部变量在栈中分配空间？静态局部变量被分配在何处？

答：因为函数（过程）的非静态局部变量（即自动变量）的作用域仅限于函数体中由{}括起来的复合语句，其生存期仅在本过程执行期间，一旦本函数执行结束，其中的自动变量就不再有效，因此，自动变量所占空间应该在动态分配区，即本过程的栈帧中，通常，在过程的准备阶段通过执行相应的指令将自动变量的初始值存入本过程栈帧内相应的区域，这样，在过程体中就可以直接访问这些区域，当过程执行结束时，自动变量所占空间随着本过程栈帧的释放而被释放。

过程中静态局部变量的作用域虽然也仅限于函数体内，但其生存期在整个程序执行过程中，如果再次执行本过程，则上一次本过程执行结束时静态局部变量的值可以作为本次过程执行时该静态局部变量的初始值，因而其分配的空间应该在静态分配区，所分配的位置在程序执行整个过程中不会发生变化。

3. 是否需要在函数中为形式参数分配空间？

答：不需要。在函数（过程）中对形式参数的访问，从高级语言程序来看，是通过引用形式参数变量名进行的，例如，对于以下简单的函数定义“int fun(int x) { return 10*x; }”，函数体中直接引用变量名 x，表示要读取形式参数 x 的值进行运算，因此，函数对应的机器级代码中就要有实现对 x 所在的存储单元进行读取并进行相应运算的指令，那么，形式参数 x 所在的存储单元在哪里呢？

实际上，任何函数（过程）*Q* 都由另一个函数 *P* 对其进行调用后才被启动执行，函数 *P* 在调用函数 *Q* 时，会将一个实际参数（简称实参）传递给被调用函数 *Q*。例如，在调用函数中，可通过语句“y=fun(100);”将实参 100 传递给被调用函数 fun()，机器级代码实现过程调用时，会根据过程调用约定将实参 100 存放到一个特定的存储空间，例如，在 IA-32 中，参数 100 被存放在调用过程的栈帧中，在 x86-64 中，参数 100 被存放在寄存器 EDI 中。这样，在函数 fun() 中执行“10*x”时，只要把事先存放在栈帧中或寄存器 EDI 中的 100 取出作为形式参数 x 的值，然后进行相应的运算即可。

综上可知，只要先将调用过程的实参存放到特定的存储空间，再跳转到被调用过程执行，被调用过程就可取到相应的实参进行处理，而无须在被调用过程中为形式参数分配空间。

4. 在 IA-32 中，为什么递归过程的栈帧大小一定不为 0？

答：因为递归过程会自己调用自己，所以一定不是叶子过程，因而递归过程的栈帧中至少要存储入口参数值和返回地址等信息。因此，递归过程的栈帧大小一定不为 0。

6.5 单项选择题

1. 假设 *P* 为调用过程，*Q* 为被调用过程，程序在 IA-32 处理器上执行，以下有关过程调用的叙述中，错误的是（　　）。
   A. C 语言程序中的函数调用就是过程调用
   B. 从 *P* 传到 *Q* 的实参无须重新分配空间存放

C. 从 P 跳转到 Q 执行应使用 CALL 指令
D. 从 Q 跳回到 P 执行应使用 RET 指令

2. 假设 P 为调用过程，Q 为被调用过程，程序在 IA-32 处理器上执行，以下是 C 语言程序中过程调用所涉及的操作。
① 过程 Q 保存 P 的现场，并为非静态局部变量分配空间
② 过程 P 将实参存放到 Q 能访问到的地方
③ 过程 P 将返回地址存放到特定处，并跳转到 Q 执行
④ 过程 Q 取出返回地址，并跳转回到过程 P 执行
⑤ 过程 Q 恢复 P 的现场，并释放局部变量所占空间
⑥ 执行过程 Q 的函数体
过程调用的正确执行步骤是（　　）。
A. ②→③→④→①→⑤→⑥　　B. ②→③→①→④→⑥→⑤
C. ②→③→①→⑥→⑤→④　　D. ②→③→①→⑤→⑥→④

3. 以下是有关 IA-32 的过程调用方式的叙述，错误的是（　　）。
A. 入口参数使用栈传递，即所传递的实参被分配在栈中
B. 返回地址是 CALL 指令下一条指令的地址，被保存在栈中
C. EAX、ECX 和 EDX 都是调用者保存寄存器
D. EBX、ESI、EDI、EBP 和 ESP 都是被调用者保存寄存器

4. 以下是有关 IA-32+Linux 中过程调用的叙述，在不考虑编译优化等情况下，错误的是（　　）。
A. 在过程中通常先使用被调用者保存寄存器
B. 每个过程都有一个栈帧，其大小为 16B 的倍数
C. 通常 EBP 寄存器指向对应栈帧的底部
D. 通常每个栈帧底部单元中存放其调用过程的 EBP 内容

5. 以下是有关 IA-32 的过程调用所使用的栈和栈帧的叙述，错误的是（　　）。
A. 每进行一次过程调用，用户栈从高地址向低地址增长出一个栈帧
B. 从被调用过程返回调用过程之前，被调用过程会释放自己的栈帧
C. 只能通过将栈指针 ESP 作为基址寄存器来访问用户栈中的数据
D. 过程嵌套调用的深度越深，栈中栈帧的个数就越多，严重时会发生栈溢出

6. 以下是有关 C 语言程序的变量的作用域和生存期的叙述，错误的是（　　）。
A. 静态（static 型）变量和非静态局部（auto 型）变量都分配在对应栈帧中
B. 因为非静态局部变量被分配在栈中，所以其作用域仅在过程体内
C. 非静态局部变量可以和全局变量同名，因为它们被分配在不同的存储区
D. 不同过程中的非静态局部变量可以同名，因为它们被分配在不同的栈帧中

7. 以下是一个 C 语言程序代码：

```
1  int add(int x, int y)
2  {
3      return x+y;
4  }
5
```

```
6 int caller( )
7 {
8     int t1=100 ;
9     int t2=200;
10    int sum=add(t1, t2);
11    return sum;
12 }
```

以下关于上述程序代码在 IA-32 上执行的叙述中，错误的是（　　）。

A. 变量 t1 和 t2 被分配在 caller 函数的栈帧中

B. 传递参数时，t1 和 t2 的值从高地址到低地址依次存入栈中

C. add 函数返回时返回值存放在 EAX 寄存器中

D. 变量 sum 被分配在 caller 函数的栈帧中

8. 第 7 题中的 caller 函数对应的机器级代码如下：

```
1  pushl     %ebp
2  movl      %esp, %ebp
3  subl      $24, %esp
4  movl      $100, -12(%ebp)
5  movl      $200, -8(%ebp)
6  movl      -8(%ebp), %eax
7  movl      %eax, 4(%esp)
8  movl      -12(%ebp), %eax
9  movl      %eax, (%esp)
10 call      add
11 movl      %eax, -4(%ebp)
12 movl      -4(%ebp), %eax
13 leave
14 ret
```

假定 caller 的调用过程为 *P*，对于上述指令序列，以下叙述中错误的是（　　）。

A. 第 1 条指令将过程 *P* 的 EBP 内容压入 caller 栈帧

B. 第 2 条指令使 BEP 内容指向 caller 栈帧的底部

C. 第 3 条指令将栈指针 ESP 向高地址方向移动，以生成当前栈帧

D. 从上述指令序列可以看出，caller 函数没有使用被调用者保存寄存器

9. 对于第 7 题的 caller 函数以及第 8 题给出的对应机器级代码，以下叙述中错误的是（　　）。

A. 变量 t1 和 t2 的有效地址分别为 R[ebp]−12 和 R[ebp]−8

B. 变量 t1 所在的地址高（或大）于变量 t2 所在的地址

C. 参数 t1 和 t2 的有效地址分别为 R[esp] 和 R[esp]+4

D. 参数 t1 所在的地址低（或小）于参数 t2 所在的地址

10. 对于第 7 题的 caller 函数以及第 8 题给出的对应机器级代码，以下叙述中错误的是（　　）。

A. 执行第 10 条指令的过程中，将会把第 11 条指令的地址压入栈顶

B. 执行第 11 条指令时，add 函数的返回值已经在 EAX 寄存器中

C. 变量 sum 的有效地址为 R[ebp]−4

D. leave 指令用于恢复 EBP 的旧值，并不会改变 ESP 的内容

11. 以下有关递归过程调用的叙述中，错误的是（　　）。

A. 可能需要执行递归过程很多次，因而时间开销大

B. 每次递归调用都会生成一个新的栈帧，因而空间开销大
C. 每次递归调用在栈帧中保存的返回地址都不相同
D. 递归过程第一个参数的有效地址为 R[ebp]+8

12. 以下关于 if (cond_expr) then_statement else else_statement 选择结构对应的机器级代码表示的叙述中，错误的是（　　）。
A. 一定包含一条无条件跳转指令
B. 一定包含一条条件跳转指令（分支指令）
C. 计算 cond_expr 的代码段一定在条件跳转指令之前
D. 对应 then_statement 的代码一定在对应 else_statement 的代码之前

13. 以下关于 switch 语句的机器级代码表示的叙述中，错误的是（　　）。
A. 当 case 中出现的条件取值范围较小时，可以用跳转表的方式实现
B. 每个 case 至少对应一条条件跳转指令，因而一定会包含多条条件跳转指令
C. 每个带 break 语句的 case 对应的一段代码结束后，都会有一条无条件跳转指令
D. 可以用连续的 if~else~if~else~if…语句对应的机器代码来实现 switch 语句

14. 以下关于循环结构语句的机器级代码表示的叙述中，错误的是（　　）。
A. 一定至少包含一条条件跳转指令
B. 不一定包含无条件跳转指令
C. 循环结束条件通常用一条比较指令 CMP 来实现
D. 循环体内执行的指令不包含条件跳转指令

15. 假定全局 short 型数组 a 的起始地址为 0x804908c，则 a[2] 的地址是（　　）。
A. 0x804908e　　B. 0x8049090　　C. 0x8049092　　D. 0x8049094

16. 假定全局 double 型数组 a 的起始地址为 0x804908c，则 a[i] 的地址是（　　）。
A. 0x804908c+i　　B. 0x804908c+2 × i
C. 0x804908c+4 × i　　D. 0x804908c+8 × i

17. 假定全局数组 a 的声明为 char *a[8]，a 的首地址为 0x80498c0，i 在 ECX 中，现要将 a[i] 取到 EAX 相应宽度的寄存器中，则所用的汇编指令是（　　）。
A. mov 0x80498c0(, %ecx), %ah　　B. mov (0x80498c0, %ecx), %ah
C. mov 0x80498c0(, %ecx, 4), %eax　　D. mov (0x80498c0, %ecx, 4), %eax

18. 假定全局数组 a 的声明为 double *a[8]，a 的首地址为 0x80498c0，i 在 ECX 中，现要将 a[i] 取到 EAX 相应宽度的寄存器中，则所用的汇编指令是（　　）。
A. mov 0x80498c0(, %ecx, 4), %eax　　B. mov (0x80498c0, %ecx, 4), %eax
C. mov 0x80498c0(, %ecx, 8), %eax　　D. mov (0x80498c0, %ecx, 8), %eax

19. 假定局部 int 型数组 a 的首地址在 EDX 中，i 在 ECX 中，现要将 a[i] 取到 EAX 相应宽度的寄存器中，则所用的汇编指令是（　　）。
A. mov (%edx, %ecx, 2), %ax　　B. mov (%edx, %ecx, 2), %eax
C. mov (%edx, %ecx, 4), %ax　　D. mov (%edx, %ecx, 4), %eax

20. 假定局部数组 a 的声明为 int a[4]={0, −1, 300, 20}，a 的首地址为 R[ebp]−16，则在地址 R[ebp]−4 处存放的是（　　）。
A. 0　　B. −1　　C. 300　　D. 20

21. 假定局部数组 a 的声明为 int a[4]={0, −1, 300, 20}，a 的首地址为 R[ebp]−16，则将 a 的首地址取到 EDX 的汇编指令是（　　）。

A. movl −16(%ebp), %edx　　B. movl −16(%ebp, 4), %edx

C. leal −16(%ebp), %edx　　D. leal −16(%ebp, 4), %edx

22. 某 C 语言程序中有以下两个变量声明：

```
int a[10];
int *ptr=&a[0];
```

则 ptr+i 的值为（　　）。

A. &a[0]+i　　B. &a[0]+2 × i

C. &a[0]+4 × i　　D. &a[0]+8 × i

23. 假定 int 型数组 a 的首址在 ECX 中，则“a 送 EAX”所对应的汇编指令是（　　）。

A. movl %ecx, %eax　　B. movl (%ecx), %eax

C. leal (%ecx, 0), %eax　　D. leal (%ecx, 4), %eax

24. 假定 int 型数组 a 的首址在 ECX 中，i 在 EDX 中，则“&a[i]−a 送 EAX”所对应的汇编指令是（　　）。

A. movl %ecx, %eax　　B. movl %edx, %eax

C. leal (,%ecx, 4), %eax　　D. leal (,%edx, 4), %eax

25. 假定 int 型数组 a 的首址在 ECX 中，则“&a[4] 送 EAX”所对应的汇编指令是（　　）。

A. movl 4(%ecx), %eax　　B. movl 16(%ecx), %eax

C. leal 4(%ecx), %eax　　D. leal 16(%ecx), %eax

26. 假定 int 型数组 a 的首址在 ECX 中，i 在 EDX 中，则“*(a+i) 送 EAX”所对应的汇编指令是（　　）。

A. movl (%ecx, %edx, 4), %eax　　B. movl (%edx, %ecx, 4), %eax

C. leal (%ecx, %edx, 4), %eax　　D. leal (%edx, %ecx, 4), %eax

27. 假定 int 型数组 a 的首址在 ECX 中，i 在 EDX 中，则“a+i−1 送 EAX”所对应的汇编指令是（　　）。

A. movl −1(%ecx, %edx, 4), %eax　　B. movl −4(%ecx, %edx, 4), %eax

C. leal −1(%ecx, %edx, 4), %eax　　D. leal −4(%ecx, %edx, 4), %eax

28. 假定静态 short 型二维数组 b 的声明如下：

```
static short b[2][4]={ {2, 9, -1, 5}, {3, 8, 2, -6}};
```

若 b 的首地址为 0x8049820，则按行优先存储方式下，数组元素“8”的地址是（　　）。

A. 0x8049825　　B. 0x804982a

C. 0x8049824　　D. 0x8049828

29. 假定静态 short 型二维数组 b 的声明如下：

```
static short b[2][4]={ {2, 9, -1, 5}, {3, 1, -6, 2 }};
```

若 b 的首地址为 0x8049820，则按行优先存储方式下，地址 0x804982c 中的内容是（　　）。

A. 0xfa　　B. 0xff　　C. 0x00　　D. 0x05

30. 假定静态 short 型二维数组 b 和指针数组 pb 的声明如下：

```
static short b[2][4]={ {2, 9, -1, 5}, {3, 1, -6, 2 }};
static short *pb[2]={b[0], b[1]};
```

若 b 的首地址为 0x8049820，则 pb[1] 的值是（　　）。

A. 0x8049820　　B. 0x8049822　　C. 0x8049824　　D. 0x8049828

31. 假定静态 short 型二维数组 b 和指针数组 pb 的声明如下：

```
static short b[2][4]={ {2, 9, -1, 5}, {3, 1, -6, 2 }};
static short *pb[2]={b[0], b[1]};
```

若 b 的首地址为 0x8049820，则 &pb[1] 的值是（　　）。

A. 0x8049830　　B. 0x8049832　　C. 0x8049834　　D. 0x8049838

32. 假定静态 short 型二维数组 b 和指针数组 pb 的声明如下：

```
static short b[2][4]={ {2, 9, -1, 5}, {3, 1, -6, 2 }};
static short *pb[2]={b[0], b[1]};
```

若 b 和 pb 的首地址分别为 0x8049820、0x8049830，i 在 ECX 中，则“*pb[i] 送 EAX”所对应的汇编指令序列是（　　）。

A. movl 0x8049820(, %ecx, 4), %edx
movl (%edx), %eax

B. movl 0x8049820(, %ecx, 4), %edx
leal (%edx), %eax

C. movl 0x8049830(, %ecx, 4), %edx
movl (%edx), %eax

D. movl 0x8049830(, %ecx, 4), %edx
leal (%edx), %eax

33. 假定结构体类型 cont_info 的声明如下：

```
struct cont_info {
    char id[8];
    char name [16];
    unsigned post;
    char address[100];
    char phone[20];
} ;
```

若结构体变量 x 初始化定义为 struct cont_info x={“00000010”, “ZhangS”, 210022, “273 long street, High Building #3015”, “12345678”}，x 的首地址在 EDX 中，则“unsigned xpost=x.post;”对应的汇编指令为（　　）。

A. movl 0x24(%edx), %eax　　B. movl 0x18(%edx), %eax

C. leal 0x24(%edx), %eax　　D. leal 0x18(%edx), %eax

34. 假定结构体类型 cont_info 的声明如下：

```
struct cont_info {
    char id[8];
    char name [16];
    unsigned post;
    char address[100];
    char phone[20];
} ;
```

若变量 x 的数据类型为 struct cont_info，x 的首址在 EDX 中，则“unsigned xpost=x.post;”对应汇编指令为（　　）。

A. movl 0x24(%edx), %eax　　B. movl 0x18(%edx), %eax

C. leal 0x24(%edx), %eax　　D. leal 0x18(%edx), %eax

35. 假定结构体类型 cont_info 的声明如下：

```
struct cont_info {
    char id[8];
    char name [16];
    unsigned post;
    char address[125];
    char phone[20];
} ;
```

若变量 x 的数据类型为 struct cont_info，x 的首地址为 0x8049820，则字段 x.phone 的起始地址为（　　）。

A. 0x80498b9　　B. 0x80498cd

C. 0x8049973　　D. 0x8049993

36. 假定联合体类型 node 的声明如下：

```
union node {
    struct {
        int *ptr;
        int data1
    } node1;
    struct {
        int data2;
        union node *next;
    } node2;
};
```

node 定义了一个单向链表，函数 node_proc 用来处理仅有两个节点的链表，其定义为：

```
void node_proc (union node *np) {
    np->node2.next->node1.data1=*(np->node2.next->node1.ptr);
}
```

已知参数 np 所在的地址为 R[ebp]+8，则函数 node_proc 中赋值语句对应的汇编代码序列为（　　）。

A. movl 8(%ebp), %edx
   movl 4(%edx), %edx
   movl (%edx), %ecx
   movl (%ecx), %ecx
   movl %ecx, 4(%edx)

B. movl 8(%ebp), %edx
   movl 4(%edx), %edx
   movl (%edx), %ecx
   movl (%ecx), %ecx
   movl 4(%edx) , %ecx

C. movl 8(%ebp), %edx
   movl 4(%edx), %edx
   movl (%edx), %ecx
   movl %ecx, 4(%edx)

D. movl 8(%ebp), %edx
   movl 4(%edx), %edx
   leal 4(%edx), %ecx
   movl %ecx, 4(%edx)

37. 以下关于 IA-32 处理器对齐方式的叙述中，错误的是（　　）。
   A. 不同操作系统采用的对齐策略可能不同
   B. 可以用编译指导语句（如 #pragma pack）设置对齐方式
   C. 总是按其数据宽度进行对齐，例如，double 型变量的地址总是 8 的倍数
   D. 对于同一个 struct 型变量，在不同对齐方式下可能会占用不同大小的存储区
38. 以下有关缓冲区溢出以及缓冲区溢出攻击的叙述中，错误的是（　　）。
   A. 当传送到栈中局部数组中的字符个数超过数组长度时，发生缓冲区溢出
   B. 恶意程序可利用像 strcpy 等无字符串长度设定的 C 库函数进行缓冲区溢出攻击
   C. 只要发生缓冲区溢出，寄存器内容或变量或返回地址等程序信息就可能被修改
   D. 只要发生缓冲区溢出，CPU 就会跳转到恶意程序事先设定好的程序去执行
39. 以下关于 x86-64 过程调用的叙述中，错误的是（　　）。
   A. 前 6 个参数采用通用寄存器传递，其余参数通过栈传递
   B. 在通用寄存器中传递的参数，都存放在 64 位寄存器中
   C. 在栈中的参数若是基本类型，则被分配 8 字节空间
   D. 返回参数存放在 RAX 相应宽度的寄存器中
40. 以下关于 IA-32 和 x86-64 指令系统比较的叙述中，错误的是（　　）。
   A. 对于 64 位数据，x86-64 可用一条指令处理，而 IA-32 需要多条指令处理
   B. 对于入口参数，x86-64 可用通用寄存器传递，而 IA-32 需要用栈来传递
   C. 对于浮点操作数，x86-64 存于 128 位的 XMM 中，而 IA-32 存于 80 位的 ST(i) 中
   D. 对于返回地址，x86-64 使用通用寄存器保存，而 IA-32 使用栈来保存

【参考答案】

1. B	2. C	3. D	4. A	5. C	6. A	7. B	8. C	9. B	10. D
11. C	12. D	13. B	14. D	15. B	16. D	17. C	18. A	19. D	20. D
21. C	22. C	23. A	24. B	25. D	26. A	27. D	28. B	29. A	30. D
31. C	32. C	33. B	34. B	35. A	36. A	37. C	38. D	39. B	40. D

6.6 分析应用题

1. 假设某个 C 语言函数 func() 的原型声明如下：

```
void func(int *xptr, int *yptr, int *zptr);
```

在 IA-32 中，函数 func() 的过程体对应的机器级代码用 AT&T 汇编形式表示如下：

```
1 movl  8(%ebp), %eax
2 movl  12(%ebp), %ebx
3 movl  16(%ebp), %ecx
4 movl  (%ebx), %edx
5 movl  (%ecx), %esi
6 movl  (%eax), %edi
7 movl  %edi, (%ebx)
8 movl  %edx, (%ecx)
9 movl  %esi, (%eax)
```

请回答下列问题或完成下列任务。

（1）在过程体开始时三个入口参数对应实参所存放的存储单元地址是什么？（提示：当前栈帧底部由帧指针寄存器 EBP 指示。）

（2）根据上述机器级代码写出函数 func() 的 C 语言代码。

【分析解答】

（1）xptr、yptr 和 zptr 对应实参所存放的存储单元地址分别为 R[ebp]+8、R[ebp]+12 和 R[ebp]+16。

（2）函数 func() 的 C 语言代码如下：

```
void func(int *xptr, int *yptr, int *zptr)
{
    int tempx=*xptr;
    int tempy=*yptr;
    int tempz=*zptr;
    *yptr = tempx;
    *zptr = tempy;
    *xptr = tempz;
}
```

2. 假设函数 operate() 的部分 C 代码如下：

```
1  int operate(int x, int y, int z, int k)
2  {
3      int v = ____________;
4      return v;
5  }
```

（1）以下 IA-32 汇编代码用来实现第 3 行语句的功能，请写出每条汇编指令的注释，并根据以下汇编代码，填写 operate() 函数缺失的部分。

```
1  movl  12(%ebp), %ecx
2  sall  $8, %ecx
3  movl  8(%ebp), %eax
4  movl  20(%ebp), %edx
5  imull %edx, %eax
6  movl  16(%ebp), %edx
7  andl  $65520, %edx
8  addl  %ecx, %edx
9  subl  %edx, %eax
```

（2）写出对应的 x86-64 汇编代码并和 IA-32 汇编代码进行性能比较。

【分析解答】

（1）每条汇编指令的注释如下。

```
movl   12(%ebp), %ecx    #R[ecx]←M[R[ebp]+12], 将 y 送 ECX
sall   $8, %ecx          #R[ecx]←R[ecx]<<8, 将 y*256 送 ECX
movl   8(%ebp), %eax     #R[eax]←M[R[ebp]+8], 将 x 送 EAX
movl   20(%ebp), %edx    #R[edx]←M[R[ebp]+20], 将 k 送 EDX
imull  %edx, %eax        #R[eax]←R[eax]*R[edx], 将 x*k 送 EAX
movl   16(%ebp), %edx    #R[edx]←M[R[ebp]+16], 将 z 送 EDX
andl   $65520, %edx      #R[edx]←R[edx]&65520, 将 z&0xFFF0 送 EDX
addl   %ecx, %edx        #R[edx]←R[edx]+R[ecx], 将 z&0xFFF0+y*256 送 EDX
```

```
subl   %edx, %eax        #R[eax]←R[eax]-R[edx]，将 x*k-(z&0xFFF0+y*256) 送 EAX
```

根据以上分析可知，第 3 行缺失部分为：

```
3    int v =  x*k-(z&0xFFF0+y*256) ;
```

（2）x86-64 系统中的过程调用参数传递方式与 IA-32 不同。根据 x86-64 的过程调用约定，调用过程将参数 x、y、z 和 k 分别存放在 32 位寄存器 EDI、ESI、EDX 和 ECX 中，因此在被调用过程 operate 中可直接使用这些寄存器中的参数。对应的 x86-64 汇编代码如下。

```
sall    $8, %esi          #R[esi]←R[esi]<<8，将 y*256 送 ESI
imull   %edi, %ecx        #R[ecx]←R[ecx]*R[edi]，将 x*k 送 ECX
andl    $65520, %edx      #R[edx]←R[edx]&65520，将 z&0xFFF0 送 EDX
addl    %esi, %edx        #R[edx]←R[edx]+R[esi]，将 z&0xFFF0+y*256 送 EDX
subl    %edx, %ecx        #R[ecx]←R[ecx]-R[edx]，将 x*k-(z&0xFFF0+y*256) 送 ECX
movl    %ecx, %eax        #R[eax]←R[ecx]，将 x*k-(z&0xFFF0+y*256) 送 EAX
```

显然，x86-64 对应代码的执行时间比 IA-32 代码的执行时间更短，性能更好。因为其指令条数更少，从 9 条指令减少到了 6 条指令，而且所有指令都无须访问主存中的数据（IA-32 代码中有 4 条指令需要访问主存中的数据）。

3. 假设函数 product() 的 C 语言代码如下，其中 num_type 是用 typedef 声明的数据类型。

```
1  void product(num_type *d, unsigned x, num_type y ) {
2      *d = x*y;
3  }
```

函数 product() 的过程体对应的主要汇编代码如下：

```
1  movl    12(%ebp), %eax
2  movl    20(%ebp), %ecx
3  imull   %eax, %ecx
4  mull    16(%ebp)
5  leal    (%ecx, %edx), %edx
6  movl    8(%ebp), %ecx
7  movl    %eax, (%ecx)
8  movl    %edx, 4(%ecx)
```

请给出上述每条 IA-32 汇编指令的注释，并说明 num_type 是什么类型。

【分析解答】

从汇编代码的第 2 行和第 4 行看，y 应该占 8 个字节，R[ebp]+20 开始的 4 个字节为高 32 位字节，记为 y_h；R[ebp]+16 开始的 4 个字节为低 32 位字节，记为 y_l。根据第 4 行为无符号数乘法指令，得知 y 的数据类型 num_type 为 unsigned long long。

```
movl  12(%ebp), %eax       #R[eax]←M[R[ebp]+12]，将 x 送 EAX
movl  20(%ebp), %ecx       #R[ecx]←M[R[ebp]+20]，将 yh 送 ECX
imull %eax, %ecx           #R[ecx]←R[ecx]*R[eax]，将 yh*x 的低 32 位送 ECX
mull  16(%ebp)             #R[edx]R[eax]←M[R[ebp]+16]*R[eax]，将 yl*x 送 EDX-EAX
leal  (%ecx, %edx), %edx   #R[edx]←R[ecx]+R[edx]，将 yl*x 的高 32 位与 yh*x 的低 32 位相
    加后送 EDX
movl  8(%ebp), %ecx        #R[ecx]←M[R[ebp]+8]，将 d 送 ECX
movl  %eax, (%ecx)         #M[R[ecx]]←R[eax]，将 x*y 低 32 位送 d 指向的低 32 位
movl  %edx, 4(%ecx)        #M[R[ecx]+4]←R[edx]，将 x*y 高 32 位送 d 指向的高 32 位
```

4. 已知函数 comp() 的 C 语言代码及其过程体对应的汇编代码如图 6-1 所示。

```
1  void comp(char x, int *p)
2  {
3      if (p && x<0)
4      *p += x;
5  }
```

```
1  movb   8(%ebp), %dl
2  movl   12(%ebp), %eax
3  testl  %eax, %eax
4  je     .L1
5  testb  $0x80, %dl
6  je     .L1
7  addb   %dl, (%eax)
8  .L1:
```

图 6-1 题 4 图

要求回答下列问题或完成下列任务。

（1）图中给出的是 IA-32 还是 x86-64 对应的汇编代码？为什么？

（2）给出每条汇编指令的注释，并说明为什么 C 代码只有一个 if 语句而汇编代码有两条条件跳转指令。

（3）按照主教材中图 6-17 给出的 “if () goto …” 语句形式，写出汇编代码对应的 C 语言代码。

【分析解答】

（1）是 IA-32 汇编代码。因为过程体中用到的参数在栈中的存储单元 R[ebp]+8、R[ebp]+12 中，说明过程调用的入口参数按栈传递，而 x86-64 中的参数是通过寄存器进行传递的。

（2）汇编指令的注解说明如下：

```
1  movb   8(%ebp), %dl      #R[dl]←M[R[ebp]+8]，将 x 送 DL
2  movl   12(%ebp), %eax    #R[eax]←M[R[ebp]+12]，将 p 送 EAX
3  testl  %eax, %eax        #R[eax] and R[eax]，判断 p 是否为 0
4  je     .L1               #若 p 为 0，则转 .L1 执行
5  testb  $0x80, %dl        #R[dl] and 80H，判断 x 的第一位是否为 0
6  je     .L1               #若 x>=0，则转 .L1 执行
7  addb   %dl, (%eax)       #M[R[eax]]←M[R[eax]]+R[dl]，即 *p+=x
8  .L1:
```

因为 C 语言 if 语句中的条件表达式可以对多个条件进行逻辑运算，而汇编代码中一条指令只能进行一种逻辑运算，并且每条逻辑运算指令生成的标志都是存放在同一个 EFLAGS 寄存器中，所以，最好在一条逻辑指令后跟一条条件跳转指令，把 EFLAGS 中的标志用完，然后再执行另一次逻辑判断并根据条件进行跳转的操作。因此，C 代码中一个 if 语句中的条件表达式 “p && x<0” 中的两个判断条件 “p!=0” 和 “x<0” 对应汇编代码中的两条条件跳转指令。

（3）按照主教材中图 6-17 给出的 “if () goto …” 语句形式写出汇编代码对应的 C 语言代码如下：

```
1  void comp(char x, int *p)
2  {
3      if (p!=0)
4          if (x<0)
5              *p += x;
6  }
```

5. 已知函数 func() 的 C 语言代码框架及其过程体对应的 IA-32 汇编代码如图 6-2 所示，根据对应的汇编代码填写 C 代码中缺失的表达式。

```
1   int func(int x, int y)
2   {
3       int z = ______;
4       if (_____) {
5           if ( _____ )
6               z = _____ ;
7           else
8               z = _____ ;
9       } else if ( _____ )
10          z = _____;
11      return z;
12  }
```

```
1       movl  8(%ebp), %eax
2       movl  12(%ebp), %edx
3       cmpl  $-100, %eax
4       jg    .L1
5       cmpl  %eax, %edx
6       jle   .L2
7       addl  %edx, %eax
8       jmp   .L3
9   .L2:
10      subl  %edx, %eax
11      jmp   .L3
12  .L1:
13      cmpl  $16, %eax
14      jl    .L4
15      andl  %edx, %eax
16      jmp   .L3
17  .L4:
18      imull %edx, %eax
19  .L3:
```

图 6-2　题 5 图

【分析解答】

```
1  int func(int x, int y)
2  {
3      int z = __x*y__;
4      if ( __x<=-100__ ) {
5          if ( __y>x__ )
6          z = __x+y__ ;
7      else
8          z = __x-y__ ;
9      } else if ( __x>=16__ )
10         z = __x &y__ ;
11     return z;
12 }
```

6. 已知函数 do_loop() 的 C 语言代码如下：

```
1  short do_loop(short x, short y, short k) {
2      do {
3          x*=(y%k) ;
4          k--;
5      } while ((k>0) && (y>k));
6      return x;
7  }
```

函数 do_loop() 的过程体对应的 IA-32 汇编代码如下：

```
1  movw    8(%ebp), %bx
2  movw    12(%ebp), %si
```

```
3  movw    16(%ebp), %cx
4  .L1:
5  movw    %si, %dx
6  movw    %dx, %ax
7  sarw    $15, %dx
8  idiv    %cx
9  imulw   %dx, %bx
10 decw    %cx
11 testw   %cx, %cx
12 jle     .L2
13 cmpw    %cx, %si
14 jg      .L1
15 .L2:
16 movswl  %bx, %eax
```

请回答下列问题或完成下列任务。

（1）给每条汇编指令添加注释，并说明每条指令执行后目的寄存器中存放的是什么信息。

（2）上述函数过程体中用到了哪些被调用者保存寄存器和哪些调用者保存寄存器？在该函数过程体前面的准备阶段，必须将哪些寄存器保存到栈中？

（3）为什么第 7 行中的 DX 寄存器需要算术右移 15 位？

（4）给出对应的 x86-64 汇编代码。

【分析解答】

（1）每个入口参数都要按 4 字节边界对齐，因此，参数 x、y 和 k 入栈时都占 4 字节。

```
1      movw    8(%ebp), %bx    #R[bx]←M[R[ebp]+8]，将 x 送 BX
2      movw    12(%ebp), %si   #R[si]←M[R[ebp]+12]，将 y 送 SI
3      movw    16(%ebp), %cx   #R[cx]←M[R[ebp]+16]，将 k 送 CX
4   .L1:
5      movw    %si, %dx        #R[dx]←R[si]，将 y 送 DX
6      movw    %dx, %ax        #R[ax]←R[dx]，将 y 送 AX
7      sarw    $15, %dx        #R[dx]←R[dx]>>15，将 y 的符号扩展 16 位送 DX
8      idiv    %cx             #R[dx]←R[dx-ax]÷R[cx] 的余数，将 y%k 送 DX
                               #R[ax]←R[dx-ax]÷R[cx] 的商，将 y/k 送 AX
9      imulw   %dx, %bx        #R[bx]←R[bx]*R[dx]，将 x*(y%k) 送 BX
10     decw    %cx             #R[cx]←R[cx]-1，将 k-1 送 CX
11     testw   %cx, %cx        #R[cx] and R[cx]，得 OF=CF=0，负数则 SF=1，零则 ZF=1
12     jle     .L2             #若 k 小于等于 0，则转 .L2
13     cmpw    %cx, %si        #R[si] - R[cx]，将 y 与 k 相减得到各标志
14     jg      .L1             #若 y 大于 k，则转 .L1
15  .L2:
16     movswl  %bx, %eax       # R[eax]←R[bx]，将 x*(y%k) 送 AX
```

（2）被调用者保存寄存器有 BX、SI，调用者保存寄存器有 AX、CX 和 DX。

在该函数过程体前面的准备阶段，必须将被调用者保存寄存器 EBX 和 ESI 保存到栈中。

（3）执行第 8 行除法指令前必须先将被除数扩展为 32 位，而这里是带符号整数除法，因此，采用算术右移以扩展 16 位符号并存放在 DX 中，低 16 位在 AX 中。

（4）根据 x86-64 过程调用约定，参数 x、y 和 k 分别存放在 16 位通用寄存器 DI、

SI 和 DX 中。对应的 x86-64 汇编代码如下。

```
1  .L1:
2       movw    %dx, %cx      #R[cx]←R[dx]，将 k 送 CX
3       movw    %si, %dx      #R[dx]←R[si]，将 y 送 DX
4       movw    %dx, %ax      #R[ax]←R[dx]，将 y 送 AX
5       sarw    $15, %dx      #R[dx]←R[dx]>>15，将 y 的符号扩展 16 位送 DX
6       idiv    %cx           #R[dx]←R[dx-ax]÷R[cx] 的余数，将 y%k 送 DX
                              #R[ax]←R[dx-ax]÷R[cx] 的商，将 y/k 送 AX
7       imulw   %dx, %di      #R[di]←R[di]*R[dx]，将 x*(y%k) 送 DI
8       decw    %cx           #R[cx]←R[cx]-1，将 k-1 送 CX
9       testw   %cx, %cx      #R[cx] and R[cx]，得 OF=CF=0，负数则 SF=1，零则 ZF=1
10      jle     .L2           #若 k 小于等于 0，则转 .L2
11      cmpw    %cx, %si      #R[si] - R[cx]，将 y 与 k 相减得到各标志
12      jg      .L1           #若 y 大于 k，则转 .L1
13 .L2:
14      movw    %di, %ax      # R[ax]←R[di]，将 x*(y%k) 送 AX
```

7. 已知函数 f1() 的 C 语言代码框架及其过程体对应的汇编代码如图 6-3 所示，根据对应的汇编代码填写 C 代码中缺失的部分，说明函数 f1() 的功能，并写出对应的 x86-64 汇编代码。

```
1  int f1(unsigned x)
2  {
3      int y = 0 ;
4      while (____) {
5          ____;
6      }
7      return ____ ;
8  }
```

```
1      movl   8(%ebp), %edx
2      movl   $0, %eax
3      testl  %edx, %edx
4      je     .L1
5   .L2:
6      xorl   %edx, %eax
7      shrl   $1, %edx
8      jne    .L2
9   .L1:
10     andl   $1, %eax
```

图 6-3　题 7 图

【分析解答】

```
1 int f1(unsigned x)
2 {
3     int y = 0 ;
4     while (  x!=0  ) {
5         y^=x   ;
6         x>>=1  ;
7     }
8     return  y&0x1  ;
9 }
```

函数 f1() 的功能是返回 (x ^ x>>1 ^ x>>2 ^ …) & 0x1，因此 f1 用于检测 x 的奇偶性，当 x 中有奇数个 1，则返回为 1，否则返回 0。

根据 x86-64 过程调用约定，参数 x 存放在 32 位通用寄存器 EDI 中，对应的 x86-64 汇编代码如下。

```
1      movl   $0, %eax
2      testl  %edi, %edi
```

```
3       je      .L1
4   .L2:
5       xorl    %edi, %eax
6       shrl    $1, %edi
7       jne     .L2
8   .L1:
9       andl    $1, %eax
```

8. 已知函数 sw() 的 C 语言代码框架如下：

```
int sw(int x) {
    int  v=0;
    switch (x) {
        /* switch语句中的处理部分省略 */
    }
    return v;
}
```

对函数 sw() 进行编译，得到函数过程体中开始部分的汇编代码以及跳转表，如图 6-4 所示。

```
1       movl    8(%ebp), %eax
2       addl    $3, %eax
3       cmpl    $7, %eax
4       ja      .L7
5       jmp     *.L8( , %eax, 4)
6   .L7:
7       …
8       …
```

```
1   .L8:
2       .long       .L7
3       .long       .L2
4       .long       .L2
5       .long       .L3
6       .long       .L4
7       .long       .L5
8       .long       .L7
9       .long       .L6
```

图 6-4　题 8 图

函数 sw() 中的 switch 语句处理部分标号的取值情况如何？标号的取值在什么情况下执行 default 分支？哪些标号的取值会执行同一个 case 分支？

【分析解答】

函数 sw() 只有一个入口参数 x，根据汇编代码的第 2 ～ 5 行指令可知，当 x+3>7 时转标号 .L7 处执行，否则，按照跳转表中的地址跳转执行，x 与跳转目标处标号的关系如下：

x+3=0：.L7

x+3=1：.L2

x+3=2：.L2

x+3=3：.L3

x+3=4：.L4

x+3=5：.L5

x+3=6：.L7

x+3=7：.L6

由此可知，switch (x) 中省略的处理部分结构如下：

```
case−2:
case−1:
    …  # .L2 标号处指令序列对应的语句
    break;
case 0:
    …  # .L3 标号处指令序列对应的语句
    break;
case 1:
    …  # .L4 标号处指令序列对应的语句
    break;
case 2:
    …  # .L5 标号处指令序列对应的语句
    break;
case 4:
    …  # .L6 标号处指令序列对应的语句
    break;
default:
    …  # .L7 标号处指令序列对应的语句
```

9. 已知函数 test() 的入口参数有 a、b、c 和 p，C 语言过程体代码如下：

```
*p = a;
return b*c;
```

函数 test 过程体对应的 IA-32 汇编代码如下：

```
1  movl     20(%ebp), %edx
2  movsbw   8(%ebp), %ax
3  movw     %ax, (%edx)
4  movzwl   12(%ebp), %eax
5  movzwl   16(%ebp), %ecx
6  mull     %ecx
```

（1）写出函数 test() 的原型，给出返回参数的类型以及入口参数 a、b、c 和 p 的类型和顺序。

（2）写出对应的 x86-64 汇编代码。

【分析解答】

（1）根据第 2、第 3 行指令可知，参数 a 是 char 型，参数 p 是指向 short 型变量的指针；根据第 4、第 5 行指令可知，参数 b 和 c 都是 unsigned short 型；根据第 6 行指令可知，test 的返回参数类型为 unsigned int。因此，test() 的原型为“unsigned int test(char a, unsigned short b, unsigned short c, short *p);”。

（2）根据 x86-64 过程调用约定，入口参数 a、b、c、p 分别存放在 DIL、SI、DX 和 RCX 中，对应的 x86-64 汇编代码如下。

```
1  movsbw   %dil, %ax
```

```
2 movw     %ax, (%rcx)
3 movzwl   %dx, %edx
4 movzwl   %si, %eax
5 mull     %edx
```

10. 已知函数 funct() 的 C 语言代码如下：

```
1 #include <stdio.h>
2 int funct(void) {
3     int  x, y;
4     scanf("%d %d", &x, &y);
5     return x-y;
6 }
```

函数 funct 对应的 IA-32 汇编代码如下：

```
1  funct:
2    pushl %ebp
3    movl  %esp, %ebp
4    subl  $40, %esp
5    leal  -8(%ebp), %eax
6    movl  %eax, 8(%esp)
7    leal  -4(%ebp), %eax
8    movl  %eax, 4(%esp)
9    movl  $.LC0, (%esp)      # 将指向字符串 "%d %d" 的指针入栈
10   call  scanf              # 假定 scanf 执行后 x=15, y=20
11   movl  -4(%ebp), %eax
12   subl  -8(%ebp), %eax
13   leave
14   ret
```

假设函数 funct() 开始执行时，R[esp]=0xbc00 0020，R[ebp]=0xbc00 0030，指向字符串“%d %d”的指针为 0x0804 c000。回答下列问题或完成下列任务。

（1）执行第 3、第 10 和第 13 行的指令后，寄存器 EBP 中的内容分别是什么？

（2）执行第 3、第 10 和第 13 行的指令后，寄存器 ESP 中的内容分别是什么？

（3）局部变量 x 和 y 所在存储单元的地址分别是什么？

（4）画出执行第 10 行指令后 funct 的栈帧，指出栈帧中的内容及其地址。

【分析解答】

每次执行 pushl 指令后，R[esp]=R[esp]−4，因此，第 2 行指令执行后 R[esp]= 0xbc00 001c。

（1）执行第 3 行指令后，R[ebp]=R[esp]=0xbc00 001c。到第 12 条指令执行结束都没有改变 EBP 的内容，因而执行第 10 行指令后，EBP 的内容还是 0xbc00 001c。执行第 13 行指令后，EBP 的内容恢复为进入函数 funct 时的值 0xbc00 0030。

（2）执行第 3 行指令后，R[esp]=0xbc00 001c。执行第 4 行指令后 R[esp]= R[esp]−40= 0xbc00 001c−0x28=0xbbff fff4。因而执行第 10 行指令后、跳转到 scanf() 函数执行前，ESP 中的内容为 0xbbff fff4−4=0xbbff fff0，从 scanf 函数返回后 ESP 中的内容为 0xbbff fff4。执行第 13 行指令后，ESP 的内容恢复为进入函数 funct() 时的旧值，即 R[esp]=0xbc00 0020。

（3）第 5、第 6 两行指令将 scanf 的第三个参数 &y 入栈，入栈的内容为 R[ebp]−8=

0xbc00 0014；第 7、第 8 两行指令将 scanf 的第二个参数 &x 入栈，入栈的内容为 R[ebp]−4=0xbc00 0018。故 x 和 y 所在的地址分别为 0xbc00 0018 和 0xbc00 0014。

（4）执行第 10 行指令后，funct 栈帧的地址范围及其内容如图 6-5 所示。

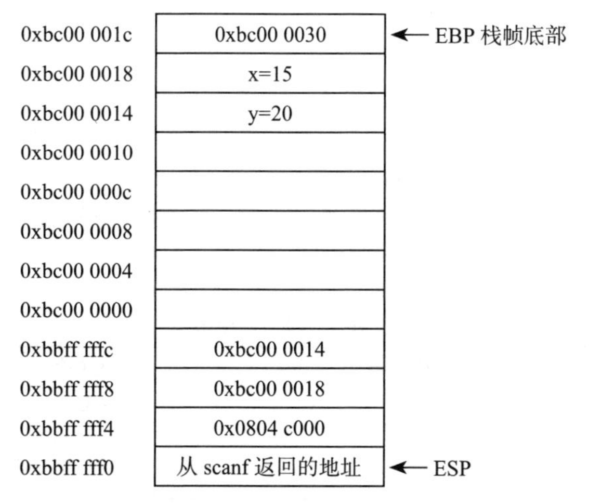

图 6-5　题 10 图

11. 已知递归函数 refunc() 的 C 语言代码框架如下：

```
1 int refunc(unsigned x) {
2     if ( ___________ )
3         return ________ ;
4     unsigned nx = _________ ;
5     int rv = refunc(nx) ;
6     return ___________ ;
7 }
```

上述递归函数过程体对应的 IA-32 汇编代码如下：

```
1     movl   8(%ebp), %ebx
2     movl   $0, %eax
3     testl  %ebx, %ebx
4     je     .L2
5     movl   %ebx, %eax
6     shrl   $1, %eax
7     movl   %eax, (%esp)
8     call   refunc
9     movl   %ebx, %edx
10    andl   $1, %edx
11    leal   (%edx, %eax), %eax
12 .L2:
   …
   ret
```

根据对应的汇编代码填写 C 代码中缺失的部分，并说明函数的功能。

【分析解答】

第 1 行汇编指令说明参数 x 存放在 EBX 中，根据第 4 行判断 x=0 则转 .L2，否则继续执行第 5 ～ 11 行指令。根据第 5、第 6、第 7 行指令可知，入栈参数 nx 的计算公式为 x>>1；根据第 9、第 10、第 11 行指令可知，返回值为 (x&1)+rv。由此推断出C代码中缺失的部分如下：

```
1 int refunc(unsigned x) {
2     if ( ___x==0___ )
3         return ___0___ ;
4     unsigned nx = ___x>>1___ ;
5     int rv = refunc(nx) ;
6     return ___(x & 0x1) + rv___ ;
7 }
```

该函数的功能为计算x的各个数位中1的个数总数。

12. 针对IA-32和x86-64两种系统，填写表6-1，说明每个数组的元素大小、整个数组的大小以及第i个元素的地址。

表6-1 题12用表

数组	元素大小（B）	数组大小（B）	起始地址	第i个元素的地址
char A[10]			&A[0]	
long B[100]			&B[0]	
short*C[5]			&C[0]	
short**D[6]			&D[0]	
long double E[10]			&E[0]	
long double *F[10]			&F[0]	

【分析解答】

在IA-32中，GCC为数据类型long double型变量分配12字节空间，实际上只占用10字节。对表6-1填表后得到表6-2如下。

表6-2 IA-32中的填表情况

数组	元素大小（B）	数组大小（B）	起始地址	元素i的地址
char A[10]	1	10	&A[0]	&A[0]+i
long B[100]	4	400	&B[0]	&B[0]+4i
short *C[5]	4	20	&C[0]	&C[0]+4i
short **D[6]	4	24	&D[0]	&D[0]+4i
long double E[10]	12	120	&E[0]	&E[0]+12i
long double *F[10]	4	40	&F[0]	&F[0]+4i

在x86-64中，GCC为数据类型long double型变量分配16字节空间，实际上只占用10字节。填表6-1后得到表6-3如下。

表6-3 x86-64中的填表情况

数组	元素大小（B）	数组大小（B）	起始地址	第i个元素的地址
char A[10]	1	10	&A[0]	&A[0]+i
long B[100]	8	800	&B[0]	&B[0]+8i
short*C[5]	8	40	&C[0]	&C[0]+8i
short**D[6]	8	48	&D[0]	&D[0]+8i
long double E[10]	16	160	&E[0]	&E[0]+16i
long double *F[10]	8	80	&F[0]	&F[0]+8i

13. 假设short型数组S的首地址A_S和数组下标（索引）变量i（int型）分别存放在寄存

器 EDX 和 ECX 中，下列给出的表达式的结果存放在 EAX 或 AX 中，仿照例子填写表 6-4，说明表达式的类型、值和相应的汇编代码。

表 6-4　题 13 用表

表达式	类型	值	汇编代码
S			
S+i			
S[i]	short	$M[A_S+2*i]$	movw (%edx, %ecx, 2), %ax
&S[10]			
&S[i+2]	short *	$A_S+2*i+4$	leal 4(%edx, %ecx, 2), %eax
&S[i]−S			
S[4*i+4]			
*(S+i−2)			

【分析解答】

填写表 6-4 后，得到表 6-5 如下。

表 6-5　题 13 中填入结果后的表

表达式	类型	值	汇编代码
S	short *	A_S	leal (%edx), %eax
S+i	short *	A_S+2*i	leal (%edx, %ecx, 2), %eax
S[i]	short	$M[A_S+2*i]$	movw (%edx, %ecx, 2), %ax
&S[10]	short *	A_S+20	leal 20(%edx), %eax
&S[i+2]	short *	$A_S+2*i+4$	leal 4(%edx, %ecx, 2), %eax
&S[i]−S	int	$(A_S+2*i-As)/2=i$	movl %ecx, %eax
S[4*i+4]	short	$M[A_S+2*(4*i+4)]$	movw 8(%edx, %ecx, 8), %ax
*(S+i−2)	short	$M[A_S+2*(i-2)]$	movw −4(%edx, %ecx, 2), %ax

14. 假设函数 sumij() 的 C 代码如下，其中，M 和 N 是用 #define 声明的常数。

```
1 int a[M][N],  b[N][M];
2
3 int sumij(int i, int j) {
4     return a[i][j] + b[j][i];
5 }
```

已知函数 sumij() 的过程体对应的 IA-32 汇编代码如下：

```
1 movl   8(%ebp), %ecx
2 movl   12(%ebp), %edx
3 leal   (,%ecx, 8), %eax
4 subl   %ecx, %eax
5 addl   %edx, %eax
6 leal   (%edx, %edx, 4), %edx
7 addl   %ecx, %edx
8 movl   a(, %eax, 4), %eax
9 addl   b(,%edx, 4), %eax
```

根据上述汇编代码，确定 M 和 N 的值。

【分析解答】

若 a 和 b 的每个元素占一个字节，则 a[i][j] 的地址为 a+i*N+j，b[j][i] 的地址为

b+j*M+i。根据汇编指令功能可以推断，最终在 EAX 中返回的值为 Mem[a+7*4*i+4*j]+Mem[b+5*4*j+4*i]，因为数组 a 和 b 都是 int 型，每个数组元素占 4B，因此，M=5，N=7。

15. 假设函数 st_ele() 的 C 代码如下，其中，L、M 和 N 是用 #define 声明的常数。

```
1 int a[L][M][N];
2
3 int st_ele(int i, int j, int k, int *dst) {
4     *dst = a[i][j][k];
5     return sizeof(a);
6 }
```

已知函数 st_ele 的过程体对应的 IA-32 汇编代码如下：

```
1  movl   8(%ebp), %ecx
2  movl   12(%ebp), %edx
3  leal   (%edx,%edx, 8), %edx
4  movl   %ecx, %eax
5  sall   $6, %eax
6  subl   %ecx, %eax
7  addl   %eax, %edx
8  addl   16(%ebp), %edx
9  movl   a(, %edx, 4), %eax
10 movl   20(%ebp), %edx
11 movl   %eax, (%edx)
12 movl   $4536, %eax
```

根据上述汇编代码，确定 L、M 和 N 的值。

【分析解答】

执行第 11 行指令后，a[i][j][k] 的地址为 a+4*(63*i+9*j+k)，因此可以推断出中间的 M=9，N=63/9=7。根据第 12 行指令可知，数组 a 的大小为 4536 字节，故 L=4536/(4*N*M)=18。

16. 假设函数 trans_matrix() 的 C 代码如下，其中，M 是用 #define 声明的常数。

```
1 void trans_matrix(int a[M][M]) {
2     int i, j, t;
3     for (i = 0; i < M; i++)
4         for (j = 0; j < M; j++) {
5             t = a[i][j];
6             a[i][j] = a[j][i];
7             a[j][i] = t;
8         }
9 }
```

已知采用优化编译（选项 -O2）后，函数 trans_matrix() 的内循环对应的汇编代码如下：

```
1 .L2:
2   movl (%ebx), %eax
3   movl (%esi, %ecx, 4), %edx
4   movl %eax, (%esi, %ecx, 4)
5   addl $1, %ecx
6   movl %edx, (%ebx)
```

```
7    addl  $76, %ebx
8    cmpl  %edi, %ecx
9    jl    .L2
```

根据上述汇编代码，回答下列问题或完成下列任务。

（1）M 的值是多少？常数 M 和变量 j 分别存放在哪个寄存器中？

（2）写出上述优化汇编代码对应的函数 trans_matrix 的 C 代码。

【分析解答】

（1）常数 M=76/4=19，存放在 EDI 中，变量 j 存放在 ECX 中。

（2）上述优化汇编代码对应的函数 trans_matrix 的 C 代码如下：

```
1  void trans_matrix(int a[M][M]) {
2      int i, j, t, *p;
3      int c=(M<<2);
4      for (i = 0; i < M; i++) {
5          p=&a[0][i];
6          for (j = 0; j < M; j++) {
7              t=*p;
8              *p = a[i][j];
9              a[i][j] = t;
10             p += c;
11         }
12     }
13 }
```

17. 假设结构体类型 node 的定义、函数 np_init 的 C 代码及其对应的部分汇编代码如图 6-6 所示。

```
struct node {
    int *p;
    struct {
        int x;
        int y;
    } s;
    struct node *next;
};
```

```
void np_init(struct node *np)
{
    np->s.x =______;
    np->p =______;
    np->next=______;
}
```

```
movl   8(%ebp), %eax
movl   8(%eax), %edx
movl   %edx, 4(%eax)
leal   4(%eax), %edx
movl   %edx, (%eax)
movl   %eax, 12(%eax)
```

图 6-6　题 17 图

回答下列问题或完成下列任务。

（1）结构体 node 所需的存储空间是多少字节？成员 p、s.x、s.y 和 next 的偏移地址分别为多少？

（2）根据汇编代码填写 np_init 中缺失的表达式。

（3）写出图 6-6 中 IA-32 汇编代码对应的 x86-64 汇编代码。

【分析解答】

（1）node 所需的存储空间需要 4+(4+4)+4=16 字节。成员 p、s.x、s.y 和 next 的偏移地址分别为 0、4、8 和 12。

（2）np_init 中缺失的表达式如下：

```
void np_init(struct node *np)
{
```

```
        np->s.x = np->s.y ;
        np->p = &(np->s.x) ;
        np->next= np ;
    }
```

（3）根据 x86-64 过程调用约定，入口参数 np 存放在寄存器 RDI 中。对应的 x86-64 汇编代码如下：

```
movl 8(%rdi), %edx
movl %edx, 4(%rdi)
leal 4(%rdi), %edx
movl %edx, (%rdi)
movl %rdi, 12(%rdi)
```

18. 假设联合体类型 utype 的定义如下：

```
typedef union {
    struct  {
        int x;
        short y;
        short z;
    } s1;
    struct  {
        short a[2];
        int b;
        char *p;
    } s2;
} utype;
```

若存在具有如下形式的一组函数：

```
void getvalue(utype *uptr, TYPE *dst) {
    *dst = EXPR;
}
```

该组函数用于计算不同表达式 EXPR 的值，返回值的数据类型根据表达式的类型确定。假设函数 getvalue() 的入口参数 uptr 和 dst 分别被装入寄存器 EAX 和 EDX 中，仿照例子填写表 6-6，说明在不同的表达式下的 TYPE 类型以及表达式对应的汇编指令序列（要求尽量只用 EAX 和 EDX，不够用时再使用 ECX）。

表 6-6　题 18 用表

表达式 EXPR	TYPE 类型	汇编指令序列
uptr -> s1.x	int	movl (%eax), %eax movl %eax, (%edx)
uptr -> s1.y		
&uptr -> s1.z		
uptr -> s2.a		
uptr -> s2.a[uptr -> s2.b]		
*uptr -> s2.p		

【分析解答】

填写表 6-6 后，得到表 6-7 如下。

表 6-7　题 18 中填入结果后的表

表达式 EXPR	TYPE 类型	汇编指令序列
uptr -> s1.x	int	movl (%eax), %eax movl %eax, (%edx)
uptr -> s1.y	short	movw 4(%eax), %ax movw %ax, (%edx)
&uptr -> s1.z	short *	leal 6(%eax), %eax move %eax, (%edx)
uptr -> s2.a	short *	movl %eax, (%edx)

uptr -> s2.a[uptr -> s2.b]	short	movl 4(%eax), %ecx
		movw (%eax, %ecx, 2), %ax
		movw %ax, (%edx)

*uptr -> s2.p	char	movl 8(%eax), %eax
		movb (%eax), %al
		movb %al, (%edx)

19. 给出在 IA-32+Linux 平台下，下列各个结构体类型中每个成员的偏移量、结构体总大小以及结构体起始位置的对齐要求。

（1）struct S1 {short s; char c; int i; char d;};

（2）struct S2 {int i; short s; char c; char d;};

（3）struct S3 {char c; short s; int i; char d;};

（4）struct S4 {short s[3]; char c; };

（5）struct S5 {char c[3]; short *s; int i; char d; double e;};

（6）struct S6 {struct S1 c[3]; struct S2 *s; char d;};

【分析解答】

（1）S1:　s　c　i　d
　　　　0　2　4　8　总共 12 字节，按 4 字节边界对齐

（2）S2:　i　s　c　d
　　　　0　4　6　7　总共 8 字节，按 4 字节边界对齐

（3）S3:　c　s　i　d
　　　　0　2　4　8　总共 12 字节，按 4 字节边界对齐

（4）S4:　s　c
　　　　0　6　总共 8 字节，按 2 字节边界对齐

（5）S5:　c　s　i　d　e
　　　　0　4　8　12　16　总共 24 字节，按 4 字节边界对齐（Linux 下 double 型按 4 字节边界对齐）

（6）S6:　c　s　d
　　　　0　36　40　总共 44 字节，按 4 字节边界对齐

20. 以下是结构体 test 的声明：

```
struct {
    char c;
    double d;
    int i;
```

```
    short s;
    char *p;
    long l;
    long long g;
    void *v;
} test;
```

假设在32位Windows平台上编译，则这个结构体中每个成员的偏移量是多少？结构体总大小为多少字节？如何调整成员的先后顺序使得结构体所占空间最小？

【分析解答】

Windows平台要求不同的基本类型按照其数据长度进行对齐。每个成员的偏移量如下：

c	d	i	s	p	l	g	v
0	8	16	20	24	28	32	40

结构体总大小为48字节，因为其中的d和g必须按8字节边界对齐，所以，必须在末尾再加上4字节，即44+4=48字节。变量长度按照从大到小的顺序排列，可以使得结构体所占空间最小，因此调整顺序后的结构体定义如下：

```
struct {
        double d;
        long long g;
        int i;
        char *p;
        long l;
        void *v;
        short s;
        char c;
    } test;
```

每个成员的偏移量如下：

d	g	i	p	l	v	s	c
0	8	16	20	24	28	32	34

结构体总大小为34+6=40字节。

同样，变量长度按照从小到大的顺序排列，也可以使得结构体所占空间最小，调整顺序后的结构体定义如下：

```
struct {
    char c;
    short s;
    int i;
    char *p;
    long l;
    void *v;
    long long g;
    double d;
} test;
```

每个成员的偏移量如下：

c	s	i	p	l	v	g	d
0	2	4	8	12	16	24	32

结构体总大小为32+8=40字节。

21. 图 6-7 给出 getline() 函数存在漏洞和问题的 C 语言代码实现，右边是其对应的反汇编部分结果。

```c
char *getline()
{
    char buf[8];
    char *result;
    gets(buf);
    result=malloc(strlen(buf));
    strcpy(result, buf);
    return result;
}
```

```
1    0804840c <getline>:
2      804840c:   55              push   %ebp
3      804840d:   89 e5           mov    %esp, %ebp
4      804840f:   83 ec 28        sub    $0x28, %esp
5      8048412:   89 5d f4        mov    %ebx, -0xc(%ebp)
6      8048415:   89 75 f8        mov    %esi, -0x8(%ebp)
7      8048418:   89 7d fc        mov    %edi, -0x4(%ebp)
8      804841b:   8d 75 ec        lea    -0x14(%ebp), %esi
9      804841e:   89 34 24        mov    %esi, (%esp)
10     8048421:   e8 a3 ff ff ff  call   80483c9 <gets>
```

图 6-7 题 21 图（一）

假定有一个调用过程 P 调用了 getline() 函数，其返回地址为 0x0804 85c8，为调用 getline() 函数而执行完 call 指令时，部分寄存器的内容如下：R[ebp]=0xbffc 0800，R[esp]=0xbffc 07f0，R[ebx]=0x5，R[esi]=0x10，R[edi]=0x8。执行程序时从标准输入读入的一行字符串为“0123456789ABCDEF0123456789\n”，此时，程序会发生段错误（segmentation fault）并中止执行，经调试确认错误是在执行 getline 的 ret 指令时发生的。回答下列问题或完成下列任务。

（1）画出第 7 行指令执行后栈中的信息存放情况。要求给出存储地址和存储内容，并指出存储内容的含义（如返回地址、EBX 旧值、局部变量、入口参数等）。

（2）画出执行第 10 行指令并调用 gets() 函数后回到第 10 行的下一条指令执行时栈中的信息存放情况。

（3）当执行到 getline 的 ret 指令时，若程序不发生段错误，则正确的返回地址是什么？发生段错误是因为执行 getline 的 ret 指令时得到了什么样的返回地址？

（4）执行完 gets() 函数后，哪些寄存器的内容已被破坏？

（5）除了可能发生缓冲区溢出以外，getline 的 C 代码中还有哪些错误？

【分析解答】

（1）执行第 7 行指令后，栈中信息的存放情况如图 6-8a 所示。其中，gets() 函数的入口参数为 buf 数组首地址，应等于 getline() 函数的栈帧底部指针 EBP 的内容减 0x14，而 getline() 函数的栈帧底部指针 EBP 的内容应等于执行完 getline 中第 2 行指令（push %ebp）后 ESP 的内容，此时，R[esp]= 0xbffc 07f0−4=0xbffc 07ec，故 buf 数组首地址为 R[ebp]−0x14= R[esp]−0x14=0xbffc 07ec−0x14=0xbffc 07d8。

（2）执行第 10 行指令后，跳转到 gets() 函数执行。在 gets() 函数中，将字符串“0123456789ABCDEF0123456789\0”作为 buf 的内容写入 buf[0]（地址为 0xbffc 07d8）处开始的存储单元中，信息存放情况如图 6-8b 所示。

（3）当执行到 getline 的 ret 指令时，假如程序不发生段错误，则正确的返回地址应该是 0x0804 85c8，发生段错误是因为执行 getline 的 ret 指令时得到的返回地址为 0x0800 3938，这个地址所在存储段是不可执行的非代码段，因而发生了段错误。

（4）执行完 gets() 函数后，被调用者保存寄存器 EBX、ESI 和 EDI 在 P 中的内容已被破坏，同时还破坏了 EBP 在 P 中的内容。

（5）getline 的 C 代码中 malloc() 函数的参数应该为 strlen(buf)+1，此外，应该检查 malloc 函数的返回值是否为 NULL。

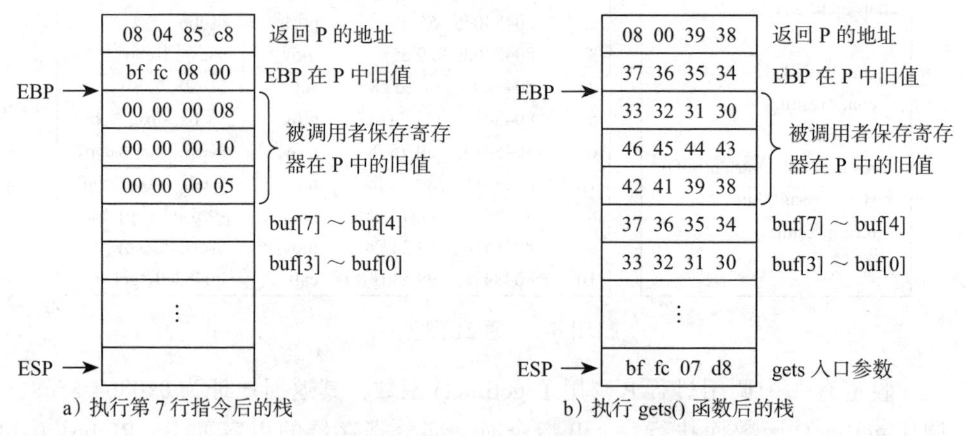

图 6-8　题 21 图（二）

22. 假定函数 abc() 的入口参数有 a、b 和 c，每个参数都可能是带符号整数类型或无符号整数类型，而且它们的长度也可能不同。该函数具有如下过程体：

```
*b += c;
*a += *b;
```

在 x86-64 机器上编译后的汇编代码如下：

```
1 abc:
2   addl   (%rdx), %edi
3   movl   %edi, (%rdx)
4   movslq %edi, %rdi
5   addq   %rdi, (%rsi)
6   ret
```

分析上述汇编代码，以确定三个入口参数的顺序和可能的数据类型，写出函数 abc() 可能的 4 种合理的函数原型。

【分析解答】

x86-64 过程调用时通过通用寄存器进行参数传递，前三个参数所用的通用寄存器顺序为 RDI、RSI、RDX。根据第 3、第 4 行指令可知，参数 b 肯定指向一个 32 位带符号整数类型；根据第 5 行指令可知，参数 a 指向 64 位带符号整数类型；而参数 c 可以是 32 位，也可以是 64 位，因为 *b 为 32 位，所以取 RDI 中的低 32 位 R[edi]（截断为 32 位），再和 *b 相加。同时，参数 c 可以是带符号整数类型，也可以是无符号整数类型，因为第 2 行加法指令 addl 的执行结果对于带符号整数和无符号整数都一样。因此，abc() 的 4 种合理的函数原型如下：

① void abc(int c, long *a, int *b);

② void abc(unsigned c, long *a, int *b);

③ void abc(long c, long *a, int *b);

④ void abc(unsigned long c, long *a, int *b);

23. 函数 lproc() 的过程体对应的 IA-32 汇编代码如下：

```
1    movl  8(%ebp), %edx
2    movl  12(%ebp), %ecx
3    movl  $255, %esi
4    movl  $-2147483648, %edi
5  .L3:
6    movl  %edi, %eax
7    andl  %edx, %eax
8    xorl  %eax, %esi
9    shrl  %cl, %edi
10   testl %edi, %edi
11   jne   .L3
12   movl  %esi, %eax
```

上述代码根据以下 lproc 函数的 C 代码编译生成。

```
1 int lproc(int x, int k)
2 {
3     int val = ______________ ;
4     int i;
5     for (i= ______________ ; i ______________ ; i = ____________) {
6         val ^= ______________ ;
7     }
8     return val;
9 }
```

回答下列问题或完成下列任务。

（1）给每条汇编指令添加注释。

（2）参数 x 和 k 分别存放在哪个寄存器中？局部变量 val 和 i 分别存放在哪个寄存器中？

（3）局部变量 val 和 i 的初始值分别是什么？

（4）循环终止条件是什么？循环控制变量 i 是如何被修改的？

（5）填写 C 代码中的缺失部分。

【分析解答】

（1）汇编指令注释如下：

```
1  movl  8(%ebp), %edx         #R[edx]←M[R[ebp]+8]，将 x 送至 EDX
2  movl  12(%ebp), %ecx        #R[ecx]←M[R[ebp]+12]，将 k 送至 ECX
3  movl  $255, %esi            #R[esi]←255，将 255 送至 ESI
4  movl  $-2147483648, %edi    #R[edi]←-2147483648，将 0x8000 0000 送至 EDI
5  .L3:
6  movl  %edi, %eax            #R[eax]←R[edi]，将 i 送至 EAX
7  andl  %edx, %eax            #R[eax]←R[eax] and R[edx]，将 i and x 送至 EAX
8  xorl  %eax, %esi            #R[esi]←R[esi] xor R[eax]，将 val xor (i and x) 送至 ESI
9  shrl  %cl, %edi             #R[edi]←R[edi] >> R[cl]，将 i 逻辑右移 k 位送至 EDI
10 testl %edi, %edi
11 jne   .L3                   #若 R[edi] ≠ 0，则转 .L3
12 movl  %esi, %eax            #R[eax]←R[esi]
```

（2）x 和 k 分别存放在 EDX 和 ECX 中。局部变量 val 和 i 分别存放在 ESI 和 EDI 中。

（3）局部变量 val 和 i 的初始值分别是 255 和 −2147483648。

（4）循环终止条件为 i 等于 0。循环控制变量 i 每次循环被逻辑右移 k 位。

（5）C 代码中的缺失部分填空如下，注意：对无符号整数进行的是逻辑右移。

```
1 int lproc(int x, int k)
2 {
3     int val = __255__ ;
4     int i;
5     for (i=__-2147483648__; i__!= 0__; i= __(unsigned) i >> k__) {
6         val ^= __(i & x)__;
7     }
8     return val;
9 }
```

24. 假设你需要维护一个大型 C 语言程序，其部分代码如下：

```
1   typedef struct {
2       unsigned    l_data;
3       line_struct x[LEN];
4       unsigned    r_data;
5   } str_type;
6
7   void proc(int i, str_type *sptr) {
8       unsigned val = sptr->l_data + sptr->r_data;
9       line_struct *xptr = &sptr->x[i];
10      xptr->a[xptr->idx] = val;
11  }
```

编译时常量 LEN 以及结构体类型 line_struct 的声明都在一个你无权访问的文件中，但是，你有代码的 .o 版本（可重定位目标）文件，通过 OBJDUMP 反汇编该文件后，得到函数 proc() 对应的反汇编结果，如图 6-9 所示，根据反汇编结果推断常量 LEN 的值以及结构体类型 line_struct 的完整声明（假设其中只有成员 a 和 idx）。

```
1   00000000 <proc >:
2        0:   55                     push   %ebp
3        1:   89 e5                  mov    %esp, %ebp
4        3:   53                     push   %ebx
5        4:   8b 45 08               mov    0x8(%ebp), %eax
6        7:   8b 4d 0c               mov    0xc(%ebp), %ecx
7        a:   6b d8 1c               imul   $0x1c, %eax, %ebx
8        d:   8d 14 c5 00 00 00 00   lea    0x0(, %eax, 8), %edx
9       14:   29 c2                  sub    %eax, %edx
10      16:   03 54 19 04            add    0x4(%ecx, %ebx, 1), %edx
11      1a:   8b 81 c8 00 00 00      mov    0xc8(%ecx), %eax
12      20:   03 01                  add    (%ecx), %eax
13      22:   89 44 91 08            mov    %eax, 0x8(%ecx, %edx, 4)
14      26:   5b                     pop    %ebx
15      27:   5d                     pop    %ebp
16      28:   c3                     ret
```

图 6-9　题 24 图

【分析解答】

从第 5 行指令可知，i 在 EAX 中；从第 6 行指令可知，sptr 在 ECX 中。由第 7 行指令可知，i*28 在 EBX 中。由第 8、第 9 和第 10 行指令可猜出，x 的每个数组元素占 28B，并且 xptr->idx 的地址为 sptr+i*28+4，故在 line_struct 中的第一个分量为 idx，因而后面的 24B 为 6 个数组元素 a[0]~a[5]，类型与 val 变量的类型相同，即 unsigned int。

line_struct 结构体类型的定义如下：

```
typedef struct {
    int       idx;
    unsigned  a[6];
} line_struct;
```

由第 11、第 12 行指令可知，x 数组所占空间大小为 0xc8−4=200−4=196B，故 LEN=196/28=7。

25. 假设嵌套的联合体数据类型 node 声明如下：

```
1  union node {
2      struct {
3          int *ptr;
4          int data1;
5      } n1;
6      struct {
7          int data2;
8          union node *next;
9      } n2;
10 };
```

有一个进行链表处理的过程 chain_proc 的部分 C 代码如下：

```
1 void chain_proc(union node *uptr) {
2     uptr->__________ = *(uptr->____________) − uptr->__________;
3 }
```

过程 chain_proc 的过程体对应的 IA-32 汇编代码如下：

```
1 movl 8(%ebp), %edx
2 movl 4(%edx), %ecx
3 movl (%ecx), %eax
4 movl (%eax), %eax
5 subl (%edx), %eax
6 movl %eax, 4(%ecx)
```

回答下列问题或完成下列任务。

（1）node 类型中结构体成员 n1.ptr、n1.data1、n2.data2、n2.next 的偏移量分别是多少？

（2）node 类型总大小占多少字节？

（3）根据汇编代码写出 chain_proc 的 C 代码中缺失的表达式。

（4）写出对应的 x86-64 汇编代码。

【分析解答】

（1）n1.ptr、n1.data1、n2.data2、n2.next 的偏移量分别是 0、4、0 和 4。

（2）node 类型总大小占 8 字节。

（3）chain_proc 的 C 代码中缺失的表达式如下：

```
uptr->n2.next->n1.data1 = *(uptr->n2.next->n1. ptr ) − uptr->n2.data2 ;
```

（4）x86-64 中，指针类型变量按 8 字节对齐，因而 n1.ptr、n1.data1、n2.data2、

n2.next 的偏移量分别是 0、8、0 和 8，从而使 node 类型总大小占 16 字节。chain_proc 过程体对应的 x86-64 汇编代码如下：

```
1 movq 8(%rdi), %rdx
2 movq (%rdx), %rax
3 movl (%rax), %eax
4 subl (%rdi), %eax
5 movl %eax, 8(%rdx)
```

26. 以下声明用于构建一棵二叉树：

```
1 typedef  struct  TREE  *tree_ptr;
2 struct  TREE {
3     tree_ptr  left;
4     tree_ptr right;
5     long  val;
6 } ;
```

已知进行二叉树处理的函数 trace() 的原型为 " long trace(tree_ptr tptr) ;"，其过程体对应的 x86-64 汇编代码如下：

```
1  trace:
2    movl   $0, %eax
3    testq  %rdi, %rdi
4    je     .L2
5  .L3:
6    movq   16(%rdi), %rax
7    movq   (%rdi), %rdi
8    testq  %rdi, %rdi
9    jne    .L3
10 .L2:
11   rep    # 在此相当于空操作指令，避免使 ret 指令作为跳转目的指令
12   ret
```

回答下列问题或完成下列任务。

（1）函数 trace() 的入口参数 tptr 通过哪个寄存器传递？

（2）写出函数 trace() 完整的 C 语言代码。

（3）说明函数 trace() 的功能。

【分析解答】

（1）函数 trace() 的入口参数 tptr 通过 RDI 寄存器传递。

（2）函数 trace() 完整的 C 语言代码如下：

```
long trace( tree_ptr tptr)
{
    long  ret_val=0;
    tree_ptr  p=tptr;
    while (p!=0) {
        ret_val=p->val;
        p=p->left;
    }
    return ret_val;
}
```

（3）函数 trace() 的功能是：返回二叉树中最左边叶子节点中的值 val。

第 7 章　程序的链接

7.1　教学目标和内容安排

主要教学目标：使学生了解静态链接的概念、目标文件格式、符号及符号表、符号解析、使用静态库链接、重定位信息及重定位过程、可执行文件的存储器映像、可执行文件的加载和共享库动态链接等，在此基础上养成良好的程序设计习惯，增强程序调试能力，并能够深入理解进程的虚拟地址空间的概念。

基本学习要求：

- 了解编译和汇编的区别。
- 了解链接的基本概念和链接过程所要完成的任务。
- 理解目标代码和目标代码文件的基本概念。
- 了解 ELF 目标文件的基本构成形式。
- 了解 ELF 目标文件链接视图和执行视图的差别。
- 了解 ELF 可重定位目标文件的格式，以及主要组成部分。
- 了解 ELF 可执行目标文件的格式，以及主要组成部分。
- 了解 ELF 可重定位目标文件和可执行目标文件的差别。
- 理解符号表中包含的全局符号、外部符号和本地符号的定义。
- 理解符号解析的目的和功能，以及进行符号解析的过程。
- 理解全局符号的强弱性，以及如何处理多重符号定义。
- 能够运用多重符号定义规则对程序执行结果进行分析。
- 了解静态库的概念和静态链接时的符号解析过程。
- 理解重定位的目的和功能，以及进行重定位的过程。
- 了解重定位信息在可重定位目标文件中存放在哪些节中。
- 了解 IA-32 处理器相关的两种基本重定位信息类型。
- 理解 IA-32 处理器相关的两种基本重定位方式的执行过程。
- 了解可执行目标文件的加载过程。
- 了解动态链接的概念和基本特性。
- 了解程序加载时的动态链接过程。
- 了解程序运行时的动态链接过程。

链接器位于编译器、指令集体系结构和操作系统的交叉点上，涉及指令系统、代码生成、机器语言、程序转换和虚拟存储管理等诸多概念，因而它对于理解整个计算机系统各核心层之间的关联关系来说是非常重要的。

在传统的计算机专业教学体系中，没有一门课程会涉及本章内容，但是，由于链接器在整个计算机系统中的位置处于多个核心内容的交叉点上，因此学生对这部分内容的深入理解是非常有必要的，对于良好的程序设计习惯的养成、增强程序调试能力、深入理解进程的虚拟地址空间概念等都有非常重要的作用。本章关于ELF头、节头表、程序头表（段头表），以及各种节及其组成的段等细节内容，只要求学生能够理解，而不需要死记硬背。

本章教学可以结合实验进行。与主教材配套的《计算机系统导论实践教程》中第7章“程序链接与ELF目标文件”提供了与本章内容相匹配的模块级分析性实验，可以在完成《计算机系统导论实践教程》中基础级验证性实验和第5章、第6章模块级分析性高阶实验的基础上，进行程序链接相关方面的实验。

7.2 主要内容提要

1. 编译、汇编和链接概述

将高级语言源程序文件转换为可执行目标文件的过程通常分为预处理、编译、汇编和链接四个步骤。前三步骤用来对每个模块（即源程序文件）生成可重定位目标文件（relocatable object file），GCC生成的可重定位目标文件后缀为.o，VC输出的可重定位目标文件后缀为.obj。最后一步用来将若干可重定位目标文件（可能包括若干标准库函数目标模块）组合起来，生成一个可执行目标文件（executable object file），这个过程被称为链接。

2. 目标文件格式

链接处理涉及三种目标文件格式：可重定位目标文件、可执行目标文件和共享库目标文件。共享库目标文件是一种特殊的可重定位目标文件。ELF目标文件格式有链接视图和执行视图两种，前者是可重定位目标格式，后者是可执行目标格式。链接视图中包含ELF头、各个节以及节头表；执行视图中包含ELF头、程序头表（段头表）以及各种节组成的段。

3. 符号表和符号解析

链接过程需要完成符号解析和重定位两方面的工作。符号解析的目的是将符号的引用与符号的定义关联起来。在不同的目标模块中可能会定义相同的符号，相同的多个符号只能分配一个地址，因而链接器需要确定以哪个符号为准。编译器和汇编器通过符号表对每个定义符号的相关信息进行描述，由链接器根据一套规则来确定多重定义符号中的哪一个是唯一的定义符号，如果不了解这些规则，则可能无法理解程序执行的某些结果。

4. 重定位

符号解析后得到了符号的引用和符号的定义之间的关联关系，然后就可以进行重定位了。重定位的目的是分别合并代码和数据，并根据代码和数据在虚拟地址空间中的位置确定每个符号的最终存储地址，然后根据符号的确切地址来修改符号的引用处的地址。重定位包含以下两方面的工作。

- 节和定义符号的重定位。链接器将所有模块中相同类型的节合并，生成一个同一类型的新节。例如，所有模块中的 .data 节合并为一个大的 .data 节，它就是生成的可执行目标文件中的 .data 节。然后链接器根据每个新节在虚拟地址空间中的起始位置以及新节中每个定义符号的位置，为新节中的每个定义符号确定存储地址。
- 引用符号的重定位。链接器对合并后新代码节（.text）和新数据节（.data）中的引用符号进行重定位，使其指向对应的定义符号起始处。为了实现这一步工作，链接器要知道目标文件中哪些引用符号需要重定位、所引用的是哪个定义符号等，这些称为重定位信息，放在重定位节（如 .rel.text 和 .rel.data 等）中。

5. 动态链接

链接分为静态链接和动态链接两种。静态链接处理的是可重定位目标文件，它将多个可重定位目标模块中相同类型的节合并起来，以生成完全链接的可执行目标文件，其中所有符号的引用都是确定的在虚拟地址空间中的最终地址，因而可以直接被加载执行。

动态链接方式下的可执行目标文件是部分链接的，还有一部分符号的引用地址没有确定，需要利用共享库中定义的符号进行重定位，因而需要由动态链接器来加载共享库并重定位可执行文件中部分符号的引用。动态链接有两种方式，一种是可执行目标文件加载时进行共享库的动态链接，另一种是可执行目标文件在执行时进行共享库的动态链接。

为了让一份共享库代码可以和不同的应用程序进行链接，共享库代码必须与地址无关，也就是说，在生成共享库代码时，要保证将来不管共享库代码被加载到哪个位置都能够正确执行，即共享库代码的加载位置是可浮动的，而且共享库代码的长度发生变化也不影响调用它的程序。满足上述特征的代码称为位置无关代码。

7.3　基本术语解释

目标文件（object file）

编译器或汇编器处理源代码后所生成的机器语言为目标代码，存放目标代码的文件为目标文件。

链接器（linker）

一个大的程序往往会分成多个源程序文件来编写，因而需要对各个不同的源程序文件分别进行编译和汇编，以生成多个不同的目标代码文件，这些目标代码文件中包含指令、数据和其他说明信息。此外，在程序中还会调用一些标准库函数。为了生成一个可执行文件，需要将所有关联到的目标代码文件，包括用到的标准库函数目标文件，按照某种形式组合在一起，形成一个具有统一地址空间的可被加载到存储器直接执行的程序。这种将一个程序的所有关联模块对应的目标代码文件结合在一起，以形成一个可执行文件的过程称为链接。在早期计算机系统中，链接是手动完成的，而现在则由专门的链接程序（也称为链接器）来实现。

可重定位目标文件（relocatable object file）

编译程序和汇编程序对源程序进行翻译处理所得到的机器语言程序称为目标程序文

件，是由机器指令组成的二进制代码，如 UNIX 系统中的 *.o 文件或 Windows 系统中的 *.obj 文件等。一般而言，可重定位目标文件中包含目标文件头、文本段（机器代码）、数据段、重定位信息、符号表、调试信息等。因为这种目标文件是可重定位的，所以也被称为可重定位目标文件。

可执行目标文件（executable object file）

可执行目标文件是能通过装入程序被直接装入存储器执行的二进制代码文件，通常与可重定位目标文件有相同的格式。可执行目标文件中的模块可以调用其他动态链接库中的函数。可执行目标文件有时简称为可执行文件。

符号解析（symbol resolution）

程序中有被定义和被引用的符号，这些符号包括变量名和函数名。符号解析的目的是将每个符号的引用与一个确定的符号定义建立关联。

重定位（relocation）

重定位的目的是分别合并代码和数据，并根据代码和数据在虚拟地址空间中的位置，确定每个符号的最终存储地址，然后根据符号的确切地址来修改符号的引用处的地址。这种重新确定合并后的代码和数据的地址并更新指令中被引用符号地址的工作称为重定位。

ELF 目标文件格式（ELF object file format）

ELF 目标文件格式是在 Linux、BSD UNIX 等现代 UNIX 操作系统中使用的一种目标文件格式，称为可执行可链接格式（Executable and Linkable Format，ELF），因此，ELF 目标文件既可用于程序的链接，也可用于程序的执行，前者使用链接视图格式，后者使用执行视图格式。

ELF 可重定位目标文件（ELF relocatable object file）

ELF 可重定位目标文件由 ELF 头、节头表以及 ELF 头和节头表之间的各个不同的节组成。

ELF 头（ELF header）

ELF 头定义了 ELF 魔数、版本、小端 / 大端、操作系统平台、目标文件的类型、机器结构类型、程序执行的入口地址、程序头表（段头表）的起始位置和长度、节头表的起始位置和长度等说明信息。ELF 头总是在文件的最开始位置，其他部分的位置由 ELF 头和节头表指出，不需要具有固定的顺序。

节头表（section header table）

除 ELF 头之外，节头表是 ELF 可重定位目标文件中最重要的部分内容之一，其中给出了每个节的节名、在文件中的偏移、大小、访问属性、对齐方式等。

节（section）

节是 ELF 文件中的主体信息，包含了链接过程所用的目标代码信息，包括指令、数据、符号表和重定位信息等。一个典型的 ELF 可重定位目标文件中包含的常用节有 .text（代码）、.rodata（只读数据）、.data（可读可写数据）、.bss（未初始化数据）、.symtab（符号表）、.rel.text（.text 节可重定位信息）、.rel.data（.data 节可重定位信息）、.debug（调试信息）、.strtab（字符串表）等。

段头表（segment header table）

段头表也称程序头表，描述可执行文件中的节与虚拟空间中的存储段之间的映射关系，它是一个结构数组。因为可执行目标文件中所有代码的位置连续、所有只读数据的位置连续、所有可读可写数据的位置连续，所以，这些连续的片段（chunk）被映射到存储空间（实际上就是虚拟地址空间）中的一个存储段，程序头表用于描述这种映射关系，一个表项用于说明一个连续的片段或一个特殊的节如何映射到虚拟存储空间。由 ELF 头中的字段 e_phentsize 和 e_phnum 分别指定程序头表的表项大小和表项数。

只读代码段（read-only code segment）

只读代码段是虚拟地址空间中的一个连续段，对应可执行目标文件中所有代码和只读数据所在的区域，通常包括 ELF 头、程序头表以及 .init、.text 和 .rodata 节。

可读可写数据段（read/write data segment）

可读可写数据段是虚拟地址空间中的一个连续段，对应可执行目标文件中所有可读可写数据所在的区域，通常包括 .data 和 .bss 节。

运行时堆（runtime heap）

运行时堆是虚拟地址空间中用户空间内的一个存储区域，程序运行时通过调用相应的存储空间分配和释放库函数 [如 malloc() 和 free() 等] 动态分配堆内的存储空间。

用户栈（user stack）

用户栈是在虚拟地址空间中用户空间内的一个存储区域，程序运行时通过执行相应的指令动态生成栈内的存储信息，例如，对于 C 语言程序，每进行一次函数（过程）调用，就会在栈区生长出一个新的栈帧，在基于 IA-32 的系统中，用户栈从用户空间的最大地址往低地址方向增长，栈区以上的高地址区是操作系统内核的虚拟存储区。

全局符号（global symbol）

在模块 *m* 中定义并被其他模块引用的符号称为全局符号。这类符号包括非静态的函数名和被定义为不带 static 属性的全局变量名。

外部符号（external symbol）

由其他模块定义并在模块 *m* 中引用的符号称为外部符号。这类符号包括在其他模块定义的外部函数名和外部变量名。

本地符号（local symbol）

在模块 *m* 中定义并在 *m* 中引用的符号称为本地符号。这类符号包括带 static 属性的函数名和全局变量名。这类作用域仅于定义所在模块或定义所在函数内部的静态变量，因为其生存期在整个程序运行过程中，因而不能被分配在动态变化的用户栈中，而是被分配在静态数据区，即编译器为它们在 .data 节或 .bss 节中分配空间。如果在模块 *m* 内有两个函数使用了同名 static 本地变量，则需要为这两个变量都分配空间，并作为两个不同的符号记录到符号表中。

符号类型（symbol type）

ELF 目标文件中都有一个符号表，符号表中描述对应文件中包含的所有符号的各种信息，其中包含每个符号的类型。符号类型可以是未指定（NOTYPE）、变量（OBJECT）、函数（FUNC）、节（SECTION）等。通常，在其他模块定义的外部函数名和外部变量名都是未指定类型的符号，即 NOTYPE；在本模块定义的全局变量名是变量类型的符号，即 OBJECT；在本模块定义的全局函数名是函数类型的符号，即 FUNC；当类型为节时，其符号表表项主要用于重定位。

符号绑定属性（symbol binding）

ELF目标文件中都有一个符号表，符号表中描述对应文件中包含的所有符号的各种信息，其中包含每个符号的绑定属性。绑定属性可以是本地（LOCAL）、全局（GLOBAL）、弱（WEAK）等。本地符号是指作用域仅限本模块的符号；全局符号对于所有模块都可见；弱符号是指通过属性指示符 __attribute__((weak)) 指定的符号，与全局符号类似，也是在所有模块中都可见。

伪节符号（pseudosection symbol）

符号表中需要指出对应符号所在节在节头表中的索引，例如，本模块定义的函数名所在节为 .text，已初始化且不为0的全局变量所在节为 .data，初始化为0的全局变量所在节为 .bss，.text 节、.data 节和 .bss 节在节头表中都有相应的表项，因而都有其索引值。但是，有些符号属于三种特殊的伪节之一，伪节在节头表中没有相应的表项，无法表示其索引值，因而用以下特殊的索引值表示：ABS 表示该符号不会由于重定位而发生值的改变，即不应该被重定位；UNDEF 表示未定义符号，即在本模块中引用而在其他模块中定义的外部符号；COMMON 表示还未被分配位置的未初始化的全局变量，称为 COMMON 符号。上述三种伪节符号仅在可重定位文件中，而可执行文件中不存在，COMMON 符号在可执行文件中被合并到 .bss 节中。

共享目标文件（shared object file）

共享目标文件也称为共享库文件，它是一种特殊的可重定位目标文件，其中记录了相应的代码、数据、重定位和符号表信息，能在可执行目标文件被装入或运行时被动态地加载到内存并自动被链接。

动态链接（dynamic link）

在可执行目标文件被装入或运行时，将共享库目标文件动态装入内存并自动与可执行目标文件链接的过程称为动态链接。

动态链接器（dynamic linker）

动态链接由一个称为动态链接器的程序来完成。UNIX 系统中的共享库文件采用 .so 后缀，Windows 系统中称其为动态链接库（Dynamic Link Library，DLL），采用 .dll 后缀。

位置无关代码（Position-Independent Code，PIC）

位置无关代码必须与其所加载的存储地址无关，也就是说，在生成位置无关代码时，要保证将来不管被加载到哪个位置都能正确执行，即代码的加载位置是可浮动的，而且代码的长度发生变化也不影响调用它的程序。满足这种特征的代码称为位置无关代码。共享库代码必须是位置无关代码，可以和不同的应用程序进行动态链接。

7.4 常见问题解答

1. 引入链接的好处是什么？

答：使用链接的第一个好处就是“模块化”，它能使一个程序被划分成多个模块，由不同的程序员进行编写，并且可以构建公共的函数库（如数学函数库、标准I/O函数库等）以提供给不同的程序进行重用。使用链接的第二个好处是“效率高”，每个模块可以分开编译，在程序修改时只需要重新编译那些修改过的源程序文件，然后再重新链接，因而从时间上来说，能够提高程序开发的效率；同时，因为源程序文件中无须包含共享库的所有代码，只要直接调用即可，而且在可执行文件运行时的内存中，也只需要包含所调用函数的代码而不需要包含整个共享库，因而链接也有效提高了空间利用率。

2. 如果一个程序仅有单个模块，是否无须链接即可直接生成可执行目标文件？

答：不是。如果一个程序仅有单个模块，也需要进行链接。因为每个模块分别进行预处理、编译和汇编而得到可重定位目标文件，所以在链接之前无法知道某个模块是否需要和其他模块合并，以及将要与哪个模块合并。因此，链接之前的所有模块都采用统一的可重定位目标文件格式，它与最终的可执行目标文件格式有些差别，即使是单个模块，也不能将可重定位目标文件直接变成可执行目标文件。而且，单个模块也可能会调用库函数（如数学函数库、标准 I/O 函数库等），因此，必须通过链接才能把库函数中的代码和数据等合并到程序中，以生成可执行目标文件。

3. 可重定位目标文件和可执行目标文件的主要差别是什么？

答：可执行目标文件是由链接器将若干个相互关联的可重定位目标文件组合起来而生成的，可重定位文件中的代码和数据的地址是相对于起始地址 0 而得到的，而可执行文件中代码和数据的地址则按照 ABI 规范规定的存储器映像来确定起始地址，并且可重定位文件中代码和数据的地址将会被修改，使得它们被重定位到运行时的虚拟存储空间中的相应地址处。可执行目标文件格式与可重定位目标文件格式类似，例如，这两种格式中 ELF 头的数据结构一样，.text 节、.rodata 节和 .data 节中除了有些重定位地址不同以外，大部分都类似。相比于 ELF 可重定位目标文件，可执行目标文件的不同有以下几个方面。

（1）ELF 头中字段 e_entry 给出系统将控制权跳转到的起始的虚拟地址（入口点），即执行程序时第一条指令的地址，而在可重定位文件中，此字段为 0。

（2）多了一个 .init 节，其中定义了一个 _init 函数，用于可执行目标文件开始执行时的初始化工作。

（3）少了相应的重定位节（如 .rel.text 节、.rel.data 节），因为可执行目标文件中的指令和数据已被重定位，故可去掉用于重定位的节。

（4）多了一个程序头表，也称段头表（segment header table），描述可执行文件中的节与虚拟空间中的存储段之间的映射关系。

4. 哪些节组合成只读代码段？哪些节组合成可读写数据段？

答：可执行目标文件中描述了两种可装入段：只读代码段和可读写数据段。只读代码段对应可执行目标文件中所有代码和只读数据所在的区域，通常包括 ELF 头、程序头表以及 .init、.text 和 .rodata 节。可读写数据段对应可执行目标文件中所有可读可写数据所在的区域，通常包括 .data 和 .bss 节。

5. 加载可执行目标文件时，加载器根据其中哪个表的信息对可装入段进行映射？

答：可执行目标文件的程序头表中，记录了可执行目标文件中所有存储段的相关信息，如存储段类型、段在虚拟地址空间中的起始地址、长度、对齐方式、访问权限等。

这些信息反映了可执行目标文件在运行时的存储器映像，即可执行目标文件中的代码段和数据段在虚拟地址空间中的映射关系。加载可执行目标文件时，加载器可根据可执行目标文件中的程序头表，对可装入段进行映射。

6. 在可执行目标文件中，可装入段被映射到虚拟存储空间，这种做法有什么好处？

答：每个可执行目标文件都采用布局相对一致的存储器映像方式，即映射到一个统一的虚拟地址空间，使链接器在重定位时可以完全按照一个统一的虚拟存储空间来确定每个符号的地址，而不用管其数据和代码将来存放在主存或磁盘的何处。因此，引入虚拟存储管理简化了链接器的设计和实现。

同样，引入虚拟存储管理也简化了程序加载过程。因为统一的虚拟地址空间映像使得每个可执行目标文件的只读代码段都映射到同一个地址（例如在 IA-32+Linux 系统中是 0x08048000）开始的一块连续区域，可读写数据段映射到虚拟地址空间中的一块连续区域，因而操作系统可以非常容易地对这些连续区域进行分页，并初始化相应页表项的内容。加载时，只读代码段和可读写数据段对应的页表项都被初始化为“未缓存页”（即有效位为 0），并指向硬盘中可执行目标文件中适当的地方。因此，程序加载过程中，实际上并没有真正从磁盘上加载代码和数据到主存，而是仅仅创建了只读代码段和可读写数据段对应的页表项。只有在执行代码过程中发生了“缺页”异常，才会真正从硬盘加载代码和数据到主存。

7. 静态链接的缺点是什么？

答：首先，静态库函数 [如 printf()] 直接被包含在每个运行进程的代码段中，因此，对于并发运行上百个进程的系统来说，这会造成极大的主存资源浪费；其次，静态库函数被合并在可执行目标文件中，若在硬盘上存放数千个可执行目标文件，则会造成硬盘空间的极大浪费；此外，程序员需要关注是否有函数库的新版本出现，并要定期下载、重新编译和链接，因而更新困难、使用不便。

8. 动态链接有什么特点？

答：共享库以动态链接的方式被多个加载过程中或正在执行的应用程序共享，因而共享库的动态链接有两个方面的特点：一是“共享性”，二是“动态性”。

“共享性”是指共享库函数中的代码段和数据段在内存只有一个副本，当应用程序在其代码中需要引用共享库中的符号时，在引用处通过某种方式确定指向共享库中对应定义符号的地址即可。例如，对于动态共享库 libc.so 中的 printf 模块，硬盘上只有一份在 libc.so 中的代码，内存中也只需要有一个 printf 副本，所有应用程序都可以通过动态链接 printf 模块来使用它。

“动态性”是指共享库只在使用它的程序被加载或执行时才加载到内存，因而在共享库更新后并不需要重新对程序进行链接，每次加载或执行程序时所链接的共享库总是最新的。可以利用共享库的这个特性来实现软件分发或生成动态 Web 网页等。对于静态库，程序员则需要定期对其进行维护和更新，关注是否有新版本出现，并在出现新版本时重新对程序进行链接操作。

7.5　单项选择题

1. 以下是有关使用 GCC 生成 C 语言程序的可执行文件的叙述，其中错误的是（　　）。
   A. 第一步预处理，对 #include、#define、#ifdef 等预处理命令进行处理
   B. 第二步编译，将预处理结果编译转换为二进制形式表示的汇编语言程序
   C. 第三步汇编，将汇编语言程序汇编转换为机器指令表示的机器语言代码
   D. 第四步链接，将多个模块的机器语言代码链接生成可执行目标文件
2. 以下是有关使用 GCC 生成 C 语言程序的可执行文件的叙述，其中错误的是（　　）。
   A. 预处理的结果还是一个 C 语言源程序文件，属于可读的文本文件
   B. 经过预处理、编译和汇编处理的结果是一个可重定位目标文件
   C. 每个 C 语言源程序文件都生成一个对应的可重定位目标文件
   D. 只要在链接命令中指定所有的相关可重定位目标文件就能生成可执行文件
3. 以下有关链接所带来的好处和不足的叙述中，错误的是（　　）。
   A. 使得程序员可以分模块开发程序，有利于提高大规模程序的开发效率
   B. 使得公共函数库可以为所有程序共享使用，有利于代码重用和提高效率
   C. 使得程序员仅需重新编译修改过的源程序模块，从而节省程序开发时间
   D. 使得所生成的可执行目标代码中包含更多公共库函数代码，所占空间大
4. 以下关于 ELF 目标文件格式的叙述中，错误的是（　　）。
   A. 可重定位目标文件是 ELF 格式的链接视图，由不同的节组成
   B. 可执行目标文件是 ELF 格式的执行视图，由不同的段组成
   C. 可重定位和可执行两种目标文件中的数据都是二进制表示的补码形式
   D. 可重定位和可执行两种目标文件中的代码都是二进制表示的指令形式
5. 以下关于链接器基本功能的叙述中，错误的是（　　）。
   A. 将每个符号引用与唯一的一个符号定义进行关联
   B. 将每个 .o 文件中的 .data 节、.text 节和 .bss 节分别合并
   C. 确定每个符号（包括全局变量和局部变量）的首地址
   D. 根据所定义符号的首地址对符号的引用进行重定位
6. 以下关于可重定位目标文件的叙述中，错误的是（　　）。
   A. 在 .text 节中包含相应模块内所有的机器代码
   B. 在 .data 节中包含相应模块内所有变量的初始值
   C. 在 .rodata 节中包含相应模块内所有的只读数据
   D. 在 .rel.text 节和 .rel.data 节中包含相应节内的可重定位信息
7. 以下关于 ELF 目标文件的 ELF 头的叙述中，错误的是（　　）。
   A. 包含了 ELF 头本身的长度和目标文件的长度
   B. 包含了操作系统版本和机器结构类型等信息
   C. 包含了节头表和程序头表各自的起始位置和长度
   D. 数据结构在可重定位和可执行两种目标文件中完全一样
8. 以下关于 ELF 目标文件的节头表的叙述中，错误的是（　　）。
   A. 每个表项用来记录某个节的内容以及相关描述信息

B. 通过节头表可获得节的名称、类型、起始地址和长度
C. 描述了每个可装入节的起始虚拟地址、对齐和存取方式
D. 数据结构在可重定位和可执行两种目标文件中完全一样
9. 以下关于 ELF 可重定位和可执行两种目标文件格式比较的叙述中，错误的是（　　）。
A. 可重定位目标文件中有重定位节 .rel.text 和 .rel.data，在可执行目标文件中则没有
B. 可重定位目标文件中有初始化程序段 .init 节，在可执行目标文件中则没有
C. 可执行目标文件中有程序头表（段头表），在可重定位目标文件中则没有
D. 可执行目标文件的 ELF 头中有具体的程序入口地址，在可重定位目标文件中则为 0
10. 以下关于 ELF 可执行目标文件的程序头表（段头表）的叙述中，错误的是（　　）。
A. 用于描述可执行文件中节与主存储器中的存储段之间的映射关系
B. 通过段头表可获得可装入段或特殊段的类型、在文件中的偏移位置及长度
C. 描述了每个可装入段的起始虚拟地址、存储长度、存取方式和对齐方式
D. .text 节和 .rodata 节都包含在只读代码段中，而 .data 节和 .bss 节都包含在读写数据段中
11. 以下是链接过程中对符号定义的判断，其中错误的是（　　）。
A. 全局变量声明“int x, y;”中，x 和 y 都是符号的定义
B. 全局变量声明“int *xp=&x;”中，xp 和 x 都是符号的定义
C. 静态局部变量声明“static int x=*xp;”中，x 是符号的定义
D. 函数内的局部变量声明“short x=200;”中，x 不是符号的定义
12. 若 x 为局部变量，xp、y 和 z 是全局变量，则以下判断中错误的是（　　）。
A. 赋值语句“int y=x+z;”中，y 和 z 都是符号的引用
B. 赋值语句“y=x+z;”中，y 和 z 都是符号的引用
C. 静态局部变量声明“static int x=*xp;”中，xp 是符号的引用
D. 赋值语句“y=x+*xp;”中，y 和 xp 都是符号的引用
13. 以下有关链接符号类型的叙述中，错误的是（　　）。
A. 由模块 *m* 定义并能被其他模块引用的符号称为全局符号
B. 由其他模块定义并被模块 *m* 引用的符号称为 *m* 的外部符号
C. 由模块 *m* 定义并仅在 *m* 中引用的符号称为 *m* 的本地符号
D. 在模块 *m* 内某函数中定义的非静态局部变量称为 *m* 的局部符号
14. 以下有关 ELF 目标文件的符号表的叙述中，错误的是（　　）。
A. 可重定位和可执行两种目标文件中都有符号表且数据结构一样
B. 符号表定义在 .symtab 节中，每个表项描述某个符号的相应信息
C. 通过符号表可获得符号的名称、所在节及在节中的偏移地址和长度
D. 符号表中包含了所有定义符号的描述信息，包括局部变量的相关信息
15. 以下是有关链接过程中符号解析（符号绑定）的叙述，其中错误的是（　　）。
A. 符号解析的目的是将符号引用与某个目标模块中定义的符号建立关联
B. 同一个符号名可能在多个模块中有定义，每个定义处的符号都需要分配空间
C. 本地符号的解析比较简单，只要与本模块内定义的符号关联即可
D. 全局符号（包括外部符号）需要将模块内的引用与模块外的定义符号绑定

16. 以下是两个源程序文件：

```
/* m1.c */
int p(void);
int main()
{

    int p1= p();
    return p1;
}
```

```
/* m2.c */
static int main=1;
int p()
{

    main++;
    return main;
}
```

对于上述两个源程序文件链接时的符号解析，以下描述中错误的是（　　）。

A. 在 m1 中定义了强符号 main

B. 在 m2 中定义了强符号 p 和本地符号 main

C. 在 m1 中有一处对 m2 中定义的强符号 p 的引用

D. 符号 main 出现了两次定义，因此会发生链接错误

17. 以下是两个源程序文件：

```
/* m1.c */
int p(void);
int main()
{
    int p1= p();
    return p1;
}
```

```
/* m2.c */
int main=1;
int p()
{
    int p1=main++;
    return main;
}
```

对于上述两个源程序文件链接时的符号解析，以下描述中错误的是（　　）。

A. 在 m1 中定义了强符号 main

B. 在 m2 中定义了强符号 p 和强符号 main

C. 在 m1 中对本地符号 p1 的引用共有两处

D. 符号 main 出现了两次强定义，因此会发生链接错误

18. 以下是两个源程序文件：

```
/* m1.c */
int x=100;
int p1(void);
    int main()
{
        x= p1();
        return x;
}
```

```
/* m2.c */
float x;
static main=1;
int p1()
{
    int p1=main + (int) x;
    return p1;
}
```

对于上述两个源程序文件链接时的符号解析，以下描述中错误的是（　　）。

A. m1 中对 x 的两处引用都与 m1 中对 x 的定义绑定

B. m2 中对 x 的引用与 m2 中对 x 的定义绑定

C. m2 中的变量 p1 与函数 p1 被分配在不同存储区

D. 虽然 x、main 和 p1 都出现了多次定义，但不会发生链接错误

19. 以下是两个源程序文件：

```
/* m1.c */
```

```
/* m2.c */
```

```
#include <stdio.h>
int x=100;
short y=1, z=2;
int main()
{
    p1();
    printf( "x=%d, z=%d\n" , x, z);
}
```

```
double x;

void p1()
{
    x= -1.0;
}
```

上述程序执行的结果是（　　）。提示：$1074790400=2^{30}+2^{20}$，$16400=2^{14}+2^{4}$。

A. x=100, z=2　　B. x=−1, z=2

C. x=−1074790400, z=0　　D. x=0, z=−16400

20. 假设调用关系如下：func.o → libx.a 和 liby.a 中的函数，libx.a → libz.a 中的函数，libx.a 和 liby.a 之间、liby.a 和 libz.a 之间相互独立。则以下几个命令行中，静态链接发生错误的命令是（　　）。

A. gcc -static –o myfunc func.o libx.a liby.a libz.a

B. gcc -static –o myfunc func.o liby.a libz.a libx.a

C. gcc -static –o myfunc func.o libx.a libz.a liby.a

D. gcc -static –o myfunc func.o liby.a libx.a libz.a

21. 若调用关系如下：func1.o → func2.o，func1.o → libx.a 中的函数，func2.o → libx.a 中的函数，libx.a → liby.a 同时 liby.a → libx.a，则以下命令行中，能够正确进行静态链接的命令是（　　）。

A. gcc -static –o myfunc func1.o func2.o libx.a liby.a libx.a

B. gcc -static –o myfunc func2.o func1.o liby.a libx.a liby.a

C. gcc -static –o myfunc libx.a liby.a libx.a func1.o func2.o

D. gcc -static –o myfunc liby.a libx.a liby.a func1.o func2.o

22. 以下有关 IA-32 重定位功能的叙述中，错误的是（　　）。

A. 重定位的最终目标是重新确定各个模块合并后每个引用所指向的目标地址

B. 重定位的第一步应先将相同的节合并，且将具有相同存取属性的节合并成段

C. 重定位的第二步是确定每个段的起始地址，并确定段内每个定义处符号的地址

D. 重定位的最后一步是将引用处的地址修改为与之关联（绑定）的定义处的首地址

23. 以下有关 IA-32 重定位信息的叙述中，错误的是（　　）。

A. 重定位信息是由编译器在生成汇编指令时产生的

B. 指令中的重定位信息在可重定位目标文件的 .rel.text 节中

C. 数据中的重定位信息在可重定位目标文件的 .rel.data 节中

D. 重定位信息包含需要重定位的位置、绑定的符号和重定位类型等

24. 以下有关 IA-32 的重定位类型的叙述中，错误的是（　　）。

A. 基本重定位类型有绝对地址和 PC 相对地址两种方式

B. 对于过程调用时的引用，通常在 CALL 指令中采用 PC 相对地址方式

C. PC 相对地址方式下，重定位值是引用所绑定符号的地址与当前 PC 之间的相对地址

D. 过程调用相关的 PC 相对地址重定位方式中，使用的当前 PC 是指 CALL 指令的地址

25. 假定“ int buf[2]={10,50};”所定义的 buf 被分配在静态数据区，其首地址为 0x8048930，bufp1 为全局变量，被分配在 buf 随后的存储空间。在 IA-32 中，以下关于“ int *bufp1 = &buf[1];”的重定位的描述中，错误的是（　　）。
   A. bufp1 的地址为 0x8048938，重定位前的内容为 04H、00H、00H、00H
   B. 在可重定位目标文件的 .rel.data 节中，有一个引用 buf 的重定位条目
   C. 在相应的重定位条目中，对 bufp1 和 buf 的引用均采用绝对地址方式
   D. 在可执行文件中，地址 0x8048938 开始的 4 字节为 34H、89H、04H、08H
26. 假定“ int buf[2]={10,50};”所定义的 buf 被分配在静态数据区，其首地址为 0x8048930，bufp1 为全局变量，也被分配在静态数据区。在 IA-32 中，以下关于“ bufp1 = &buf[1];”的重定位的描述中，错误的是（　　）。
   A. 在可重定位目标文件的 .rel.data 节中，有一个与 bufp1 相关的重定位条目
   B. 在可重定位目标文件的 .rel.text 节中，有一个与 buf 相关的重定位条目
   C. 在相应的重定位条目中，对 bufp1 和 buf 的引用均采用绝对地址方式
   D. 可用一条 mov 指令实现该赋值语句，该 mov 指令中有两处需要重定位
27. 以下是有关动态链接及其所链接的共享库以及动态链接生成的可执行目标文件的叙述，其中错误的是（　　）。
   A. 共享库在 Linux 下称为动态共享对象，在 Windows 下称为动态链接库
   B. 生成的可执行文件是部分链接的，即其中还有部分引用没有进行重定位
   C. 可执行文件由动态链接器对可重定位文件和共享库中的部分信息进行链接而成
   D. 可执行文件在加载或执行时，系统将会调出动态链接器利用共享库对其进行动态链接
28. 以下是有关静态链接和动态链接比较的叙述，其中错误的是（　　）。
   A. 静态库函数代码包含在进程代码段中，而共享库函数代码不包含在进程代码段中
   B. 静态库函数代码包含在可执行文件中，而共享库函数代码不包含在可执行文件中
   C. 静态库函数更新后需要重新编译和链接，而共享库函数更新后无须重新编译和链接
   D. 静态库函数在加载时被链接，而共享库函数可在加载或运行时被链接
29. 以下有关动态链接所用共享库代码的叙述中，错误的是（　　）。
   A. 共享库代码一定是位置无关代码（PIC）
   B. 用 GCC 生成共享库文件时应使用 -fPIC 选项
   C. 可将共享库代码映射或加载到不同的地址运行
   D. 共享库代码长度发生变化时会影响调用它的程序
30. 一个共享库文件（.so 文件）由多个模块（.o 文件）生成。在生成共享库文件时，需要对 .o 文件进行处理以生成位置无关代码。以下有关位置无关代码（PIC）的叙述中，错误的是（　　）。
   A. 模块内函数之间的调用可用 PC 相对地址实现，无须动态链接器进行重定位
   B. 模块内数据的引用无须动态链接器进行重定位，因为引用与定义间相对位置固定
   C. 模块外数据的引用需要动态链接器进行重定位，重定位时在 GOT 中填入外部数据的地址
   D. 模块间函数调用需要动态链接器进行重定位，重定位时在 GOT 和 PLT 中填入相应内容

【参考答案】

1. B	2. D	3. D	4. C	5. C	6. B	7. A	8. A	9. B	10. A
11. B	12. A	13. D	14. D	15. B	16. D	17. C	18. B	19. D	20. B
21. A	22. D	23. A	24. D	25. C	26. A	27. C	28. D	29. D	30. D

【部分题目的答案解析】

第 19 题

该题中变量 x 在 m1.c 中为强符号，在 m2.c 中为弱符号。在调用 p1 函数后，x 处原来存放的 100 被替换，−1.0 的 double 类型表示为 1 0111 1111 111 00⋯0，十六进制表示为 BFF0 0000 0000 0000。因为 x、y 和 z 都是初始化变量，同在 .data 节中，链接后空间被分配在一起，x 占 4B，随后 y 和 z 各占 2B。因为 IA-32 为小端方式，所以，x 的机器数为全 0，y 的机器数也为全 0，z 的机器数为 BFF0H。执行 printf 函数后 x=0，z=$-(2^{14}+2^4)=-16400$。

第 22 题

重定位最后一步是对引用处的地址进行重定位，重定位的方式有多种，只有绝对地址方式才是将引用处的地址修改为与之关联（绑定）的定义处的首地址，而对于其他重定位方式，不一定是这样，例如，对于 PC 相对地址方式，引用处填写的是一个相对地址。

第 23 题

重定位信息应该是在汇编阶段生成的，只有在汇编阶段生成机器指令时才知道需要进行重定位的位置，因为这些需要重定位的位置在机器指令中，例如，CALL 指令中的偏移地址等。

第 24 题

CALL 指令中的重定位采用 PC 相对地址方式，其中当前 PC 是指 CALL 指令的下一条指令的地址，而不是 CALL 指令的地址。

第 25 题

选项 A：因为 buf 有 2 个数组元素，每个元素占 4B，因此 bufp1 的地址为 0x0804 8930 + 8 = 0x0804 8938，重定位时与引用绑定的符号是 buf，即绑定的是 &buf[0]，而真正赋给 bufp1 的是 &buf[1]，引用的地址和绑定的地址相差 4，所以重定位前的内容为十六进制数 04 00 00 00。

选项 B：因为“ int *bufp1 = &buf[1];”是一个声明，是对变量 bufp1 的数据类型的定义和初始化，因此这个需要重定位的初始化值将被存储在 .data 节中，因而重定位条目在 .rel.data 节中，并且是绑定 buf 的一个引用，即引用 buf 的一个重定位条目。

选项 C：在重定位条目中只有对 buf 的引用，没有对 bufp1 的引用，这里 bufp1 是一个定义。

选项 D：可执行文件已经进行了重定位，所以，bufp1 所在的地址 0x0804 8938 处应该是重定位后的值，显然应该是 buf[1] 的地址。重定位时通过初始值加上 buf 的值得到，即 4+0x0804 8930 = 0x0804 8934，小端方式下，4 个字节分别为 34H、89H、04H、08H。

第 26 题

选项 A：因为“bufp1 = &buf[1];”是一个赋值语句，而不是一个声明，所以不需要

对 .data 节中的 bufp1 变量进行重定位，即重定位条目不在 .rel.data 节中。

选项 B：赋值语句“ bufp1 = &buf[1];”用 movl 指令可以实现，所以，对 buf 的引用出现在机器代码中，即 .text 节中，因而重定位条目在 .rel.text 节中。

选项 C：赋值语句“ bufp1 = &buf[1];”用 movl 指令可以实现，其源操作数和目操作数都是绝对地址方式。

选项 D：赋值语句“ bufp1 = &buf[1];”用 movl 指令可以实现，其源操作数和目操作数都需要重定位。

7.6　分析应用题

1. 假设一个 C 语言程序有两个源文件 main.c 和 test.c，它们的内容如图 7-1 所示。

```
1   /* main.c */
2   int sum();
3
4   int a[4]={1, 2, 3, 4};
5   extern int val;
6   int main()
7   {
8     val=sum();
9     return val;
10  }
```

```
1   /* test.c */
2   extern int a[];
3   int val=0;
4   int sum()
5   {
6     int i;
7     for (i=0; i<4; i++)
8       val += a[i];
9     return val;
10  }
```

图 7-1　题 1 用图

对于编译生成的可重定位目标文件 test.o，填写表 7-1 中各符号的情况，说明每个符号是否出现在 test.o 的符号表（.symtab 节）中，如果是的话，则定义该符号的模块是 main.o 还是 test.o？该符号是全局、外部还是本地符号？该符号出现在相应定义模块的哪个节（.text、.data 或 .bss 节）？

表 7-1　题 1 用表

符号	是否出现在 test.o 的符号表中	定义模块	符号类型	节
a				
val				
sum				
i				

【分析解答】

根据题中给出的条件，填表 7-1 后，得到表 7-2 如下。

表 7-2　题 1 中填入结果后的表

符号	是否出现在 test.o 的符号表中	定义模块	符号类型	节
a	在	main.o	extern	.data
val	在	test.o	global	.bss
sum	在	test.o	global	.text
i	不在	—	—	—

2. 假设一个 C 语言程序有两个源文件 main.c 和 swap.c，其中，main.c 和 swap.c 的内容如下。

main.c:

```
1  void swap(void);
2  int buf[2] = {1, 2};
3  int main() {
4      swap();
5      return 0;
6  }
```

swap.c:

```
1  extern int buf[];
2  int *bufp0 = &buf[0];
3  int *bufp1;
4  static void incr() {
5      static int count;
6      count++;
7  }
8
9  void swap() {
10     int temp;
11     incr();
12     bufp1=&buf[1];
13     temp=*bufp0;
14     *bufp0=*bufp1;
15     *bufp1=temp;
16 }
```

对于编译生成的可重定位目标文件 swap.o，填写表 7-3，说明每个符号是否出现在 swap.o 的符号表（.symtab 节）中，如果是的话，则定义该符号的模块是 main.o 还是 swap.o？该符号是全局、外部还是本地符号？该符号出现在相应定义模块的哪个节（.text、.data 或 .bss 节，或者伪节）？

表 7-3　题 2 用表

符号	是否出现在 swap.o 的符号表中	定义模块	符号类型	节
buf				
bufp0				
bufp1				
incr				
count				
swap				
temp				

【分析解答】

根据题中给出的条件，填表 7-3 后，得到表 7-4 如下。

表 7-4　题 2 中填入结果后的表

符号	是否出现在 swap.o 的符号表中	定义模块	符号类型	节
buf	在	main.o	extern	.data

（续）

符号	是否出现在 swap.o 的符号表中	定义模块	符号类型	节
bufp0	在	swap.o	global	.data
bufp1	在	swap.o	global	COMMON 伪节
incr	在	swap.o	local	.text
count	在	swap.o	local	.bss
swap	在	swap.o	global	.text
temp	不在	—	—	—

3. 假设一个 C 语言程序有两个源文件 main.c 和 proc1.c，它们的内容如图 7-2 所示。

```
1   #include <stdio.h>
2   unsigned x=257;
3   short y, z=2;
4   void proc1(void);
5   void main()
6   {
7       proc1();
8       printf("x=%u, z=%d\n", x, z);
9       return 0;
10  }
```

a）main.c 文件

```
1   double x;
2
3   void proc1()
4   {
5       x=-1.5;
6   }
```

b）procl.c 文件

图 7-2　题 3 用图

回答下列问题。

（1）在上述两个文件中出现的符号，哪些是强符号？哪些是 COMMON 符号？各变量的存储空间分配在哪个节中？各占几字节？

（2）程序执行后打印的结果是什么？分别画出执行第 7 行的 proc1() 函数调用前、后，在地址 &x 和 &z 中存放的内容。

（3）若 main.c 的第 3 行改为“short y=1, z=2;”，则程序打印结果是什么？

（4）修改文件 proc1，使得 main.c 能输出正确的结果（即 x=257，z=2）。要求修改时不能改变任何变量的数据类型和名字。

【分析解答】

（1）main.c 中，强符号有 x、z、main，COMMON 符号有 y；proc1.c 中，强符号有 proc1，COMMON 符号有 x。根据多重定义符号处理规则 2（若出现一次强符号定义和多次 COMMON 符号或弱符号定义，则按强符号定义为准），符号 x 的定义以 main.c 中的强符号 x 为准，即 x 所占空间为 unsigned 类型的 4 字节，而不是 double 类型的 8 字节，在 .data 节中分配。强符号 z 占 2 字节，也在 .data 节中分配。

（2）程序执行时，在调用 proc1() 函数之前，&x 中存放的是 x 的机器数 0000 0101H，随后两个字节（地址为 &z）存放 z，即 0002H，再后面两个字节空闲，如图 7-3a 所示。

在调用 proc1() 函数以后，因为 proc1() 中的符号 x 是 COMMON 符号，所以，x 的定义以 main 中的强符号 x 为准，执行 x=−1.5 后，便将“−1.5”的机器数 BFF8 0000 0000 0000H 存放到 &x 开始的 8 字节中。&x 中为其低 32 位的 0000 0000H，&z 中为高 32 位的

BFF8 0000H 中的低 16 位 0000H，z 后面的两个空闲字节中为高 16 位 BFF8H，如图 7-3b 所示。因此，最终打印结果为 x=0，z=0。

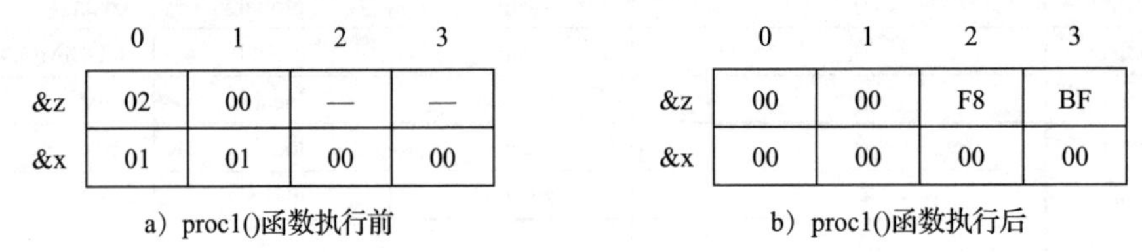

图 7-3　执行 proc1() 函数前、后，在地址 &x 和 &z 中存放的内容

（3）若 main.c 的第 3 行改为“short y=1, z=2;”，则 x、y、z 都是强符号，都被分配在 .data 节中，因此，x 占 4 字节，随后是 y 占两字节，z 占两字节，proc1() 函数执行前、后的存储内容如图 7-4 所示，x 的机器数为全 0，z 的机器数为 BFF8H，因此，最终打印的结果为 x=0, z=−16392。

	0	1	2	3
&z	01	00	02	00
&x	01	01	00	00

a）proc1()函数执行前

	0	1	2	3
&z	00	00	F8	BF
&x	00	00	00	00

b）proc1()函数执行后

图 7-4　执行 proc1() 函数前、后，在地址 &x 和 &z 中存储的内容

（4）只要将文件 proc1.c 中的第 1 行修改为“static double x;”就可以将 proc1 中的 x 设定为本地变量，从而在 proc1.o 的 .data 节中专门分配存放 x 的 8 字节空间，而不会和 main 中的 x 共用同一个存储地址。因此，也就不会破坏 main 中 x 和 z 的值。

4. 以下每一小题给出了两个源程序文件，它们被分别编译生成可重定位目标模块 m1.o 和 m2.o。在模块 mj 中对符号 x 的任意引用与模块 mi 中定义的符号 x 关联记为 REF(mj.x) → DEF(mi.x)。请在下列空格处填写模块名和符号名以说明给出的引用符号所关联的定义符号，若发生链接错误则说明其原因，若从多个定义符号中任选则给出全部可能的定义符号，若是局部变量则说明不存在关联。

（1）
```
/* m1.c */
int p(void);
int main()
{
    int p1= p();
    return p1;
}
```
```
/* m2.c */
static int main=1;
int p()
{
    main++;
    return main;
}
```

① REF(m1.main) → DEF(______.______)

② REF(m2.main) → DEF(______.______)

③ REF(m1.p) → DEF(______.______)

④ REF(m2.p) → DEF(______.______)

（2）
```
/* m1.c */
int x=100;
int p1(void);
int main()
```
```
/* m2.c */
float x=100.0;
int main=1;
int p1()
```

```
{                              {
    x=p1();                        main++;
    return x;                      return main;
}                              }
```

① REF(m1.main) → DEF(______.______)

② REF(m2.main) → DEF(______.______)

③ REF(m1.x) → DEF(______.______)

（3）
```
/* m1.c */                     /* m2.c */
int p1(void);                  int x=10;
int p1;                        int main;
int main()                     int p1()
{                              {
    int x=p1();                    main=1;
    return x;                      return x;
}                              }
```

① REF(m1.main) → DEF(______.______)

② REF(m2.main) → DEF(______.______)

③ REF(m1.p1) → DEF(______.______)

④ REF(m1.x) → DEF(______.______)

⑤ REF(m2.x) → DEF(______.______)

（4）
```
/* m1.c */                     /* m2.c */
int p1(void);                  double x=10;
int x, y;                      double y;
int main()                     int p1()
{                              {
    x=p1();                        y=1.0;
    return x;                      return y;
}                              }
```

① REF(m1.x) → DEF(______.______)

② REF(m2.x) → DEF(______.______)

③ REF(m1.y) → DEF(______.______)

④ REF(m2.y) → DEF(______.______)

【分析解答】

（1）main 在 m1 中是强定义，在 m2 中是本地符号。引用关系如下：

① REF(m1.main) →在 m1 中不存在对 main 的引用

② REF(m2.main) → DEF(m2 . main)

③ REF(m1.p) → DEF(m2 . p)

④ REF(m2.p) →在 m2 中不存在对 p 的引用

（2）发生链接错误，因为全局变量 main 和 x 都有两个强定义。

（3）因为在 m1.c 中对符号 p1 声明了两次且类型不一致，因而发生编译错。若将程序改为如下 C 代码，则编译通过。

```
/* m1.c */                     /* m2.c */
int p1(void);                  int x=10;
```

```
int main()                   int main;
{                            int p1()
    int x=p1();              {
    return x;                    main=1;
}                                return x;
                             }
```

上述 C 代码中，main 在 m1 中是强符号、在 m2 中是 COMMON 符号，因此链接器以强符号为准，在加 -fcommon 选项的情况下，引用关系如下。

① REF(m1.main) →在 m1 中不存在对 main 的引用

② REF(m2.main) → DEF(m1 . main)

③ REF(m1.p1) → DEF(m2 . p1)

④ REF(m1.x) →在 m1 中引用的 x 是局部变量，不存在关联

⑤ REF(m2.x) → DEF(m2 . x)

但是，转换生成的可执行文件在执行时会发生访问错误，在 Linux 系统中显示“段错误”，在 Windows 系统的一些开放环境中显示“访问违例”。这是因为在执行“ main=1;”对应指令时，会向只读代码区（main 过程所在空间）写数据，从而发生访问错误。

如果不加 -fcommon 选项，则 m2.c 中“ int main;”中的 main 会被看成是强符号，存在两个强符号 main，从而发生链接错误。

（4）全局符号 x 在 m1 中是 COMMON 符号，在 m2 中是强符号，y 在两个模块中都是 COMMON 符号，根据多重定义符号处理规则 4（若一个 COMMON 符号出现多次定义，则以其中占空间最大的一个为准），在加 -fcommon 选项的情况下，引用关系如下。

① REF(m1.x) → DEF(m2 . x)

② REF(m2.x) →在 m2 中不存在对 x 的引用

③ REF(m1.y) →在 m1 中不存在对 y 的引用

④ REF(m2.y) → DEF(m2 . y)

如果不加 -fcommon 选项，则所有 x 和 y 都是强符号，存在两个强符号 x 和两个强符号 y，从而发生链接错误。

5. 以下由两个目标模块 m1 和 m2 组成的程序，经编译、汇编、链接后在计算机上执行，结果发现即使 p1 函数中没有对数组变量 main 进行初始化，最终也能打印出字符串“0x5589\n”。为什么？要求解释原因。

```
1  /* m1.c */                1  /* m2.c */
2  void p1(void);            2  #include <stdio.h>;
3                            3  char main[2];
4  int main()                4
5  {                         5  void p1()
6      p1();                 6  {
7      return 0;             7      printf("0x%x%x\n", main[0], main[1]);
8  }                         8  }
```

【分析解答】

在加 -fcommon 选项的情况下，main 在 m1 中是强符号，在 m2 中是 COMMON

符号，因此，以 m1 中 main 的定义为准。m1 中全局符号 main 被定义在 .text 节中，出现本题所说结果的原因是，main 函数对应的机器码开始两个字节为 55H 和 89H。有些系统中，main 函数最初的两条指令如下：

```
1  Disassembly of section .text:
2  00000000 <main>:
3      0:   55                     push   %ebp
4      1:   89 e5                  mov    %esp,%ebp
```

其中，55H 是指令“push %ebp”的机器码，89E5H 是指令“mov %esp, %ebp”的机器码。因此，在 m2 中的 printf 语句中引用数组元素 main[0] 和 main[1] 时，main[0]=55H，main[1]=89H。

6. 图 7-5 中给出了用 OBJDUMP 显示的某个可执行目标文件的程序头表（段头表）的部分信息，其中，可读写数据段（read/write data segment）的信息表明，该数据段对应虚拟存储空间中起始地址为 0x8049448、长度为 0x104 个字节的存储区，其数据来自可执行文件中偏移地址 0x448 开始的 0xe8 个字节。这里，可执行目标文件中的数据长度和虚拟地址空间中的存储区大小之间相差了 28 字节。请解释可能的原因。

```
只读代码段
 LOAD off    0x00000000 vaddr 0x08048000 paddr 0x08048000 align 2**12
        filesz 0x00000448 memsz 0x00000448 flags r-x
可读写数据段
 LOAD off    0x00000448 vaddr 0x08049448 paddr 0x08049448 align 2**12
        filesz 0x000000e8 memsz 0x00000104 flags rw-
```

图 7-5　某可执行目标文件程序头表的部分内容

【分析解答】

在可执行目标文件中描述的“可读写数据段”由所有可重定位目标文件中的 .data 节合并生成的 .data 节、所有可重定位目标文件中的 .bss 节合并生成的 .bss 节两部分组成。.data 节由初始化的全局变量组成，因而其初始值必须记录在可执行文件中，而 .bss 节由未初始化或初始化为 0 的全局变量组成，因而在可执行目标文件中无须记录其值，只要描述总的长度和每个变量的起始位置即可。

根据图 7-5 中的内容可知，.data 节中全局变量的初始值总的数据长度为 0xe8。因此，虚拟地址空间中长度为 0x104 字节的可读写数据段中，开始的 0xe8 个字节取自 .data 节，后面的 28 字节是未初始化或初始化为 0 的全局变量所在区域。

7. 假定 a 和 b 是可重定位目标文件或静态库文件，a → b 表示 b 中定义了一个被 a 引用的符号。对于以下每一小题出现的情况，给出一个最短命令行（含有最少数量的可重定位目标文件或静态库文件参数），使得链接器能够解析所有的符号引用。

（1）p.o → libx.a → liby.a → p.o

（2）p.o → libx.a → liby.a 同时 liby.a → libx.a

（3）p.o → libx.a → liby.a → libz.a 同时 liby.a → libx.a → libz.a

【分析解答】

（1）gcc -static –o p p.o libx.a liby.a p.o

（2）gcc -static –o p p.o libx.a liby.a libx.a

（3）gcc -static –o p p.o libx.a liby.a libx.a libz.a

8. 已知两个 C 语言源程序文件 main.c 和 swap.c 的内容如图 7-6 所示。

```
1  void swap(void);
2
3  int buf[2] = {1, 2};
4
5  int main()
6  {
7     swap();
8     return 0;
9  }
```

a）main.c 文件

```
1   extern int buf[];
2
3   int *bufp0 = &buf[0];
4   static int *bufp1;
5
6   void swap()
7   {
8      int temp;
9      bufp1 = &buf[1];
10     temp = *bufp0;
11     *bufp0 = *bufp1;
12     *bufp1 = temp;
13  }
```

b）swap.c 文件

图 7-6　main.c 和 swap.c 文件中的内容

图 7-7 给出了 main 函数源代码对应的 main.o 中 .text 节和 .rel.text 节的内容，图中显示其 .text 节中有一处需要重定位。假定链接后 main 函数代码起始地址是 0x0804 8386，紧跟在 main 后的是 swap 函数的代码，且首地址按 4 字节边界对齐。要求根据对图 7-7 的分析，指出 main.o 的 .text 节中需要重定位的符号名、相对于 .text 节起始位置的位移、所在指令行号、重定位类型、重定位前的内容、重定位后的内容，并给出重定位值的计算过程。

```
1   Disassembly of section .text:
2   00000000 <main>:
3        0:55                push    %ebp
4        1:89 e5             mov     %esp,%ebp
5        3:83 e4 f0          and     $0xfffffff0,%esp
6        6:e8 fc ff ff ff    call    7 <main+0x7>
7                  7: R_386_PC32 swap
8        b:b8 00 00 00 00    mov     $0x0,%eax
9       10:c9                leave
10      11:c3                ret
```

图 7-7　main.o 中 .text 节和 .rel.text 节内容

【分析解答】

根据图 7-7 可知，main.o 的 .text 节中只有一个符号需要重定位，它就是在 main.c 中被引用的全局符号 swap；需要重定位的是图 7-7 中第 6 行 call 指令中的偏移量字段，其位置相对于 .text 节起始位置位移量 r_offset 为 7，按照 PC 相对地址方式（R_386_PC32）进行重定位。

重定位前，在位移量 7、8、9、a 处的初始值 init 的内容分别为 fc、ff、ff、ff，其机器数为 0xfffffffc，值为 −4。重定位后，应该使 call 指令的目标跳转地址指向 swap 函数的起始地址。

main 函数共占 12H=18 字节的存储空间，其起始地址 ADDR(.text) 为 0x0804 8386，因此，main 函数最后一条指令地址为 0x0804 8386+0x12=0x0804 8398。因为 swap 函数代码紧跟在 main 后且首地址按 4 字节边界对齐，故 swap 的起始地址 ADDR(swap) 就是 0x0804 8398。

重定位值的计算公式为

$$\begin{aligned}&\text{ADDR(swap)} - ((\text{ADDR(.text)} + \text{r\_offset}) - \text{init})\\&= \text{0x0804 8398} - ((\text{0x0804 8386}+7)-(-4)) = 7\end{aligned}$$

因此，重定位后，在位移量 7、8、9、a 处的 call 指令的偏移量字段为 07 00 00 00。

9. 图 7-8 给出了图 7-6b 所示的 swap 源代码对应的 swap.o 文件中 .text 节和 .rel.text 节的内容，图中显示 .text 节中共有 6 处需重定位。

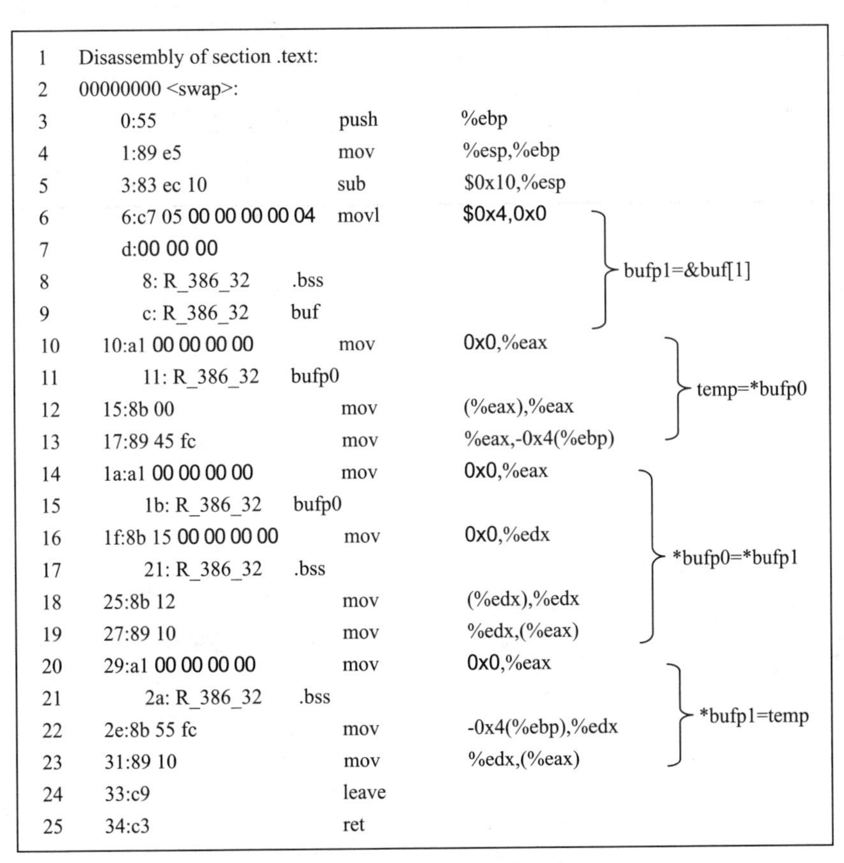

```
1   Disassembly of section .text:
2   00000000 <swap>:
3       0:55                     push    %ebp
4       1:89 e5                  mov     %esp,%ebp
5       3:83 ec 10               sub     $0x10,%esp
6       6:c7 05 00 00 00 00 04   movl    $0x4,0x0              ┐
7       d:00 00 00                                             │
8         8: R_386_32    .bss                                  ├ bufp1=&buf[1]
9         c: R_386_32    buf                                   ┘
10    10:a1 00 00 00 00          mov     0x0,%eax              ┐
11        11: R_386_32   bufp0                                 ├ temp=*bufp0
12    15:8b 00                   mov     (%eax),%eax           │
13    17:89 45 fc                mov     %eax,-0x4(%ebp)       ┘
14    1a:a1 00 00 00 00          mov     0x0,%eax              ┐
15        1b: R_386_32   bufp0                                 │
16    1f:8b 15 00 00 00 00       mov     0x0,%edx              ├ *bufp0=*bufp1
17        21: R_386_32   .bss                                  │
18    25:8b 12                   mov     (%edx),%edx           │
19    27:89 10                   mov     %edx,(%eax)           ┘
20    29:a1 00 00 00 00          mov     0x0,%eax              ┐
21        2a: R_386_32   .bss                                  ├ *bufp1=temp
22    2e:8b 55 fc                mov     -0x4(%ebp),%edx       │
23    31:89 10                   mov     %edx,(%eax)           ┘
24    33:c9                      leave
25    34:c3                      ret
```

图 7-8　swap.o 中 .text 节和 .rel.text 节的内容

假定链接后生成的可执行目标文件中，buf 和 bufp0 的存储地址分别是 0x0804 95c8 和 0x0804 95d0，bufp1 的存储地址位于 .bss 节的开始，为 0x0804 9620。根据对图 7-8 的分析，仿照例子填写表 7-5，以指出各个重定位的符号名、相对于 .text 节起始位置的位移、所在指令行号、重定位类型、重定位前的内容、重定位后的内容。

表 7-5　题 9 用表

序号	符号	位移	指令所在行号	重定位类型	重定位前的内容	重定位后的内容
1	bufp1 (.bss)	0x8	6 ~ 7	R_386_32	0x0000 0000	0x0804 9620
2						
3						
4						
5						
6						

【分析解答】

根据题中给出的条件，填表 7-5 后，得到表 7-6 如下。

表 7-6　题 9 中填入结果后的表

序号	符号	位移	指令所在行号	重定位类型	重定位前的内容	重定位后的内容
1	bufp1 (.bss)	0x8	6 ~ 7	R_386_32	0x0000 0000	0x0804 9620
2	buf (.data)	0xc	6 ~ 7	R_386_32	0x0000 0004	0x0804 95cc
3	bufp0 (.data)	0x11	10	R_386_32	0x0000 0000	0x0804 95d0
4	bufp0 (.data)	0x1b	14	R_386_32	0x0000 0000	0x0804 95d0
5	bufp1 (.bss)	0x21	16	R_386_32	0x0000 0000	0x0804 9620
6	bufp1 (.bss)	0x2a	20	R_386_32	0x0000 0000	0x0804 9620

第 8 章　程序的加载和执行

8.1　教学目标和内容安排

主要教学目标：使学生了解可执行文件的加载和执行的基本过程，包括程序和进程的概念、进程的存储器映射、程序的加载过程、进程的逻辑控制流、进程的上下文切换、指令的执行过程、CPU 的基本功能和基本组成、打断程序正常执行的事件。

基本学习要求：

- 理解程序与进程的基本概念以及它们之间的区别。
- 理解进程虚拟地址空间的基本结构和基本组成。
- 了解 Linux 内核如何通过进程描述符中的 vm_area_struct 结构体描述虚拟地址空间。
- 了解 Linux 内核如何利用进程描述符中的 vm_area_struct 结构体进行页故障异常处理。
- 了解与进程的存储器映射相关的概念和存储器映射函数 mmap() 的基本功能。
- 了解一个可执行文件的加载并创建一个新进程的大致过程。
- 了解在 IA-32+Linux 系统中运行一个新程序的 main() 函数时用户栈中的典型结构。
- 了解在可执行文件加载过程中所形成的进程用户空间各区域的对象类型。
- 理解处理器的物理控制流和进程的逻辑控制流之间的关系。
- 了解进程的上下文所包含的信息以及进程的上下文切换概念。
- 理解一条指令的基本执行过程。
- 理解内部异常和外部中断的基本概念以及两者的区别。
- 了解 CPU 的功能和 CPU 的基本结构。
- 理解 CPU 中通用寄存器和专用寄存器的作用。

本章之前主要介绍一个程序从高级语言源程序转换为可执行文件过程中涉及的相关内容。本章介绍可执行文件加载和执行过程中涉及的基本知识点和基础概念。本章内容作为全书的收尾部分，主要起承上启下的作用，作为后续“计算机组成原理”“操作系统”等课程的导引内容，使学生在后续相关课程的学习中能够深刻理解所学内容与前导课程内容之间的密切关系，能够建立高级语言源程序到可执行文件之间的编译、汇编和链接等转换过程，以及可执行文件加载和执行过程这样的“程序整个生命周期”中所有内容之间的关联关系，将一个进程的“前世今生”串起来并搞清楚。

因为本章只是后续课程的导引内容，相应知识点的具体实现将在后续课程中进行系统性讲解，因而在本章内容的教学过程中，只需要把相关过程串联起来，无须介绍具体的实现细节，只要使学生了解为了进行可执行文件的加载和执行：在软件层面，操作系统需要提供哪些最基本的功能（即提供哪些最基本的系统调用函数和哪些最基本的数据结构）可以将可执行文件的加载与对应进程的创建过程关联起来；在硬件层面，CPU 要能执行程序中的一条条指令需要提供哪些最基本的功能，在执行指令过程中，CPU 还会遇到一些无法使程序继续正常执行的内部异常或外部中断两类事件。

8.2 主要内容提要

1. 程序与进程的概念

程序是指代码和数据的集合，程序的代码是一个机器指令序列，因而程序是一种静态的概念。它可以作为目标模块存放在硬盘中，或者作为一个存储段存在于一个主存地址空间。简单来说，进程是程序的一次运行过程，是一个具有一定独立功能的程序关于某个数据集合的一次运行活动，因而进程具有动态的含义。

2. 进程的虚拟地址空间

进程概念的引入除了为应用程序提供了一个独立的逻辑控制流之外，还为应用程序提供了一个私有的地址空间，使得程序员以为自己的程序在执行过程中独占拥有存储器，这个私有地址空间就是进程的虚拟地址空间。

在一个系统中，所有进程的虚拟地址空间都具有统一的地址空间划分。整个虚拟地址空间分为两大部分：内核虚拟存储空间（简称内核空间）和用户虚拟存储空间（简称用户空间）。在采用虚拟存储器机制的系统中，在加载每个程序的可执行目标文件时，它们都被映射到相同的虚拟地址空间中，因此，所有用户进程的虚拟地址空间是一致的，只是在相应的只读代码区域和可读写数据区域映射的信息不同而已，它们分别被映射到对应可执行目标文件中的只读代码段（.init 节、.text 节和 .rodata 节等组成的段）和可读写数据段（.data 节和 .bss 节组成的段）。其中，.bss 节在可执行文件中没有具体的内容，因此，运行时该节对应的存储区被初始化为 0。

3. Linux 系统中进程的虚拟地址空间表示

Linux 系统将进程对应的虚拟地址空间组织成若干“区域”（area）的集合，如只读代码段、可读写数据段、运行时堆、用户栈、共享库等区域。Linux 内核为每个进程维护一个进程描述符，数据类型为 task_struct 结构体，其中指针 mm 指向一个 mm_struct 结构体，它描述了进程虚拟存储空间的当前状态，其中指针 mmap 指向一个由 vm_area_struct 结构体构成的链表表头，链表中每个 vm_area_struct 结构体描述了进程虚拟地址空间中的一个区域。

Linux 系统通过使用系统调用函数 mmap() 读取可执行文件中的程序头表来创建进程虚拟地址空间中的一个区域，从而生成一个 vm_area_struct 结构体，由 vm_area_struct 结构体构成的链表来表示进程的整个虚拟地址空间划分，从而实现进程的存储器映射。

4. 可执行目标文件的加载

当在 shell 命令行提示符后输入一个命令，以启动命令中指定的可执行目标文件执行时，shell 命令行解释器首先对命令进行解析，以获得参数个数 argc 并构造参数列表 argv；然后，调用 fork() 函数创建一个子进程，fork() 函数使新创建的子进程获得与父进程（shell 进程）完全相同的虚拟地址空间映射和页表，即子进程完全复制父进程的 mm_struct、vm_area_struct 数据结构和页表，并将父进程和子进程中每一个私有页的访问权限都设置成只读，将两个进程的 vm_area_struct 中描述的私有区域中的页说明是私有的写时复制页；随后，再用命令解析获得的 argc 和 argv 以及全局变量 environ 作为参数调用 execve() 函数，从而实现在当前进程（新创建的子进程）的上下文中加载并运行被启动的可执行文件。在函数 execve() 中，通过启动加载器（loader）执行加载任务并启动程序运行。

每个进程的用户空间中有 4 个区域（私有的只读代码区和已初始化数据区、共享库的代码区和数据区）被映射到普通文件中的对象。其中，只读代码区域和已初始化数据区域以私有的写时拷贝方式分别映射到可执行文件中的只读代码段和已初始化的可读写数据节（.data 节）；而共享库的数据区域和代码区域分别映射到共享库文件中的对象（如 libc.so 中 .data 节和 .text 节等）。除上述 4 个区域外，未初始化数据（.bss）、栈和堆这三个区域都是映射到匿名文件中请求零的页，也都属于私有对象。未初始化数据区域（.bss 节）的长度由可执行文件中的信息提供，堆区的初始长度为零。

由此可见，这里的“加载”实际上并没有将可执行文件中的代码和数据（除 ELF 头、程序头表等信息）从硬盘读入主存，而是根据可执行文件中的程序头表，对当前进程上下文中关于存储器映射的一些数据结构进行了初始化，包括页表以及各 vm_area_struct 结构体信息等，即仅进行了存储器映射工作。当加载器执行完加载任务后，便将 PC 的内容设定为指向入口点（即符号 _start 处），从而开始转到可执行文件执行，从此，可执行文件开始在新进程的上下文中运行。

5. 进程的逻辑控制流

一个可执行目标文件被加载并启动执行后，就成为一个进程。不管是静态链接生成的完全链接可执行文件，还是动态链接后在存储器中形成的完全链接可执行目标，它们的代码段中的每条指令都有一个确定的地址，在这些指令的执行过程中，会形成一个指令执行的地址序列，对于确定的输入数据，其指令执行的地址序列也是确定的。这个确定的指令执行地址序列称为进程的逻辑控制流。

在一个单处理器系统中，通常操作系统会使若干个进程轮流使用处理器，对一个处理器而言，它所执行的所有（包括交错执行的不同进程所包含的）指令序列构成了该处理器的物理控制流。因而，在某段时间内轮流调度多个进程在一个处理器上执行时，处理器的物理控制流就由这几个进程的逻辑控制流组成。对某个进程来说，虽然其执行过程可能被打断多次，但是其逻辑控制流不会发生变化。

6. 进程的上下文切换

操作系统通过处理器调度让处理器轮流执行多个进程。实现不同进程中指令交替执行的机制称为进程的上下文切换。上下文切换发生在操作系统调度一个新进程到处理器上运行时，它需要完成以下三件事：① 将当前进程的寄存器上下文保存到系统栈中；② 将新进程系统级上下文中的现场信息作为新的寄存器上下文恢复到处理器的各个寄存器中；③ 将控制跳转到新进程执行。这里，一个重要的上下文信息是 PC 的值，当前进程被打断的断点处的 PC 作为寄存器上下文的一部分被保存在进程现场信息中，这样，下一次该进程再被调度到处理器上执行时，就可以从其现场信息中获得断点处的 PC，从而能从断点处开始执行。

显然，处理器调度等事件会导致进程的正常执行被打断，从处理器上被调度下来的进程的逻辑控制流被打断了，因而形成了突变的异常控制流。进程的上下文切换机制很好地解决了这类异常控制流，实现了从一个进程安全切换到另一个进程执行的过程。

7. 程序执行概述

程序代码由一条一条的指令构成，指令按顺序存放在存储空间的连续单元中，正常情况下，指令按其存放顺序执行，遇到需要改变程序执行流程时，用相应的跳转类指令（包括无条件跳转指令、条件跳转指令、调用指令和返回指令等）来改变程序执行流程。下一步将要执行的指令所在存储单元的地址由 PC 给出，只要改变 PC 的内容就可以改变程序的执行流程。程序的执行过程就是其包含的指令序列的执行过程。

8. 指令执行过程

指令的执行过程大致分为取指令、译码、取数、运算、存结果、查中断等几个步骤。指令周期是指 CPU 取出并执行一条指令的时间，它由若干个机器周期或直接由若干个时钟周期组成，不同指令的指令周期可能不同。

早期的机器因为没有引入缓存，所以每个指令周期都要执行一次或多次总线操作，以访问主存读取指令或进行数据的读写，因而，将指令周期分成若干机器周期，每个机器周期对应 CPU 内部操作或某种总线事务类型，一个总线事务访问一次主存或 I/O 接口。因为一个总线事务包括送地址和读写命令、等待主存进行读写操作等，所以需要多个时钟周期才能完成一个总线事务，因此，一个机器周期由多个时钟周期组成。

现代计算机引入高速缓存后，大多数情况下都不需要访问主存，可以直接在 CPU 内的高速缓存中读取指令或访问数据，因此，每个指令周期直接由若干个时钟周期组成。时钟是 CPU 中用于控制同步的信号，时钟周期是 CPU 中最小的时间单位。

9. 程序正常执行过程的打断

从开机加电开始到断电为止，CPU 一直在执行指令。每条指令的执行都会改变 PC 中的值，因而 CPU 能够不断地执行新的指令。如果没有遇到特殊的情况，CPU 将一直按照程序中给定的正常指令顺序执行下去。不过，程序并不总是能按正常顺序执行，有时 CPU 会遇到一些特殊情况而无法继续执行当前程序。

一方面，CPU 执行指令过程中，会发生诸如整除时除数为 0、结果溢出等 CPU 内部异常事件。另一方面，程序执行过程中，若外设完成任务或发生某些特殊事件，如按下 <Ctrl+C> 组合键、打印机缺纸、定时采样计数时间到、键盘缓冲区已满、从网络中接收到一个信息包、从磁盘读入了一块数据等，设备控制器会向 CPU 发中断请求，要求 CPU 对这些情况进行处理，这种情况称为外部中断。

CPU 在遇到内部异常或外部中断时，会中止正在执行的程序，转到操作系统内核提供的异常处理程序或中断服务程序执行。

10. CPU 的基本功能和基本组成

CPU 总是周而复始地执行指令，并在执行指令过程中检测和处理内部异常事件和外部中断请求。在此过程中，要求 CPU 具有以下各种功能。

- 取指令并译码：从存储器中取出指令，并对指令操作码译码，以控制 CPU 进行相应的操作。

- 计算 PC 的值：通过自动计算 PC 的值来确定下一条指令地址，以正确控制执行顺序。
- 算术逻辑运算：计算操作数地址，或对操作数进行算术或逻辑运算。
- 取操作数或写结果：通过控制对存储器或 I/O 接口的访问来读取操作数或写结果。
- 异常或中断处理：检测有无异常事件或中断请求，必要时响应并调出相应处理程序执行。
- 时序控制：通过生成时钟信号来控制上述每个操作的先后顺序和操作时间。

CPU 主要由数据通路和控制单元组成。数据通路中包含组合逻辑单元和存储信息的状态单元。组合逻辑单元用于对数据进行处理，如加法器、ALU、扩展器（0 扩展或符号扩展）、多路选择器以及总线接口逻辑等；状态单元包括触发器、寄存器等，用于对指令执行的中间状态或最终结果进行保存；控制单元也称为控制器，主要功能是对取出的指令进行译码，并与指令执行得到的条件码或当前机器的状态、时序信号等组合，生成对数据通路进行控制的控制信号。

11. CPU 中的寄存器

CPU 中存在大量的寄存器，根据对用户程序的透明程度可以分成以下三类。

（1）用户可见寄存器

用户可见寄存器是指用户程序中的指令可直接访问或修改其值的通用寄存器，可用来存放地址或数据。用来存放某种特定类型地址的通用寄存器可称为地址寄存器，如段寄存器、变址寄存器、基址寄存器、栈指针寄存器、帧指针寄存器等都是地址寄存器，通常，可在指令中明显或隐含地指定某通用寄存器作为地址寄存器。

（2）用户部分可见寄存器

用户部分可见寄存器是指用户程序中的指令只能间接修改和间接访问其内容的寄存器，如程序状态字寄存器 PSWR（或标志寄存器）、PC 等，这些寄存器的内容由 CPU 根据指令执行结果自动设定。对于 PSWR，用户程序执行过程中可能会隐含读出其部分内容，以确定程序的执行顺序，但不能直接修改这些寄存器的内容；对于 PC，CPU 会根据当前指令的功能和执行情况，将下一条将要执行的指令的地址送入 PC。

（3）用户不可见寄存器

用户不可见寄存器是指用户程序不能进行任何访问操作的寄存器，这些寄存器大多用于记录系统的控制信息和状态信息，只能由 CPU 硬件或操作系统内核程序访问。例如，指令寄存器（IR）用来存放正在执行的指令，只能被硬件访问；存储器地址寄存器（MAR）和存储器数据寄存器（MDR）分别用来存放将要访问的存储单元的地址和数据，也由硬件直接访问；中断请求寄存器、进程控制块指针、系统栈指针、页表基址寄存器等寄存器只能由内核程序访问，因此也都是用户不可见寄存器。

8.3 基本术语解释

进程（process）

进程是指程序的一次运行过程，是一个具有一定独立功能的程序关于某个数据集合的一次运行活动，因而进程具有动态的含义。计算机处理的所有任务实际上是由进程完成的。

内核空间（kernel space）

在一个系统中，每个进程有统一的虚拟地址空间，由内核空间和用户空间两部分组成。内核空间用于映射到操作系统内核代码和数据、物理存储区，以及与每个进程相关的系统级上下文数据结构（如进程标识信息、进程现场信息、页表等进程描述信息以及内核栈等），其中内核代码和数据区在每个进程的地址空间中都相同。用户程序没有权限访问内核空间，只有操作系统内核才可以访问内核空间。

用户空间（user space）

在一个系统中，每个进程有统一的虚拟地址空间，由内核空间和用户空间两部分组成。用户空间用于映射到用户进程的代码、数据、堆和栈等用户级上下文信息。每个区域都有相应的起始位置，堆区和栈区相向生长，其中，栈从高地址往低地址生长。用户空间中的只读代码区和可读写数据区分别映射到对应可执行目标文件中的只读代码段（.init、.text 和 .rodata 节组成的段）和可读写数据段（.data 和 .bss 节组成的段）。

段错误（segmentation fault）

在 Linux 系统中，段错误是指某进程发生的试图访问未授权的存储区域时而引起的一种访存错误。当 Linux 内核根据进程描述符（由 task_struct 结构描述）中由 vm_area_struct 链表给出的虚拟地址空间各区域范围（vm_start 和 vm_end 分别是起、止地址）的描述，而判断出当前访问地址不在起止地址范围内，属于没有内容的“空洞”页面，则发生段错误，出错信息显示“段错误”（segmentation fault）。在 Windows 系统中，这种错误情况下有些开发环境会显示“访问违例”(access violation)。

页故障（page fault）

当 CPU 中的存储器管理部件（MMU）在对所访问的某个指令或数据的虚拟地址进行地址转换时，会根据反映虚拟地址与物理地址之间对应关系的页表内容，判断是否发生页故障。若检测到发生页故障，则转入操作系统内核进行页故障处理。通常，以下几种情况都属于页故障：①访问没有内容的“空洞”页面，②对一个“只读”页面进行写操作（称为访问越权），③用户程序访问内核空间（称为访问越级），④访问的页面还未装入主存（称为缺页）。

请求零的页（demand-zero page）

由内核创建的、全部由 0 组成的文件称为匿名文件，对应区域中的每个虚拟页称为请求零的页。

私有对象（private object）

可执行文件加载过程中，加载器会在 fork() 函数新建的子进程上下文中进行进程的存储器映射，将进程虚拟地址空间中的只读代码区映射到可执行文件中由 .init 节、.text 节、.rodata 节等组成的只读代码段，将已初始化数据区映射到可执行文件中的 .data 节，此外，未初始化数据区、运行时堆区和用户栈区都映射到匿名文件中请求零的页。进程虚拟地址空间中的只读代码区、已初始化数据区、未初始化数据区、运行时堆区和用户栈区这 5 个区域中信息的属性都属于私有对象。

共享对象（shared object）

可执行文件加载过程中，加载器会在 fork() 函数新建的子进程上下文中进行进程的存储器映射，将进程虚拟地址空间中的共享库区域（包括只读代码区和可读写数据区）映射到共享库文件（如 libc.so 文件）中相应的对象，这些区域中信息的属性都属于共享对象。

正常控制流（normal control flow）

一个程序的正常执行流程有两种顺序：一种是按指令存放顺序执行，即新的 PC 值为当前指令地址加当前指令长度；另一种则是跳转到跳转类指令指出的跳转目标地址处执行，即新的 PC 值为跳转目标地址。CPU 所执行的指令的地址序列称为 CPU 的控制流，通过上述两种方式得到的控制流为正常控制流。

异常控制流（Exceptional Control Flow，ECF）

CPU 在程序正常执行过程中因为遇到进程上下文切换、异常或外部中断事件等而打断原来程序的正常执行所引起的意外控制流称为异常控制流。

逻辑控制流（logical control flow）

不管是静态链接生成的完全链接可执行文件，还是动态链接后在存储器中形成的完全链接可执行目标，它们的代码段中的每条指令都有一个确定的地址，在这些指令的执行过程中，会形成一个指令执行的地址序列，对于确定的输入数据，其指令执行的地址序列也是确定的。这个确定的指令执行地址序列称为进程的逻辑控制流。

物理控制流（physical control flow）

对某个处理器而言，它所执行的所有指令序列（包括交错执行的不同进程所包含的指令构成的序列）构成了该处理器的物理控制流。

并发（concurrency）

有些进程的逻辑控制流在时间上有交错，通常把这种不同进程的逻辑控制流在时间上交错或重叠的情况称为并发。并发执行的概念与处理器核数没有关系，只要两个逻辑控制流在时间上有交错或重叠都称为并发。

并行（parallelism）

两个同时执行的进程的逻辑控制流是并行的，显然，并行执行的两个进程一定只能同时运行在不同的处理器或处理器核上。并行是并发执行的一种特例，并行执行的两个进程一定是并发的。

进程的上下文（process context）

进程的物理实体（代码和数据等）和支持进程运行的环境合称为进程的上下文。由进程的程序块、数据块、运行时的堆和用户栈（通称为用户堆栈）等组成的用户空间信息被称为用户级上下文；由进程标识信息、进程现场信息、进程控制信息和系统内核栈等组成的内核空间信息被称为系统级上下文；此外，处理器中各个寄存器的内容被称为寄存器上下文（也称硬件上下文）。进程的上下文包括用户级上下文、系统级上下文和寄存器上下文。其中，用户级上下文地址空间和系统级上下文地址空间一起构成了一个进程的整个存储器映像。

进程上下文切换（process context switching）

操作系统通过处理器调度让处理器轮流执行多个进程。实现不同进程中指令交替执行的机制称为进程上下文切换，它发生在操作系统调度一个新进程到处理器上运行时。

用户级上下文（user level context）

由进程的程序块、数据块、运行时的堆和用户栈（通称为用户堆栈）等组成的用户空间信息被称为用户级上下文。

系统级上下文（system level context）

由进程标识信息、进程现场信息、进程控制信息和系统内核栈等组成的内核空间信息被称为系统级上下文。

寄存器上下文（register context）

处理器中各个寄存器的内容（即现场信息）被称为寄存器上下文（也称硬件上下文）。

进程控制信息（process control information）

进程控制信息中包含各种内核数据结构，例如，记录有关进程信息的进程表（process table）、页表、系统打开文件表等。

异常（exception）

异常是指在执行某条指令时在CPU内部发生的意外事件或预先设定的触发事件，如非法操作码、除数为0、设置断点、单步跟踪、栈溢出、缺页、段错误等。因为异常是CPU内部发生的事件，因此通常称为内部异常。

中断（interrupt）

中断是指程序执行过程中由CPU外部的设备完成某个指定任务或发生的某些特殊事件，例如，打印机缺纸、定时采样计数时间到、键盘缓冲区已满、从网络中接收到一个信息包、从硬盘读入了一块数据等，外设通过向CPU发送中断请求来要求CPU对这些情况进行处理。中断是由CPU外部的设备向CPU请求处理的事件，因此通常称为外部中断。

异常处理程序（exception handler）

异常处理程序是指操作系统内核中专门用于针对具体的内部异常事件进行处理的程序。

中断服务程序（interrupt handler）

中断服务程序也称为中断处理程序，特指操作系统内核中专门用于针对具体的外部中断请求进行处理的程序。

指令周期（instruction cycle）

从取出一条指令执行到取出下一条指令执行的间隔时间。因此，一般把一条指令从存储器读出到执行完成所用的全部时间称为指令周期。一个指令周期中要完成多个步骤的操作，包括取指令、指令译码、计算操作数地址、取操作数、运算、送结果、中断检测等。

机器周期（machine cycle）

在一个指令周期中，最复杂的操作是访问存储器取指令或读/写数据或者访问I/O接口以读/写数据。它们都涉及总线操作，通过系统总线来和CPU之外的部件进行信息交换。因此，通常把CPU通过一次总线事务访问一次主存或I/O接口的时间称为机器周期。

一个指令周期包含了多个机器周期，不同机器的指令周期所包含的机器周期数不同。典型的机器周期有取指令、主存读（间址周期是一种主存读机器周期）、主存写、I/O读、I/O写、中断响应等。一台计算机的机器周期类型是确定的。

现代计算机采用CPU片内缓存来存放指令和数据，指令和数据的获取、数据的运算和传输都非常快，所以，一条指令的执行在若干个时钟内就可以完成，不再将指令周期细分为若干机器周期。

控制部件（Control Unit，CU）

控制部件也称为控制单元、控制逻辑或控制器，其作用是对指令进行译码，将译码结果与状态 / 标志信号和时序信号等进行组合，产生各种操作控制信号。这些控制信号被送到 CPU 内部或通过总线送到主存或 I/O 模块。控制部件是整个 CPU 的指挥控制中心，通过规定各部件在何时做什么操作来控制数据的流动，以完成指令的执行。

数据通路（data path）

数据通路是指指令执行过程中数据流经的路径以及路径上的部件。有两种类型的部件：一种是用组合逻辑电路实现的操作元件，用于进行数据运算、数据传送等，如 ALU、总线、扩展器、多路选择器等；另一种是用时序逻辑电路实现的状态元件，用于进行数据存储，如触发器、寄存器、存储器等。

程序计数器（Program Counter，PC）

PC 又称指令计数器或指令指针（IP），用来存放即将执行指令的地址。正常情况下，下一条即将执行指令的地址的形成有两种方式：①顺序执行时，通过 PC +“1”形成下一条指令地址（这里的“1”是指一条指令的字节数），有的机器中，PC 本身具有“+1”计数功能，有的机器借用运算部件完成 PC+“1”的功能；②跳转执行时，根据跳转类指令提供的信息生成跳转目标指令地址，并将其作为下一条指令地址送至 PC。

指令寄存器（Instruction Register，IR）

指令寄存器用以存放现行正在执行的指令。每条指令总是先从主存储器取出，然后才能在 CPU 中执行，指令取出后就被存放在指令寄存器中，以便送指令译码器进行译码。

指令译码器（Instruction Decoder，ID）

指令译码器对指令寄存器中的操作码部分进行分析解释，产生相应的译码信号提供给操作控制信号形成部件，以产生控制信号并控制指令在数据通路中的执行。不同的指令译码生成控制信号的不同取值，以控制执行不同的操作。

控制信号（control signal）

控制信号也称为操作控制信号或微操作信号。控制器中的指令译码器对指令进行译码，并将译码结果组合产生控制信号。这些控制信号被送到 CPU 内部或通过总线送到主存或 I/O 模块。

8.4　常见问题解答

1. 进程和程序之间最大的区别是什么？

答：进程是指程序的一次运行过程，是一个具有一定独立功能的程序关于某个数据集合的一次运行活动，因而进程具有动态的含义。程序就是代码和数据的集合，程序的代码是一个机器指令序列，因而程序是一种静态的概念，它可以作为目标文件模块存放在磁盘中，或者作为一个存储段存在于一个地址空间中。因此，进程和程序之间的最大区别就是程序是静态的概念，而进程是动态的概念。一个程序被启动执行后就变成了一个进程。

2. 进程的引入为应用程序提供了哪两个方面的假象？这种假象带来了哪些好处？

答：进程的引入为应用程序提供了以下两方面的假象：一个独立的逻辑控制流和一个私有的虚拟地址空间。每个进程拥有一个独立的逻辑控制流，使程序员以为自己的程序在执行过程中独占使用处理器；每个进程拥有一个私有的虚拟地址空间，使程序员以为自己的程序在执行过程中独占存储器。

程序员和语言处理系统把一台计算机的所有资源看作由自己的程序独占，都以为自己的程序是在处理器上执行的和在存储空间中存放的唯一的用户程序。显然，这是一种"错觉"。这种"错觉"带来了极大的好处，它简化了程序员的编程以及语言处理系统的处理，即简化了编程、编译、链接、共享和加载等整个过程。

3. 在 IA-32+Linux 系统平台中，一个进程的虚拟地址空间布局是怎样的？

答：整个虚拟地址空间分为两大部分：内核虚拟存储空间（简称内核空间）和用户虚拟存储空间（简称用户空间）。在采用虚拟存储器机制的系统中，每个程序的可执行目标文件在装入时，都被映射到同样的虚拟地址空间上，即所有用户进程的虚拟地址空间都是一致的，只是在相应的只读代码区域和可读写数据区域中映射的信息不同而已，它们分别被映射到对应可执行目标文件中的只读代码段（.init、.text 和 .rodata 节组成的段）和可读写数据段（.data 和 .bss 节组成的段）。其中，只有 .bss 节在可执行目标文件中没有具体内容，因此，在运行时由操作系统将该节对应的存储区初始化为 0。

对于 IA-32+Linux 系统平台，其内核虚拟存储空间在 0xc000 0000 以上的高端地址上，用来映射到操作系统内核代码和数据、物理存储区，以及与每个进程相关的系统级上下文数据结构（如进程标识信息、进程现场信息、页表等进程控制信息以及内核栈等），其中内核代码和数据区在每个进程的地址空间中都相同。用户程序没有权限访问内核空间。

用户空间用来映射到用户进程的代码、数据、堆和栈等用户级上下文信息。每个区域都有相应的起始位置，堆区和栈区相向生长。对于 IA-32+Linux 系统平台，其用户栈区从内核起始位置 0xc000 0000 开始向低地址增长，堆栈区中的共享库映射区域从 0x4000 0000 开始向高地址增长，只读区域从 0x0804 8000 开始向高地址增长，只读区域后面跟着可读写数据区域，其起始地址通常要求按 4KB 字节对齐。

4. 可执行文件加载后仅建立了进程虚拟地址空间与可执行文件及共享库文件中对象的存储器映射并生成进程的初始页表，而没有真正把可执行文件中的代码和数据装入内存，那执行程序中的指令时，CPU 从主存储器中取不到指令和数据，如何执行指令呢？

答：可执行文件加载时，不仅会建立进程虚拟地址空间与可执行文件及共享库文件中对象的存储器映射，同时操作系统还会生成进程的一个初始页表。IA-32+Linux 系统平台下，进程的虚拟地址空间通常被划分成大小为 4KB 的页面，操作系统以页面为单位将可执行文件中的代码和数据装入主存，用页表记录进程的每一个页面是否已装入主存（若已装入主存，则记录装入在主存何处）、页面内容的访问权限是可读 / 可写 / 可执行等信息。因此，当 CPU 执行程序的第一条指令时，因为要取的指令不在内存中，CPU 中的存储器管理部件（Memory Management Unit，MMU）在将虚拟地址转换为主存物理地址时，根据指令所在页的页表项发现指令所在页还未装入主存，即发生了缺页异常。同样，当指令执行过程中，需要读取主存中的操作数时，MMU 会根据操作数的虚拟地址确定操作数所在的页面，找到该页对应的页表项，如果数据所在页还未装入主存，则也会发现发生了缺页异常。当 MMU 发现缺页异常后，就会调出操作系统的缺页异常处理程序执行，由操作系统完成将所缺失页装入主存的工作。处理完缺页异常后，程序回到发生缺页异常的指令继续执行，再次执行发生缺页异常的指令时，就可以从主存中取到指令或数据了。

5. “一个进程不管中间是否被其他进程打断，也不管被打断几次或在哪里被打断，它的逻辑控制流总是确定的，这样，就可以保证一个进程的执行不管怎么被打断，其行为总是一致的。”计算机系统主要靠什么机制实现这个能力？

答：计算机系统中主要由操作系统和 CPU 硬件提供的进程上下文切换机制、异常 / 中断处理机制来保证能够实现问题中描述的这种能力。不管是进程上下文切换机制，还是异常 / 中断处理机制，它们都能够保存被中断进程的断点、所有现场以及状态信息，以保证被打断执行的进程下次能够从被打断的地方继续正确地运行下去。

6. 有哪几类事件会引起异常控制流？

答：以下几类事件会引起异常控制流。①进程的上下文切换。因为进程的上下文切换意味着原来在 CPU 上正在执行的进程将被暂时中断，操作系统执行相应的上下文切换程序，将另一个进程切换到 CPU 上执行。②发生内部异常事件。因为某个进程在执行过程中若发生内部异常事件，则 CPU 会对异常事件进行相应的处理，通过执行一系列的操作步骤，最终把操作系统内核中相应的异常处理程序调出来执行。③发生外部中断请求。因为某个进程在执行过程中若发生外部中断请求，则 CPU 会在当前指令执行结束后响应中断请求，通过执行一系列的操作步骤，最终把操作系统内核中相应的中断服务程序调出来执行。以上这些事件都会打断原来程序的正常执行，因而会产生一个异常控制流。

7. 进程的上下文信息主要包含哪些信息？

进程的上下文主要包含三大块信息：用户级上下文、系统级上下文和寄存器上下文。用户级上下文由进程的程序块、数据块、运行时的堆和用户栈（通称为用户堆栈）等用户空间信息组成；系统级上下文由进程标识信息、进程现场信息、进程控制信息和系统内核栈等内核空间信息组成；进程控制信息包含各种内核数据结构，例如，记录有关进程信息的进程表（process table）、页表、系统打开文件表等。用户级上下文地址空间和系统级上下文地址空间一起构成了进程的整个存储器映像，实际上就是进程的虚拟地址空间。

8. 在进行进程上下文切换时，操作系统主要完成哪几项工作？

答：在进程上下文切换时，操作系统需要完成以下三件事：①将当前进程的寄存器上下文（即现场信息）保存到当前进程的系统级上下文的现场信息中；②将新进程系统级上下文中的现场信息作为新的寄存器上下文恢复到处理器的各个寄存器中；③将控制跳转到新进程执行。

9. 异常和中断事件形成的异常控制流与进程上下文切换引起的异常控制流有何不同?

答：在一个进程正常运行过程中，可能会出现一些特殊事件，这些事件的发生将导致当前进程无法继续执行下去。这类特殊事件包括如用户按下 <Ctrl+C> 组合键、当前指令执行时发生了导致指令无法继续执行的意外事件（如整数除法指令中除数为 0、非法指令操作码、访存时地址越界等)、I/O 设备完成了系统交给的任务需要系统进一步处理等。这些特殊事件统称为异常（exception）或中断（interrupt)。

发生异常或中断时，CPU 必须转到具体的处理特殊事件的异常处理程序或中断服务程序去执行，因而正在执行的进程的逻辑控制流被打断，从而引起一个异常控制流。

不过，这种异常控制流与上下文切换引起的异常控制流有明显的不同：进程上下文切换后，CPU 执行的是另一个用户进程；而对于中断或异常引起的异常控制流，其调出的异常处理程序或中断服务程序并不是一个进程，而是一个“内核控制路径”，异常处理程序或中断服务程序是代表异常或中断发生时正在运行的当前进程在内核态执行的一个独立指令序列。它作为一个内核控制路径，比进程更“轻”，其上下文信息比一个进程的上下文信息少得多。

10. 一条指令在执行过程中要做哪些事情呢?

答：一条指令的执行过程包括：取指令、指令译码、计算操作数地址、取操作数、运算、送结果。其中取指令和指令译码是每条指令都必须进行的操作。有些指令需要到存储单元取操作数，因此，需要在取数之前计算操作数所在的存储单元地址。取操作数和送结果这两个步骤，对于不同的指令，其取和送的地方可能不同，有些指令要求在寄存器中读取 / 保存数据，有些是在内存单元中读取 / 保存数据，还有些是在 I/O 端口进行读取或保存数据。因此，一条指令的执行阶段（不包括取指令阶段)，可能只有 CPU 参与，也可能要通过总线去访问主存，也可能要通过总线去访问 I/O 端口。

11. CPU 执行指令的过程中，其他部件在做什么？

答：计算机的工作过程就是连续执行指令的过程，整个计算机各个部分的动作都是由 CPU 中的控制器（CU）通过对指令译码送出的控制信号来控制的。其他部件不知道自己该做什么，该完成什么动作，只有 CPU 通过对指令译码才知道。如果指令中包含对存储器或 I/O 端口的访问，则必须由 CPU 通过总线把要访问的地址和操作命令（读还是写）等信息送到存储器或 I/O 端口来启动相应的读或写操作。例如，指令执行前通过向总线发出主存地址、主存读命令等来控制存储器取指令；若当前执行的是寄存器定点加法指令，则 CU 控制定点运算器进行动作；若当前执行的是 I/O 指令，则 CU 会通过总线发出 I/O 端口地址、I/O 读或写命令等来控制对某个 I/O 端口中的寄存器进行读写操作。所以说，CPU 在执行指令时，其他部件也可能在执行同样的指令，只不过它们各司其职：CU 负责解释指令和发出命令（控制信号)，而其他各个部件则按命令具体完成自己该完成的任务（如读写、运算等)。

12. 怎样保证 CPU 能按程序规定的顺序执行指令呢？

答：计算机的工作过程就是连续执行指令的过程，指令在主存中连续存放。一般情况下，指令被顺序执行，只有遇到跳转指令（如无条件跳转、条件分支、调用和返回等指令）才改变指令执行的顺序。当执行到非跳转指令时，CPU 中的指令译码器通过对指令译码，知道正在执行的是一种顺序执行的指令，所以直接通过对 PC 加“1”（这里的“1”是指一条指令的长度）来使 PC 指向下一条顺序执行的指令；当执行到跳转指令时，指令译码器知道正在执行的是一种跳转指令，因而，控制运算器根据指令执行的结果进行相应的地址运算，把运算得到的跳转目标地址送到 PC 中，使执行的下一条指令为跳转到的目标指令。

由此可以看出，指令在主存中的存放顺序是静态的，而指令的执行顺序是动态的。CPU 能根据指令执行的结果动态改变程序的执行流程。

13. CPU 中控制器的功能是什么？

答：CPU 中的控制器主要用来产生各条指令执行所需的控制信号。有两大类控制信号：CPU 内部控制信号和发送到系统总线上的控制信号。

14. 数据通路的功能是什么？

答：CPU 的基本功能就是执行指令，指令的执行过程就是数据在数据通路中流动的过程。数据在流动过程中，要经过一些执行部件进行相应的处理，处理后的数据被送到存储部件保存。所以，简而言之，数据通路的功能就是通过对数据进行处理、存储和传输来完成指令的执行。

15. 数据通路中流动的信息有哪些？

答：指令的执行过程就是数据通路中信息的流动过程。因此要理解数据通路中流动的信息类型，必须先考察指令的执行过程。因为每条指令的功能不同，所以其执行过程也不一样。但总体来说，指令执行过程中涉及的基本操作包括：取指令并送指令寄存器、计算下一条指令地址、将下一条指令地址送 PC、读取寄存器中的数据到 ALU 输入端、将指令中的立即数送扩展器或 ALU 输入端、在 ALU 中进行运算（包括计算内存单元地址）、读取内存中的数据到寄存器、将寄存器中的数据写到内存、将 ALU 输出的数据写到寄存器等。因此，在数据通路中流动的信息有：PC 的值、指令、指令中的立即数、指令中的寄存器编号、寄存器中的操作数、ALU 运算的结果、内存单元中的操作数等。

16. 中断和异常的区别是什么？

答：有关中断和异常的概念，很多教科书或资料中都有不同的内涵。有些作者或体系结构并不区分它们，把它们统称为中断，例如，PowerPC 体系结构用异常来指代意外事件，用中断表示指令执行时控制流的改变。在一般的教科书中，异常和中断的概念是有区别的，根据来自 CPU 内部还是外部来区分。把执行指令过程中由指令本身引起的来自 CPU 内部的特殊事件称为异常，把来自 CPU 外部的由外部设备通过中断请求信号向 CPU 申请的事件称为中断。

8.5 单项选择题

1. 以下有关计算机程序和进程的描述中，错误的是（　　）。
   A. 用高级语言编写的程序必须转换为机器代码才能在计算机中运行
   B. 机器代码通常以可执行目标文件或共享库文件的形式保存在硬盘中
   C. 机器代码及其数据被映射到统一的虚拟地址空间即形成一个进程
   D. 同一个程序如果处理不同的数据集合就会对应不同的进程
2. 以下关于引入进程好处的叙述中，错误的是（　　）。
   A. 每个进程具有确定的逻辑控制流，不会因为进程被打断执行而改变
   B. 每个进程可独占使用处理器，以保证每次运行都有同样的运行结果
   C. 每个进程具有独立的虚拟地址空间，便于编译、链接、共享和加载
   D. 每个进程可各自占用不同的主存区域，便于操作系统实现存储保护
3. 以下关于 IA-32+Linux 平台中进程虚拟地址空间的叙述，其中错误的是（　　）。
   A. 分为内核空间和用户空间两大块，各占高地址 1GB 和低地址 3GB 空间
   B. 用户空间从 0x8048000 开始，由高地址的动态区和低地址的静态区组成
   C. 用户空间的动态区由栈和堆组成，栈从高地址向低地址生长而堆则相反
   D. 用户空间的静态区由代码段和数据段组成，数据段由读写数据和只读数据组成
4. 以下是有关在 Linux 系统中启动可执行目标文件执行的叙述，其中错误的是（　　）。
   A. 可执行文件的加载执行需要加载器调出 execve() 系统调用函数来实现
   B. 可在 CLI（命令行界面）中命令行提示符后输入对应的命令来启动其执行
   C. 可以通过在一个程序中调用 execve() 系统调用函数来启动可执行文件执行
   D. 不管是哪种启动执行方式，最终都是通过调用 execve() 系统调用函数实现的
5. 以下是有关在 Linux 系统中加载可执行目标文件的叙述，其中错误的是（　　）。
   A. 可执行目标文件的加载通过 execve() 函数调用的加载器来完成
   B. 加载器通过可执行文件中的程序头表对可装入段进行存储器映射
   C. 在可执行目标文件加载过程中，其中的指令和数据被读入主存储器
   D. 任何可执行目标文件中的可装入段被映射到统一的虚拟地址空间中
6. 以下是在 Linux 系统中启动并加载可执行目标文件过程中 shell 命令行解释程序所做的部分操作：
   ① 构造参数列表 argv　　② 调用 fork() 系统调用函数
   ③ 调用 execve() 系统调用函数　　④ 读入命令（可执行文件名）及参数列表
   启动并加载可执行目标文件的正确步骤是（　　）。
   A. ①→②→③→④　　B. ②→④→①→③
   C. ④→①→②→③　　D. ④→①→③→②
7. 以下是关于进程的逻辑控制流的叙述，其中错误的是（　　）。
   A. 进程的逻辑控制流是指其运行过程中执行指令的虚拟地址序列
   B. 不同进程的逻辑控制流中可能会存在相同的指令地址
   C. 不同进程的逻辑控制流在时间上交错或重叠的情况称为并发
   D. 进程的逻辑控制流在其对应机器代码被链接生成时就已经确定

8. 以下关于进程上下文切换的叙述中，错误的是（　　）。
   A. 进程上下文是指进程的代码、数据以及支持进程执行的所有运行环境
   B. 进程上下文切换机制实现了不同进程在一个处理器中交替运行的功能
   C. 进程上下文切换过程中必须保存换下进程在切换处的程序计数器的值
   D. 进程上下文切换过程中必须将换下进程的代码和数据从主存保存到硬盘上
9. 以下关于 IA-32+Linux 平台进程内核空间的叙述中，错误的是（　　）。
   A. 包含内核程序的代码及其所用的数据信息
   B. 包含所有进程可以动态链接的共享库映射区
   C. 包含进程现场信息，如寄存器（硬件）上下文等
   D. 包含进程标识信息和控制信息，如进程标识符、页表等
10. 以下是关于 Linux 系统中 shell 命令行解释器如何进行程序加载和运行的叙述，其中错误的是（　　）。
    A. shell 命令行解释器根据输入的命令行信息获得可执行文件名及其参数列表
    B. shell 命令行解释器可以通过调用 execve() 函数来启动加载器进行程序加载
    C. 调用 execve() 函数前，shell 命令行解释器先调用 fork() 函数创建一个子进程
    D. 加载器会把可执行目标文件从硬盘读到内存中，然后从第一条指令开始执行
11. 以下关于进程上下文切换机制和异常 / 中断机制比较的叙述中，错误的是（　　）。
    A. 进程上下文切换后，CPU 执行的是另一个进程的代码
    B. 响应异常 / 中断请求后，CPU 执行的是内核程序的代码
    C. 进程上下文切换和异常 / 中断响应处理都通过执行内核程序实现
    D. 进程上下文切换和异常 / 中断响应都会产生异常控制流
12. 以下选项中，不属于内部异常事件的是（　　）。
    A. 非法指令操作码　　　　B. 整除时除数为 0
    C. 按下 <Ctrl+C> 组合键　　　　D. 缺页
13. 下列关于程序中指令序列执行过程的叙述中，错误的是（　　）。
    A. 每条指令首先需要从存储器被取到指令寄存器中
    B. 当前要读取的指令的存储地址总是在程序计数器中
    C. 对指令操作码译码总是在取操作数并进行数据操作之前完成
    D. 计算下一条指令地址并送 PC 总是在取操作数并进行数据操作之前完成
14. CPU 中控制器的功能是（　　）。
    A. 产生时序信号
    B. 控制从主存取出一条指令
    C. 完成指令操作码译码
    D. 完成指令操作码译码，并产生操作控制信号
15. 冯·诺依曼计算机中，指令和数据均以二进制形式存放在存储器中，CPU 依据（　　）来区分它们。
    A. 指令和数据的表示形式不同　　　　B. 指令和数据的寻址方式不同
    C. 指令和数据的访问时点不同　　　　D. 指令和数据的地址形式不同

16. 下列寄存器中，对用户部分可见的是（　　）。

A．存储器地址寄存器（MAR）　　B．程序计数器（PC）

C．存储器数据寄存器（MDR）　　D．指令寄存器（IR）

17. 下列有关 CPU 中部分部件的功能的描述中，错误的是（　　）。

A. 控制单元用于对指令操作码译码并生成控制信号

B. PC 称为程序计数器，用于存放将要执行的指令的地址

C. 通过将 PC 按当前指令长度增量，可实现指令的按序执行

D. IR 称为指令寄存器，用来存放当前指令的操作码

18. 执行完当前指令后，PC 中存放的是后继指令的地址，因此 PC 的位数和（　　）的位数相同。

A. 指令寄存器（IR）　　B. 指令译码器（ID）

C. 主存地址寄存器（MAR）　　D. 存储器数据寄存器（MDR）

19. 下列有关程序计数器（PC）的叙述中，错误的是（　　）。

A. 每条指令执行后，PC 的值都会被改变

B. 指令顺序执行时，PC 的值总是自动加 1

C. 调用指令执行后，PC 的值一定是被调用过程的入口地址

D. 无条件跳转指令执行后，PC 的值一定是跳转目标地址

20. CPU 取出一条指令并执行所用的时间被称为（　　）。

A. 时钟周期　　B.CPU 周期　　C. 机器周期　　D. 指令周期

【参考答案】

1. C　2. B　3. D　4. A　5. C　6. C　7. D　8. D　9. B　10. D

11. C　12. C　13. D　14. D　15. C　16. B　17. D　18. C　19. B　20. D

【部分题目的答案解析】

第 1 题

进程是指程序的一次运行过程，是一个具有一定独立功能的程序关于某个数据集合的一次运行活动，因而进程具有动态的含义。而在选项 C 中提到的机器代码及所处理的数据被映射到统一的虚拟地址空间这个过程是在链接过程中完成的，链接后生成的可执行目标文件只是一个静态的程序形式，只有装入运行才会成为一个进程，因而选项 C 的说法是错误的。

第 2 题

引入进程的概念后，通过进程上下文切换可以保证每个进程具有确定的逻辑控制流，不管进程被打断几次或者在哪里被打断，每次运行都有同样的运行结果，因而进程可以交替使用处理器，而不需要独占使用处理器。显然，选项 B 的说法是错误的。

第 3 题

IA-32+Linux 进程虚拟地址空间中的用户空间静态区由只读代码段和可读可写数据段组成，只读代码段包含程序代码和只读数据（如 .text 节和 .rodata 节），可读写数据段包括各种全局变量和静态变量存储区（如 .data 节和 .bss 节）。因此，选项 D 的说法是错误的。

第 4 题

在 Linux 系统中，可执行文件的加载执行是通过 execve() 系统调用函数调出常驻内

存的加载器来实现的，因此，选项 A 的说法是错误的。选项 B 说明的做法是，由命令行解释程序对输入命令进行处理，最终在命令行解释程序中调用 execve() 系统调用函数，由 execve() 调出加载器实现可执行文件的加载执行；选项 C 是在程序中直接调用 execve() 系统调用函数实现可执行文件的加载执行，选项 B 和选项 C 实际上与选项 D 表示的都是同一个含义。

第 5 题

在 Linux 系统中，可执行目标文件的加载是通过 execve() 函数调用加载器来完成的，因此选项 A 正确；在 fork() 函数创建的子进程中，其虚拟地址空间映射与父进程完全一致，因此，加载器需要对可执行文件中的程序头表进行解析，将可执行文件对应的子进程中的虚拟地址空间中的区域与可执行文件中对应的可装入段进行存储器映射，因此选项 B 的说法正确；在可执行目标文件加载过程中，只要对其中的只读代码段和可读写数据段进行相应的存储器映射，而并不需要将其中的指令和数据读入主存储器，因此选项 C 是错误的；在同一个系统中，任何可执行目标文件中的可装入段都被映射到统一的虚拟地址空间中，而无须考虑将来程序执行时数据和指令会被装入主存何处，因此选项 D 的说法正确。

第 7 题

对于选项 A，进程的逻辑控制流是指其运行过程中执行指令所在的虚拟地址序列。选项 A 说法正确。

对于选项 B，因为逻辑控制流是指进程的虚拟地址序列，而每个进程都映射到独立的虚拟存储空间，起始地址都一样，因而不同进程的逻辑控制流中可能会存在相同的指令地址。选项 B 说法正确。

对于选项 C，两个进程是并发的，是指这两个进程在时间上交错或重叠执行，显然，这种情况下它们的逻辑控制流在时间上是交错或重叠的。选项 C 说法正确。

对于选项 D，虽然链接时机器代码已被映射到虚拟地址空间，即每条指令的虚拟地址已经确定，但是，在执行过程中 CPU 应该执行哪些指令还取决于所操作的数据，而有些数据可能是进程执行过程中动态获得的，因而进程的逻辑控制流也会随着不同数据的输入而不同。因而选项 D 的说法是错误的。

第 8 题

进程上下文是指进程的代码、数据以及支持进程执行的所有运行环境，进程上下文切换机制保证了一个进程的执行可以被其他进程打断，因而实现了不同进程在一个处理器中交替运行的功能。为了保证进程被打断后能够从被打断处重新继续执行，在进程上下文切换过程中，必须保存换下进程在切换处的程序计数器的值（如 IA-32 中 CS/EIP 的值），不过，换下进程的代码和数据没有必要保存到磁盘上。由此可见，选项 A、B 和 C 的说法都是正确的，而选项 D 的说法是错误的。

第 9 题

IA-32+Linux 进程内核空间中不包含动态链接用的共享库映射区，它在用户空间的动态存储区，位于堆和栈的中间。因此，选项 B 的说法是错误的。

第 10 题

加载器对可执行目标文件进行加载时，实际上不会把可执行目标文件从硬盘读到内存中，只是修改当前进程上下文中关于存储映像的一些数据结构。因此选项 D 的说法是错误的。

第 11 题

进程上下文切换是由操作系统内核程序实现的，而异常 / 中断响应处理是由处理器这个硬件实现的，在进行异常 / 中断响应处理过程中无须执行任何指令。因此，选项 C 的说法是错误的。

第 12 题

非法指令操作码、整除时除数为 0 和缺页都属于故障类异常，而按下 <Ctrl+C> 组合键则是外设（这里是键盘）相应的控制电路检测到的外部中断事件，外设控制电路通过中断请求信号向 CPU 申请中断。答案应该是选项 C。

第 13 题

可执行文件被加载并启动执行后，就开始自动执行程序中的指令。每条指令的执行都是从取指令这一步开始，CPU 根据 PC 中存放的指令的存储地址从主存储器中取出指令，并对指令的操作码进行译码，根据译码结果生成控制信号，在控制信号的控制下取出操作数并进行数据操作，因此选项 A、选项 B 和选项 C 的说法都是正确的。为了得到下一条指令的地址，还需要根据指令译码的结果以及计算得到的标志信息等确定如何计算下一条指令的地址，例如，对于条件跳转指令，需要根据比较结果确定是顺序执行随后的一条指令还是跳转到跳转目的地址处的指令执行，而且在进行比较或计算跳转目的地址时还需要读取一些寄存器中的操作数，因此，计算下一条指令的地址并送 PC 不会总是在取操作数并进行数据操作之前完成。答案应该是选项 D。

第 15 题

指令和数据均以二进制的形式存放在存储器中，从表示形式上无法区分它们，它们的寻址方式也没有不同，它们的存储地址也都是用二进制形式表示，其地址表示形式也没有不同。CPU 主要是通过指令执行过程中的不同阶段来区分指令和数据的，取指令阶段从 PC 所指向的存储单元中取出的是指令，取操作数阶段和存结果阶段从存储单元中取出或写入存储器的是数据。因此，正确选项是 C。

第 16 题

某个寄存器对用户可见，是指汇编语言程序员这种机器级程序员是可感知到寄存器的存在的。显然，机器级程序员无法感知 MAR、MDR 和 IR 三种寄存器的存在，更无须了解这些寄存器和程序之间的关系，但是，机器级程序员肯定知道指令会如何改变程序计数器（PC）的内容，可以使用跳转指令来改变 PC 的内容，因此，PC 对机器级程序员来说是可感知的，但是，对于 PC 内容的修改，机器级程序员并不能像修改通用寄存器内容那样，可在指令中直接指定寄存器的编号，因而 PC 是用户部分可见的寄存器。答案是选项 B。

第 17 题

指令从主存储器取出后被存放到指令寄存器（IR）中，而不只是将取出的当前指令的操作码存放到 IR 中。因此，选项 D 的说法是错误的。

第 18 题

PC 中存放的是后继指令的地址，PC 的位数反映了所访问的主存储器的容量。CPU

访问主存储器时，总是先把要访问的主存单元的地址存放在存储器地址寄存器（MAR）中，然后再送到地址总线上，通过地址总线将主存地址送到主存储器，因此，MAR 的位数也反映了主存储器的容量。在 CPU 取指令时，总是先将 PC 中的主存地址送到 MAR 中，因而 PC 的位数与 MAR 的位数相同，正确的选项是 C。

第 19 题

每条指令执行结束后，总是要执行新的指令，否则程序就无法完成执行。因此，每条指令执行后，PC 的内容一定会改变。如何改变 PC 的内容呢？主要看指令是顺序执行还是跳转执行，若是顺序执行，则 PC 的值总是自动加上当前执行指令的长度，通常用“1”表示，这里的“1”是指一条指令的长度，而不是数字 1，所以，选项 B 的说法是错误的。调用指令和无条件跳转指令都是无条件跳转到跳转目标地址执行，调用指令的跳转目标地址就是被调用过程的首地址，因此，PC 的值都要改变为跳转目标地址。综上所述，答案为选项 B。

8.6　分析应用题

1. 根据表 8-1 给出的 4 个进程运行的开始时刻和结束时刻，指出以下每个进程对 P1—P2、P1—P3、P1—P4、P2—P3、P2—P4、P3—P4 中的两个进程是否并发运行？

表 8-1　题 1 用表

进程	开始时刻	结束时刻
P1	1	7
P2	5	6
P3	3	8
P4	2	4

【分析解答】

P1 和 P2 并发，P1 和 P3 并发，P1 和 P4 并发，P2 和 P3 并发，P2 和 P4 没有并发，P3 和 P4 并发。

2. 假设在 IA-32+Linux 系统中，一个 main 函数的 C 语言源程序 P 如下：

```
1  unsigned short b[2500];
2  unsigned short k;
3  main()
4  {
5      b[1000]=1023;
6      b[2500]=2049%k;
7      b[10000]=20000;
8  }
```

经编译、链接后，第 5、第 6 和第 7 行源代码对应的指令序列如下：

```
1  movw   $0x3ff, 0x80497d0         // b[1000]=1023
2  movw   0x804a324, %cx            // R[cx]=k
3  movw   $0x801, %ax               // R[ax]=2049
4  xorw   %dx, %dx                  // R[dx]=0
5  div    %cx                       // R[dx]=2049%k
6  movw   %dx, 0x804a324            // b[2500]=2049%k
7  movw   $0x4e20, 0x804de20        // b[10000]=20000
```

假设系统采用分页虚拟存储管理方式，页大小为4KB，每页的第1次访问总是缺失，通过缺页处理把整个页调入主存后，以后对该页的访问就都能命中，不会发生缺页；第1行指令对应的虚拟地址为0x80482c0，在运行P对应的进程时，系统中没有其他进程在运行，回答下列问题。

（1）对于上述7条指令的执行，在取指令时是否可能发生缺页异常？

（2）执行第1、第2、第6和第7行指令时，在访问存储器操作数的过程中，哪些指令会发生缺页？哪些指令可能发生段错误（可能访问空洞页）？

（3）执行第5条指令时可能会发生什么情况而导致程序异常？

【分析解答】

（1）第1行指令的虚拟地址为0x0804 82c0，页大小为4KB，因此，第1行指令不是一个页面的起始地址，所以，在执行第1行指令前面的指令时，上述7条指令被同时装入主存，因而，上述7条指令的执行过程中都不会在取指令时发生缺页。

（2）执行第1行指令的过程中，数据访问时会发生缺页，但是是可恢复的故障。因为对于地址为0x0804 97d0的b[1000]的访问，是对所在页面（起始地址为0x0804 9000，是一个4KB页面的起始位置）的第一次访问，因而对应页面不在主存中。当CPU执行到该指令时，会检测到发生缺页异常。

对于第2行指令的执行，数据访问时会发生缺页，因为地址为0x0804 a324的数据位于起始地址为0x0804 a000的页面中，对地址0x0804 a324中数据的访问是该页的第一次访问。与第一行指令的数据访问一样，CPU会检测到发生缺页异常。

对于第6行指令的执行，数据访问时不会发生缺页，因为地址0x0804 a324所在的页面（其起始地址为0x0804 a000的页面）已经在主存中。但是，该指令的执行会破坏原来存放在地址0x0804 a324中的变量k的值。

对于第7行指令的执行，数据访问时很可能会发生页故障，而且是不可恢复的故障。显然，b[10000]并不存在，不过，C编译器生成了对应的指令“movw $0x4e20, 0x804de20”，其中的地址0x0804 de20偏离数组首地址0x0804 9000已达2×10 000+2=20 002个单元，即偏离了4、5个页面，很可能超出了可读写数据区范围，因而当CPU执行该指令时，很可能访问的是空洞页。

（3）因为这里忘记给k赋值，且k是未初始化的变量，所以k在可执行文件的.bss节中，其初值自动设为0，因而，执行第5条指令时，会发生“整除0”故障，该故障是不能恢复的。

3. 假定当前环境变量列表如下：

```
SSH_CONNECTION=10.0.2.2 37182 10.0.2.15 22
LANG=C.UTF-8
XDG_SESSION_ID=5
USER=ZhangS
MYVAR=lxlinux.net
PWD=/home/ZhangS
HOME=/home/ZhangS
SSH_CLIENT=10.0.2.2 37182 22
XDG_DATA_DIRS=/usr/local/share:/usr/share:/var/lib/snapd/desktop
SSH_TTY=/dev/pts/0
TERM=xterm-256color
```

```
SHELL=/bin/bash
SHLVL=1
LOGNAME= ZhangS
XDG_RUNTIME_DIR=/run/user/1000
PATH=/usr/local/sbin:/usr/local/bin:/usr/sbin:/usr/bin:/
```

以下是一个打印命令行参数和环境变量列表的 C 语言程序：

```
1 #include <stdio.h>
2 int main(int argc, char *argv[], char *envp[])
3 {
4 int i;
5 printf("command line arguments:\n");
6     for (i=0; argv[i] != NULL; i=++)
7         printf("argv[%2d]: %s\n", i, argv[i]);
8 printf("\n");
9 printf("Environment variables:\n");
10    for (i=0; envp[i] != NULL; i=++)
11        printf("  envp[%2d]: %s\n", i, envp[i]);
12    exit(0);
13 }
```

若上述程序生成的可执行文件名为 echo_prt，并按以下方式启动执行（命令行提示符为 unix>）：

```
unix> ./echo_prt comm_line_args env_vars
```

回答下列问题或完成下列任务。

（1）执行该程序后，在屏幕上打印的结果是什么？

（2）画出运行该程序时用户栈中的内容。

（3）简述该程序的加载执行过程。

【分析解答】

（1）执行该程序后，在屏幕上打印的结果如下：

```
command line arguments:
argv[ 0]: ./echo_prt
argv[ 1]: comm_line_args
argv[ 2]: env_vars
Environment variables:
    envp[ 0]:SSH_CONNECTION=10.0.2.2 37182 10.0.2.15 22
    envp[ 1]:LANG=C.UTF-8
    envp[ 2]:XDG_SESSION_ID=5
    envp[ 3]:USER=ZhangS
    envp[ 4]:MYVAR=lxlinux.net
    envp[ 5]:PWD=/home/ZhangS
    envp[ 6]:HOME=/home/ZhangS
    envp[ 7]:SSH_CLIENT=10.0.2.2 37182 22
    envp[ 8]:XDG_DATA_DIRS=/usr/local/share:/usr/share:/var/lib/snapd/desktop
    envp[ 9]:SSH_TTY=/dev/pts/0
    envp[10]:TERM=xterm-256color
    envp[11]:SHELL=/bin/bash
    envp[12]:SHLVL=1
    envp[13]:LOGNAME= ZhangS
    envp[14]:XDG_RUNTIME_DIR=/run/user/1000
    envp[15]:PATH=/usr/local/sbin:/usr/local/bin:/usr/sbin:/usr/bin:/
```

（2）运行该程序时用户栈中的内容如图 8-1 所示。

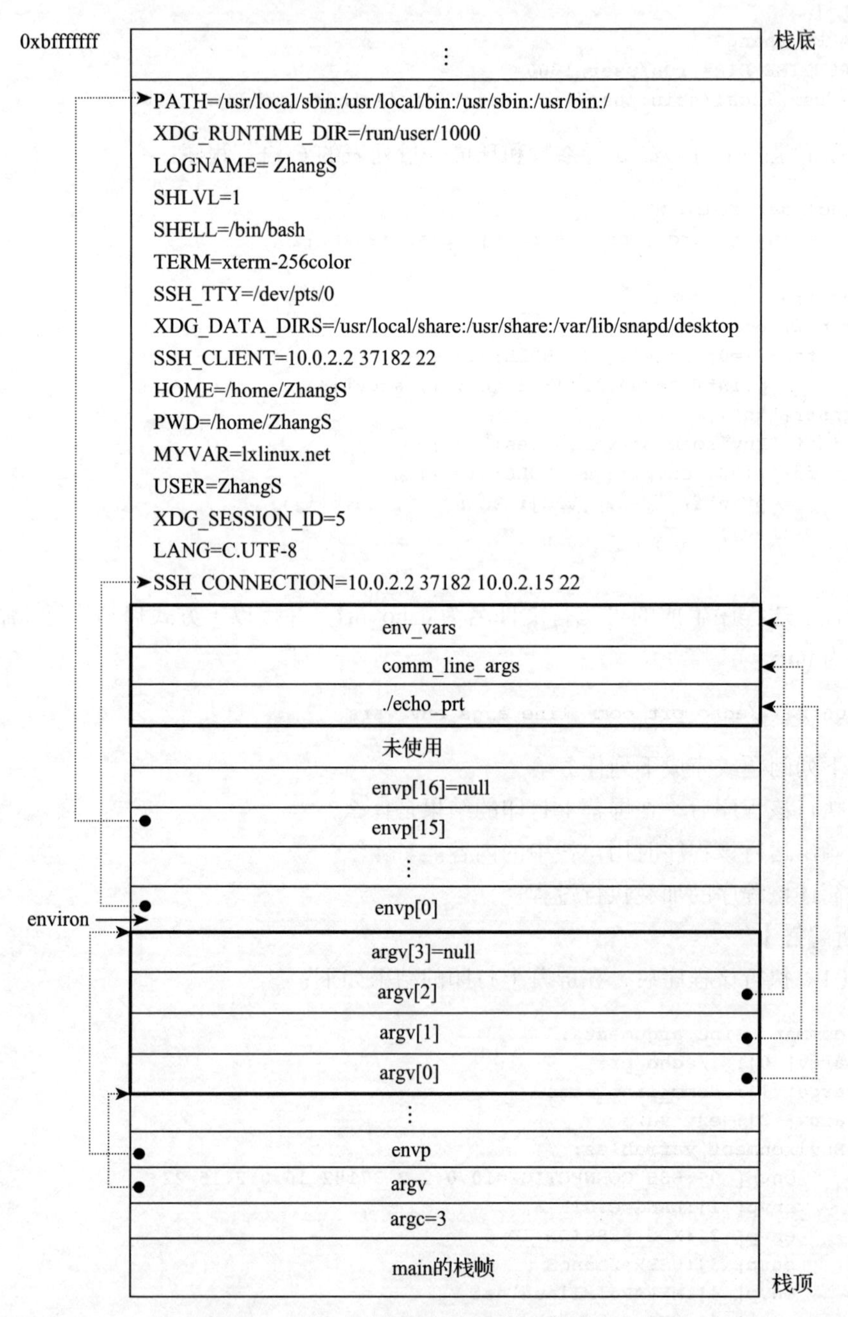

图 8-1　运行题 3 中程序时用户栈中的内容

（3）经预处理、编译、汇编和链接，源程序被转换为可执行文件 echo_prt，其加载执行过程简述如下：①在 shell 命令行提示符下输入命令“./echo_prt comm_line_args env_vars”后，shell 程序对命令行进行解析，获得各命令行参数并构造传递给函数 execve() 的参数列表 argv，并将参数个数送 argc；②调用函数 fork()，创建一个子进程并使新创建的子进程获得与父进程完全相同的虚拟空间映射和页表；③将命令行解析得到的参数个数 argc、参数列表 argv 以及全局变量 environ 作为参数调用函数

execve()，在该函数执行过程中通过启动加载器执行加载任务并启动程序 ./echo_prt 运行，将 PC（在 IA-32 中为 EIP）设定为指向在可执行文件 echo_prt 的 ELF 头中字段 e_entry 所定义的入口点（即符号 _start 处）。下一个时钟周期开始即跳转到符号 _start 处执行。每个 C 语言程序的入口处代码都在启动模块 crtl.o 中定义。

符号 _start 处定义的启动代码主要是一系列过程调用。首先，依次调用 __libc_init_first 和 _init 两个初始化过程；随后通过调用 atexit 过程对程序正常结束时需要调用的函数进行登记注册，这些函数称为终止处理函数，将由 exit() 函数自动调用执行；然后，再调用可执行目标文件中的主函数 main()；最后调用 _exit() 过程，以结束进程的执行，返回到操作系统内核。因此，启动代码的过程调用顺序如下：

__libc_init_first → _init → atexit → main[其中会调用 exit() 函数] → _exit。

推荐阅读

计算机系统基础 第2版

作者：袁春风 余子濠 书号：978-7-111-60489-1

专家推荐

计算机教学的改革是一项需要付出艰苦努力的长期任务，“系统思维”能力的提高更是一件十分困难的事。计算机的教材还需要与时俱进，不断反映技术发展的最新成果。一本好的教材应能激发学生的好奇心和愿意终身为伴的激情。愿更多的学校参与“计算机系统”教学的改革，愿这本教材在教学实践中不断完善，为我国培养从事系统级创新的计算机人才做出更大贡献。

—— 中国工程院院士 李国杰

本书特色

本书基于“IA-32+Linux+GCC+C语言”平台介绍计算机系统基础内容，通过讲解高级语言中的数据、运算、语句、过程调用和I/O操作等在计算机系统中的实现细节，使读者能够很好地将高级语言程序、汇编语言、编译和链接、组成原理、操作系统等相关的基础内容有机贯穿起来，以建立完整的计算机系统概念，从而能深刻理解计算机系统中各个抽象层之间的等价转换关系；同时，由于本书描述了高级语言程序对应的机器级行为，因此它可以为程序员解疑答惑，从而帮助程序员在了解程序的机器级行为的基础上编写出高效的程序，并在程序调试、性能提升、程序移植和保证健壮性等方面成为高手。

推荐阅读

计算机系统：基于x86+Linux平台

作者：袁春风 朱光辉 余子濠 ISBN：978-7-111-73882-4

计算机系统基础 第2版

作者：袁春风 余子濠 ISBN：978-7-111-60489-1

数字逻辑与计算机组成

作者：袁春风 武港山 吴海军 余子濠 ISBN：978-7-111-66555-7

数字逻辑与计算机组成习题解答与实验教程

作者：袁春风 吴海军 武港山 余子濠 ISBN：978-7-111-61592-7